主 编 金 宇
副主编 叶亦芃

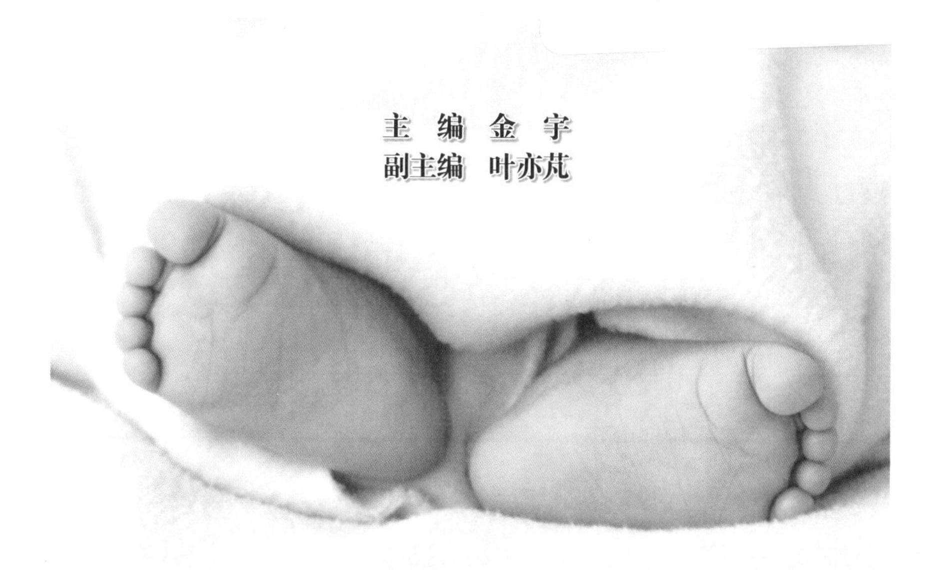

你好 我的宝贝

这样保育，宝贝更健康

SPM
南方出版传媒
新世纪出版社
·广州·

图书在版编目（CIP）数据

这样保育，宝贝更健康 / 金宇主编；叶亦芃副主编．—广州：新世纪出版社，2015.8

ISBN 978-7-5405-9372-8

（你好，我的宝贝）

Ⅰ．①这…　Ⅱ．①金…　②叶…　Ⅲ．①婴幼儿—哺育　Ⅳ．①TS976.31

中国版本图书馆CIP数据核字（2015）第163677号

这样保育，宝贝更健康
ZHEYANG BAOYU BAOBEI GENG JIANKANG

出版发行：新世纪出版社
（地址：广州市大沙头四马路10号）
经　　销：全国新华书店
印　　刷：广州佳达彩印有限公司
（地址：广州市黄埔区茅岗环村路238号）
规　　格：787毫米 × 1092毫米
开　　本：16
印　　张：16.75
字　　数：420千
版　　次：2015年8月第1版
印　　次：2015年8月第1次印刷
定　　价：48.00元

质量监督电话：020-83797655　购书咨询电话：020-83781537

序言

0~3岁婴幼儿早期教育是国家提高未来创新能力和生产力的最好投资，有助于打破贫困的代际传递，减少社会不公平，提高国民素质、增进社会安定和谐。

所谓早期教育是基于对儿童发展的完整性、综合性的认识而实施的整体的、跨部门的、跨学科的综合干预，涉及儿童健康、营养、教育、保护等诸多方面。本书认为的早期教育，指的是以家庭为基础，以提高出生人口素质为目标，面向0~3岁儿童及其父母或养育者开展的，有助于其身体、情感、智力、人格、精神等多方面协调发展与健康成长的互动式活动。

人生百年，立于幼学。随着经济社会的快速发展和人民生活水平的日益提高，让孩子拥有良好的人生开端成为广大家庭的新期盼和新诉求，早期教育成为事关千家万户利益的重大民生问题。

为提高广大家长的科学育儿能力、提高早教机构的服务质量、提高早教工作的指导水平，广东省科学育儿实验基地、广东省早期教育行业协会与中山大学公共卫生学院、华南师范大学教育科学学院合作，编写了此套《你好，我的宝贝》丛书。

本套丛书以0~3岁婴幼儿家长为主要阅读对象，同时亦可作为早教服务机构、家庭教育工作者的参考书。全套分上下两册，上册着重介绍婴幼儿身体发育规律与保育原则方法，下册着重介绍婴幼儿心理发展规律与教育理念方法。全书理论扎实、案例鲜活、建议准确、指导到位，是一本集科学性与实用性为一体的、可读性较强的早期教育指导丛书。

本套丛书上册由中山大学公共卫生学院金宇副教授提出编写思路并撰写初稿，由《孩子》杂志出品人叶亦芃撰写软文修饰，由广东省科学育儿实验基地主任、省早期教育行业协会秘书长焦亚琼审稿，由广东省早期教育行业协会会长刘育民定稿。

编写本书参阅了国内外大量专家、学者、同仁的研究成果，引述颇多，未能一一注明，在此恳请原作者见谅并致以谢忱。

由于0~3岁婴幼儿保育与教育理论与实践尚处于探索阶段，加上编写者水平有限，本书难免存在很多不足之处，恳请广大读者批评指正！

广东省早期教育行业协会

2015年7月

第一章 0～1岁婴儿生长发育与促进

第二章 1～2岁婴儿生长发育与促进

第三章　2～3岁婴儿生长发育与促进

第一章 0～1岁婴儿生长发育与促进

第一节

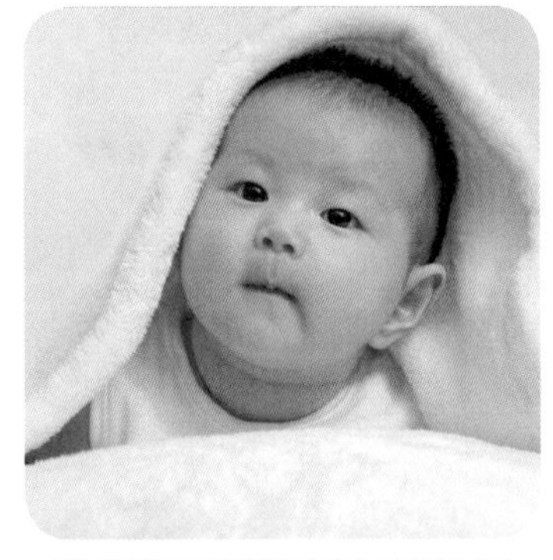

感官功能的发展与促进

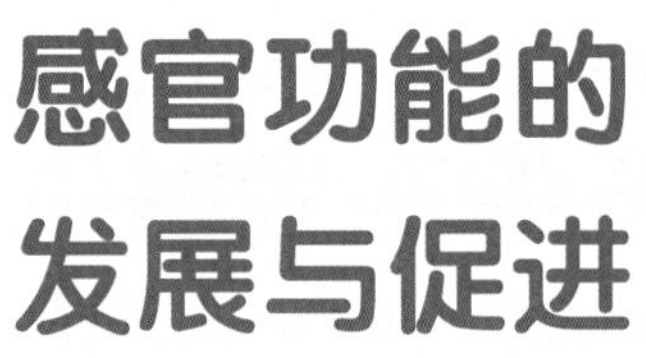

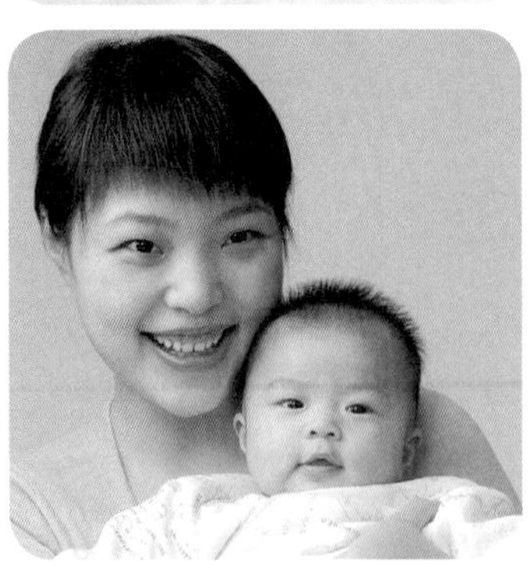

一　视觉

小枣发现自己多了一个本领。

就在几天前，他还没有办法找到狗狗——阿旺的窝在哪里。因为每次阿旺走到他面前，他都只会傻傻地看着它；而当阿旺觉得无聊起身离开时，他还是望着同一个方向，百思不得其解——阿旺怎么突然不见了？为什么那里只剩空荡荡的墙角？

阿旺并没有消失，它只是回窝里了。可是因为那时的小枣视觉发育还不够成熟，还没有追视的能力，所以他从来不知道阿旺的窝在哪里。

可是就在他刚满3个月大的这一天，他终于发现了。当阿旺再次从他面前走开时，小枣的目光透过小木床的栅栏，紧紧地盯着它，直到它钻进了房子另一端的卡通狗窝里。

小枣知道了这项新本领让他有更多的东西可看了，不用再只盯着窗帘透进来的阳光乐呵，也能够发现妈妈有时候离开一下，并不是消失了，而是去了另一个房间。

不过说老实话，如果可以选，小枣还是更希望妈妈一直留在他身边。比起栅栏外面的阿旺，比起小床上的各种公仔，其实他更喜欢看的还是妈妈的脸。

婴幼儿在妈妈肚子里的时候就可以透过妈妈的肚皮隐约感觉到外界的光线了，出生以后，婴幼儿的视力发展呈现一个逐步发展的过程。了解婴幼儿视力发展各个阶段的特点，有利于新父母有针对性地进行启蒙教育，促进视力发展。

婴幼儿视觉发展的七大阶段

第一阶段：0～1个月

婴幼儿看外面的世界还处于模模糊糊的状态，这时候的婴幼儿视野窄小，只能看见20厘米以内的东西，属于远视眼；视觉通路功能尚不完善、双眼还不能对焦。

第二阶段：2～3个月

这时候婴幼儿可以区别明暗、黑白和轮廓了，视力有了较大的进步，主要表现在视野明显扩大；左右眼会同时追视爸妈的动作；可以辨认各种较大物体的形状、颜色；可以感受有无光线并且可以转头看光源；这时候的婴幼儿比较喜欢黑白对比强烈、亮度高的东西，比如色彩对比鲜明的图画；能够感受光源与背光区，但不能区分边界，只能形成粗略的轮廓。

第三阶段：4～5个月

这时候的婴幼儿可以辨认不同的色彩了，喜欢红、黄、蓝、绿以及黑白对比强烈的玩具，并且可以追视移动的小物体了。

第四阶段：6～7个月

这时候的婴幼儿可以分辨方向，双眼可以准确对焦；能分辨上、下、左、右不同的方向；而且慢慢有立体感，逐渐能够看清楚他人的五官。

第五阶段：8～12个月

婴幼儿长到快1岁的时候，就慢慢知道深浅了，已经发展出远近、左右、高矮等立体影像；知道什么东西够得着，什么东西够不着，如果深浅视觉发育得不好，有可能会影响宝宝的动作、立体感和方向感。

第六阶段：1～1.5岁

1~1.5岁的婴幼儿可以开始可以分辨相似物的异同了，这时候婴儿的视力已经接近成人了；这阶段的视力发育不好可能会影响学习或处理事情的能力；家长可以通过训练寻找图片或娃娃的不同来锻炼婴幼儿分辨相似物的能力。

第七阶段：1.5～3岁

这时候的婴幼儿已经可以慢慢训练认字了，可以看出字和字的不同；这时候家长可以开始慢慢启发宝宝对文字的兴趣，采取趣味化、联系生活的方式教导，另外要注意的是，做认字游戏的时候字要够大，这样宝宝才能看得清楚。而且不要同时加入注音符号，以免宝宝误以为注音符号也是那个文字的一部分。

宝宝视觉的一些特殊现象

1．视觉偏爱现象

从0至两三个月开始出现。通常表现为：

・喜欢看正常人的面孔图像、五官位置颠倒的人面图像，对陌生人的靠近表现出紧张。

・按自己的喜爱选择，忽视父母的要求。

比如要宝宝选择一个大的水果，他可能会错拿小的那个；如果让他拿一块圆形的东西，他可能会错拿一块方形的。

・选择自己觉得好玩的东西。

・只注重事物的局部。

比如让宝宝挑选衣服，大多数情况下他只是注重花样、颜色，而对衣服的质地、大小、款式没有概念。

・观察时特别粗略。

比如让宝宝去做什么事情时，他们往往表现得很不认真，宝宝越小，对事物的观察越粗略，越不精细。

2．“小对眼”现象

宝宝靠近鼻侧的眼白要比靠近耳侧的眼白小得多，看上去像个小对眼。

为什么会这样呢？

因为和宝宝的头的大小相比，宝宝两眼间的距离比较宽，加上他的手臂比较短，只好使眼球转向鼻侧来聚焦，形成好像对眼或轻微斜视的样子。

有什么影响吗？

不用太紧张，轻微的斜视会随孩子的成长而消失。

0～1岁视觉启蒙早教小游戏

家长可以采用一些视觉启蒙小游戏来帮助宝宝视力的发展。

1．追视反应

步骤一：准备好一端用线绳连着的大小适中的球，颜色鲜艳，0～3个月的时候最好用红色，4个月以后可以采用不同颜色鲜艳的球，比如红色、黄色、蓝色。也可以使用其他色彩鲜艳的玩具代替。可增加宝宝对色彩的认识，加强眼部肌肉的锻炼。

步骤二：在宝宝面前15～20厘米拿着线绳的一端慢慢左右摆动小球，对于还不会坐的宝宝，可以让他仰躺着，直接拿着小球或玩具在宝宝面前慢慢左右移动，观察宝宝的视线是否跟着小球移动。可以先用妈妈的声音或者摇铃来吸引宝宝的注意，追视中断则重新开始，一般1～2分钟就可以了，否则会引起宝宝的视觉疲劳。

2．镜子游戏

（见下页图）

4～5个月的时候就可以开始做这个游戏了，妈妈首先教宝宝认识镜子中的自己，指着宝宝说“这是宝宝”，叫宝宝的名字，指着妈妈说“这是妈妈”，然后让宝宝看看妈妈本人，反复这样教宝宝，帮助宝宝认识自己。还可以教宝宝对着镜子戴帽子、摘帽子，让宝宝意识到自己的动作产生的作用。

7～8月就可以开始教宝宝认识自己身体的各个部位。对着镜子点点宝宝的鼻子，说“这是宝宝的鼻子”，然后拿着宝宝的手摸摸宝宝自己的鼻子，再摸摸妈妈的鼻子，这样子就可让宝宝区分自己的鼻子和妈妈的鼻子了。妈妈可以按这种方法教宝宝认识身体的其他部位。

镜子游戏

步骤一：准备好一面大到可以看到宝宝的脸或全身的镜子。

步骤二：引导宝宝看镜中的自己和妈妈的模样，看镜子时妈妈可以做些夸张的表情吸引宝宝的注意。

3. 激发不同年龄段宝宝视觉能力的游戏

年龄	发展能力	游戏
0～3个月	对明暗、对比有反应 黑白图卡刺激	略动色卡，刺激宝宝的明暗反应
3～6个月	喜欢会动的物体 对五官有兴趣	捉迷藏时间：猜猜我在哪里啊？
6～9个月	会顺着手势看	我指哪里，宝宝看哪里看那边（手指的方向）
9～12个月	立体感的建立	立体物品摸摸 摸摸看这个玩具
1～1.5个岁	会记住物体放的位置	你藏我找：爸爸的眼镜在哪里啊？
1.5～2个岁	会两两形状配对	两两配对：正方形跟正方形配
2～2.5个岁	说出两种不同的颜色	好多颜色好好玩：这是红色，这是绿色
2.5～3个岁	会数1、2、3	一起来数1、2、3

爷爷把新买的音乐小鼓装上电池，迫不及待摁下开关，摆到小枣面前。

“乖孙子，快听听，这小鼓敲得多有劲！”

小鼓的音量有几个挡，爷爷调的是最高的一挡——他觉得鼓点这玩意就得大声，不然不得劲、不过瘾。小枣也确实对此表示了浓厚的兴趣：这个东西一边发出“咚咚咚”的鼓声，一边还闪着五彩缤纷的光，真好玩。他看得眼睛都不眨一下。

鼓声循环到第五遍的时候，突然停了。

“坏了？”爷爷赶紧翻出说明书研究起来。房间里一下子没了声音。由喧闹重回寂静，小枣突然觉得有点累。

小枣觉得累，其实就是因为对于他的听觉系统来说，刚才的鼓声太强烈了；而爷爷按照自己的听觉习惯来选择音量，超出了婴幼儿的听觉阈限。

其实想让小枣听鼓声，哪用买玩具回来呢？妈妈的心跳就是最好的音乐小鼓：扑通，扑通，扑通……不论是音量还是节奏，都是小枣熟悉已久的。

对小枣来说，妈妈身体里面的这面“小鼓”，比世界上最昂贵的电声玩具，还要珍贵。

0~1个月

听觉发展：

· 眼睛和头能够跟随声音转动，寻找声源；

· 听到母亲的声音会停止哭泣。

听觉促进：

· 多听母亲的声音；

· 多放优美的音乐给孩子。

2~3个月

听觉发展：

· 语言引逗时能听见并做出应答，如“哦”“啊”“咦”；

· 能够倾听周围声音，听到后将头转向一侧。

听觉促进：

· 念童话书；

· 手摇玩具；

· 欣赏音乐，每次20分钟。

4~5个月

听觉发展：

· 能发出一些单音节；

· 会大声笑；

· 听到叫名字会注视并微笑。

听觉促进：

· 床顶部挂有声玩具；

· 小物体放入有盖子的瓶子里摇晃。

6~7个月

听觉发展：

· 能模仿声音；

· 能够感知熟悉的语音。

听觉促进：

· 多说一些易懂的话；

· 多听丰富的声音，但避免嘈杂音。

8~9个月

听觉发展：

· 能够理解简单的语言；

小贴士

一是积极防病，诸如麻疹、流行性脑膜炎、乙型脑炎、中耳炎等，这些疾病均会不同程度地损伤宝宝的听觉器官，进而造成听觉障碍。针对此类疾病，最主要也是最有效的预防措施是按照计划免疫程序打好防疫针。

二是慎重使用具有耳毒性的药物，特别是抗生素。

三是尽量避开噪声。尖锐噪声尤其会损伤婴儿柔嫩的听觉器官而削弱听觉，甚至引起噪声性耳聋。

·能够学会倾听声音而不是立即寻找声音的来源。

听觉促进：

·抱孩子时最好采用左手抱的姿势，让宝宝尽量靠近妈妈的心脏，以便清晰地听到妈妈的心跳声。

四是要注意不要随意掏挖宝宝的耳朵。因为耳屎是有一定生理作用的，如阻止尘埃、小虫的入侵，缓冲噪声，保护鼓膜等。另外，耳屎的油腻性还可阻止外界水分的侵入。实在因“油耳”或耳屎过大阻塞耳道影响听力时，应请医生处理。

10~12个月

听觉发展：

·能够随着音乐摇摆；

·会寻找视野以外的声音；

·能对简单的语言做出反应，如爸爸、妈妈、自己的乳名等；

·听指令后能指出自己的五官。

听觉促进：

·给宝宝听各种物体落地的声音，如球、椅子、书本、铅笔、罐头、木盒、纸盒等；

·给宝宝听各种玩具发出的声音，如拨浪鼓、八音盒、橡胶玩具等。

如何细心呵护婴幼儿的听觉?

一个人的听觉在妈妈肚子里就已形成，而发育的关键期则在婴幼儿阶段。也就是说，要想孩子终生听力良好，务必做好出生后至3岁的听觉保健。

婴幼儿的神经系统和听觉器官还远远没有发育成熟，任何外来的不良因素都可能使他们的发展受到干扰甚至破坏，所以宝宝听力的发展必须在保护中进行。

“会唱歌”的玩具当心伤了婴幼儿听觉系统

父母可能不知道，一些声音较大的玩具可能会对宝宝的听觉造成伤害。不少父母买玩具，都是看到宝宝喜欢就买，甚少考虑玩具音量大小的因素。

因为超过70分贝的噪声会对宝宝的听觉系统造成损害，特别是现在运用了声、光、电等现代科学技术的玩具。

父母平时要少让宝宝玩音量高的玩具，玩具音量应控制在70分贝以下。冲锋枪、大炮、坦克车等玩具，在10厘米之内，噪声也会达到80分贝以上。

还有一些玩具除了能玩，还能低音量播放一些音乐和歌曲，但如果音量很大、播放时间长，就会伤害婴幼儿的听觉系统。

小贴士

家长在选购玩具时一定要考虑声音这个容易被忽略的因素。

很多时候，小枣的眼睛都是闭着的。

这时候妈妈就会在旁边嘟哝：“一天到晚都在睡睡睡！也不睁开眼睛看看我，你到底知不知道我是你妈？”

小枣当然知道。他虽然还很小，但其实已经拥有了很多种方式和工具来感知这个世界，其中有一种叫作：皮肤。

是的，不用睁开眼睛，他也能知道很多事，就靠他的皮肤来“知道”。比如有时候他哭闹起来，还会故意闭紧双眼，使劲挤出眼泪，不过只要那只手轻轻摸上他的小肚皮，他就知道，这是妈妈在摸他呢。因为它暖暖的、软软的、滑滑的。这些都不用睁开眼睛去看就能感觉到。

一定不是爸爸，因为爸爸的手要硬很多，摸起来粗粗的，一点也不光滑，甚至好像还会“嗞嗞啦啦”响呢。

爸爸的力气还很大。有一次他掐着小枣的胳肢窝往上抛着玩，越来越用力，越抛越高，后来被妈妈发现，狠狠数落了一顿。爸爸后来向小枣道歉，还问他有没有被掐疼呢。

小枣倒是不疼，因为他的痛觉是整个皮肤觉里发育最差的，还没那么灵敏。不过爸爸小心一点倒也对——

因为越是痛觉发育不成熟、不灵敏，就越是无意中受伤而不自知。

感官能力包括视觉、味觉、嗅觉、听觉、皮肤觉及身体平衡觉，其中皮肤觉又包括触觉、痛觉、温度觉、深感觉。不同的皮肤觉在出生时发育程度不一样，因而在婴幼儿护理时要注意。

触觉篇

皮肤触觉是指分布于全身皮肤上的神经细胞在外界的温度、湿度、疼痛、压力等刺激下所产生的感觉。新生儿出生时触觉已经很敏感，特别是眼、前额、口周、手掌、足底等部位。

如何利用宝宝灵敏的触觉?

1. 哺乳

宝宝刚出生时触觉已很发达，当嘴唇触及物体时会有吮吸反应及觅食反射，所以建议新生儿出生后30分钟以内就要开始与母亲肌肤接触30分钟以上，同时帮助新生儿吸吮乳头，这样既有助于刺激母亲泌乳，又有利于宝宝与母亲之间亲密关系的建立。

2. 锻炼宝宝的抓握能力

婴幼儿“手语”的发展比口语发展早得多，因而有人形容婴儿“手比嘴早说话”。因手部动作的发展也是运动神经发育的一个重要的衡量标准，因而尽早锻炼宝宝手部感觉能力非常重要。拿物品触碰婴幼儿手掌或足掌，能引起宝宝手指或脚趾弯曲，即产生握持反应；同时丰富了皮肤对物品的感受和体验。

3. 通过抚摸给宝宝安全感

充分、适宜的感觉刺激对婴幼儿的健康成长非常重要，因而家长要经常轻轻抚摸宝宝的身体，母亲亲自给宝宝喂奶，使宝宝感受到温暖、安全的皮肤触觉。当宝宝啼哭时，要适时抱起宝宝并给予抚摸，使其产生安全感。

对宝宝进行适当的触觉刺激有什么意义?

1. 促进宝宝的健康成长

感觉统合训练是宝宝成长必学的一课，那么，感觉统合训练是什么呢？感觉统合训练简称感统训练，是指通过皮肤的触觉、前庭觉和本体感觉的综合训练，使婴幼儿大脑各部分之间形成流畅的联系、合作，从而形成适当的反应模式。可见，婴儿的触觉刺激对宝宝的健康生长起着非常重要的作用。

2. 增进亲子间感情交流

宝宝的健康成长除了要有充分的物质营养之外，精神营养、情感营养也不可或缺。父母经常抚摸宝宝，使宝宝能体验到肌肤的亲密接触，获得充分的心理安全感，形成了对抚养者的情感依恋。

3. 平稳宝宝情绪

有研究结果表明，对于大部分哭闹着的新生儿，只需要和他们说话，将手放在他们的腹部，通过触觉刺激就可以使他们停止哭闹。

母乳喂养提示

1）孕7个月开始做好乳房护理，为哺乳做准备。先将两手洗干净，然后两食指平行地放在乳头的左右两侧，轻柔地把乳头向两侧横行拉开，重复多次；用同样的方法将乳头的上下两侧纵行拉开。这样每日练习2次，每次5分钟，可牵拉乳晕皮下组织，使乳头向外凸出。

2）开奶前不要给宝宝喂食，否则宝宝可能会不愿再吸吮母亲的乳头，减少对母亲乳头周围神经的刺激，反射性减少催乳素、泌乳素的分泌，导致母乳量减少。

温度觉篇

宝宝对冷、热的感受敏感性一样吗？

不一样。总体来说，宝宝对冷的感受很敏感，但是对热的感受比较迟钝。

新生儿刚出生时温度觉已经很敏感，特别对冷环境的刺激反应比较大，能区分出物品温度的高低。如新生儿能对温度过高或过低的牛奶产生哭闹等不舒服的反应，对刚换上冷的衣服以及尿湿的衣裤和尿布也会出现哭闹、烦躁等不适的反应。但是要注意的是宝宝对热的感觉比较迟钝，因而在给宝宝取暖时要避免烫伤，尽量用体温给宝宝取暖，要避免用过热的暖水袋、电热毯等设备，以免烫伤宝宝。

如何判断宝宝冷热，如何给宝宝增减衣物？

既然宝宝对热的感受不是很敏感，那么家长就要注意及时掌握宝宝的冷热情况，并及时增减衣物，以免宝宝冻着受凉或衣物过多而捂出痱子。

一般情况下，宝宝穿的衣物比成人多一件即可。用手去感受宝宝手心及背部温度，如果手心温热、背部无汗就是正常的体温。宝宝在吃奶或踢腿时体温会升高，此时要注意及时关注宝宝体温。也可塞一块婴儿用的纱布到宝宝背部，如果纱布温湿就要注意给宝宝减少衣物了。

宝宝适合待在空调房吗？

可以，但是要注意控制好温度，最好在26°C左右，且注意不要让宝宝对着风口吹。此外，还要注意保持空调过滤网的清洁，最好每年都请专业人员清洗一次，彻底清除过滤网的灰尘及病菌微生物，以防宝宝呼吸道感染。开启空调前，先开窗通风30分钟左右，让室内污浊空气与室外空气充分对流。宝宝在空调房内，如果要带宝宝外出，则要在出门前30分钟把空调关了，以让宝宝逐渐适应室外温度，避免太突然地冷热交替给宝宝带来不适反应。

冬天用暖水袋给宝宝取暖合适吗？

新生儿出生后，皮肤作为其最大、最直接的感觉器官，已经能感觉到多种不适的情况，所以一旦宝宝出现哭、闹、哼哼唧唧等不适反应，父母就应该检查一下新生儿的各个部位包括衣服和尿布，以便及时消除不良因素。因此，如果给新生儿用诸如暖水瓶、电热毯等取暖设备时一定要小心，最好是父母通过抱紧新生儿，用体温给他们取暖。

痛觉篇

新生儿的痛觉相对于触觉、温度觉等皮肤觉来说发育比较晚，敏感性也比较低。新生儿出生两个月起才能对刺激反应比较敏感，尤其在躯干、腋下等部位更不敏感，因此，虽然不小心把宝宝弄疼，但是宝宝往往反应不明显，在护理过程中要特别注意这一点。如换尿布时动作要轻柔，给宝宝擦拭身体时也不要用力过大。

“今天的小枣怪怪的。”妈妈跟爸爸抱怨说，“平时我要抱他，他早早就伸手出来了，可是今天好像有点躲着我，往后仰了一下。”

其实小枣也觉得妈妈怪怪的，尤其是她身上的味道——平时是甜甜的、腻腻的，很浓的奶味；可今天妈妈身上有一种新的味道，是小枣从来没有闻过的。

小枣当然不知道，那种陌生的味道其实是香水味。从怀上小枣，妈妈就没碰过香水了，可是这天实在忍不住了，偷偷在手腕上喷了一点点，真的只有一点点，哪知道小枣的嗅觉那么灵敏，简直就像一只小狗。

接下来的动作，让小枣更像一只小狗了。他还是不大放心这个妈妈是不是别人冒充的，为了鉴定真伪，他趁妈妈不注意，伸出舌头，在她的手臂上飞快地舔了一下。

虽然小枣只是个小朋友，但他舌头上的味蕾可是比爸爸妈妈都要发达。所以，只轻轻一下，他就确定了这个人真的是妈妈——还是那原来的配方，还是那熟悉的味道，香水并没有盖住妈妈手臂上的咸味。

而这独特的咸味，让小枣放下了心。

嗅觉篇

嗅觉是一种原始的感觉，在进化早期曾具有重要的保护生存、防御危险的价值。灵敏的嗅觉可以保护宝宝免受有害物质的伤害，还能指导宝宝了解周围的人和东西。

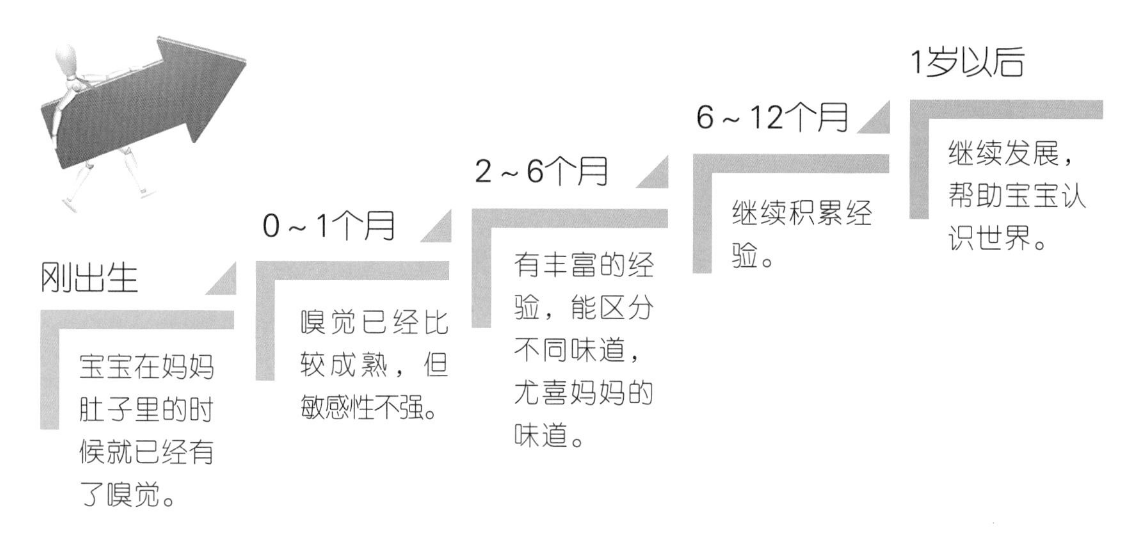

各个阶段的具体表现

刚出生

宝宝对妈妈乳汁的气味敏感，一周后便能区分妈妈的气味和其他人的气味。

0～1个月

闻到醋、香烟、大蒜等刺激性气味时，会表现出惊吓反应。如转头躲避、翻身、改变呼吸节律，甚至啼哭不止。

2～6个月

能从妈妈的味道中获得极大的安全感，可通过气味识别自己熟悉的物品，如奶瓶、毛毯、围嘴等。

如何促进宝宝的嗅觉？

充分亲近宝宝

哺乳动物鼻孔处的神经系统能向大脑传递危险信号，因此它们可利用嗅觉辨别危险信息，促使大脑做出逃避反应。宝宝若能一直在妈妈的抚育下成长，对危险的感知和判断力将会更加敏锐。因此我们提倡妈妈们：

· 多抱宝宝，多抚摸宝宝。

· 去陌生的地方，更要紧紧抱住宝宝，让其通过妈妈的味道获得安全感。

闻花的香味

带宝宝到户外闻各种花的香味。

宝宝的嗅觉比成人灵敏，因此要注意保护宝宝的嗅觉哦！

· 避免接触有刺激性气味的场所
· 避免宝宝吸二手烟味
· 油烟味太重的场所勿进
· 化工厂附近更要远离
· 挑选味道清新的、刺激性小的洗衣用品

闻生活用品

在平时使用宝宝的香皂、爽身粉、香水等时给宝宝闻一闻。

闻酸味和臭味

可以让宝宝闻一闻香醋以感受酸味；闻一闻腐乳制品以感受臭味。

味觉篇

味觉是辨别物体味道的感知觉。婴儿在出生前，味觉系统就已经发育成熟，也就是说，怀孕期间妈妈所吃的食物、充满子宫的羊水等都可以被宝宝品尝。婴幼儿的味蕾在舌面的分布比成人更广，成人的味蕾数在九千以上，婴儿则在一万以上。味觉的认知能力在不同月龄的具体表现有哪些呢？

促进宝宝味觉小妙招

喂果汁

宝宝出生后的第一个味觉促进通常是母乳，母乳喂养一个月之后，可以尝试给宝宝喂一些稀释的果汁。

作用：刺激味觉的发展，增加维生素，为以后学会吃各种辅食做好味觉适应的准备。

及时增加辅食

对于3~5个月的宝宝，家长可以用筷子蘸点菜汤，让宝宝尝尝味道。

对于奶粉喂养的宝宝，应隔一段时间更换奶粉，以避免单一口味导致宝宝味觉迟钝。

逐渐增加蛋黄、米粉、肝类等辅食。

作用：满足宝宝身体发育的营养需求；习惯母乳或乳制品的同时，能使其味觉能尽早适应其他食品的味道（如咸、甜、酸等），为将来断奶做准备，避免因宝宝只习惯母乳，排斥其他味道而依恋母乳，发生难以断奶的现象。

多种味觉体验，适当吃一点苦味

0~1个月：明显偏好甜味食物，能区分母乳和牛奶，将母乳换成牛奶时，宝宝会停止吸吮。

1~3个月：吸甜食，表情愉悦；吸苦、酸等食物时会做出撅嘴、皱眉等拒绝动作。

4~6个月：味觉已十分敏感，可区分微小差异。

6~12个月：此期味觉发展最灵敏，婴儿期后，能力减退。

从宝宝4个月开始，就可以用小勺刮一点苹果汁或果肉喂给他吃；还可以喂一点香蕉肉、橘橙肉等给宝宝吃；酸酸的青苹果、淡淡的白粥、爽口的蔬菜等都是宝宝极好的味觉体验。

宝宝生病吃药时，告诉他药是苦的，让他体会食物的苦味。

好好利用断奶期

宝宝在断奶期的味觉感较强，家长应趁机给宝宝提供更丰富的味觉体验。多种多样的食材、色香味俱全的烹饪都能引起宝宝极大的兴趣，使宝宝的味觉得到提高。

影响宝宝味觉的因素

· 缺锌　缺锌的宝宝味觉敏感度低于常人。缺锌将引起宝宝食欲减退、食欲不振。

· 过咸　宝宝肾脏排钠功能不强，摄入过量的钠盐将危害宝宝的肾脏。

· 过甜　宝宝天生喜食甜味，但仍应坚持让宝宝尝试其他味道。

一阵恍惚，小枣又回到了那片丛林。

他经常会不经意地走神，然后就到了那片丛林。他在里面跑着跳着，从一棵树飞身到另一棵树，手和脚每次都能紧紧地精确地抓住树干或者藤条，不让自己掉下来。

不过这种走神的瞬间一结束，小枣就沮丧起来：趴在床上的他，别说飞，就连抬头都很困难。虽然他的脖子已经很用力了，可是手不知道怎么撑；爬的时候也是一样，蹬完一条腿，另一条腿总是跟不上，结果就跑偏了方向，歪歪斜斜地好难看。

可我明明会飞啊！小枣想不通，在丛林里那么灵活的身手，为什么在床上竟然无计可施。

假如小枣真的梦到丛林，那应该是人类的集体潜意识，是我们在进化中遗存下来的记忆基因。从这个角度上讲，每一个孩子其实都有平衡自己身体、灵活自己身手的潜质；我们后天所做的一切，都只是帮助他们发挥这份深藏的潜质，恢复那份族群的记忆。

而这平衡感一旦找回，得以平衡的一定不只是身体。

小枣坚信他会飞？没错，小枣是对的。随着他会翻身了，会走路了，会跑了，离他曾经飞跃其中的那片丛林就不远了。

平衡能力是慢慢发展而来的。胎儿在母体将近 5 个月的胎位变化，再经历出生后翻身、坐、爬行、扶站到独立行走等一年左右的身体发育，配合所有的神经组织、筋骨、肌肉和地心引力的协调练习，逐渐形成平衡能力。很多妈妈都听说过要训练宝宝的平衡感，但是对于为什么要训练平衡感以及如何训练并不清楚。

为什么训练平衡感?

（1）婴幼儿的平衡感不好，会影响迷走神经功能发展，造成孩子将来身体协调以及学习上的困扰；

（2）平衡感可以帮助婴幼儿保持身体平衡，形成方位感；

（3）平衡感与眼前追视能力、专注力以及触觉等其他感觉发展都有关。

0 ~ 1 岁婴幼儿平衡感的发展与促进

抬头

抬头是宝宝的第一个平衡动作，它对培养宝宝日后的平衡能力很重要。宝宝越是经常抬起头来，通过平衡感传递给大脑的信息就越准确；同时能锻炼颈部的肌肉。宝宝能感受到重力的作用，且发现自己趴在一个立体的环境中，这是平衡训练的基础。

训练方式：在两个月的时候，就可以在俯卧的基础上训练宝宝抬头。

（1）将宝宝放在稍硬的床上，防止鼻孔被东西堵住而影响呼吸；

（2）宝宝双手弯曲放在胸前，手心向下，不要压在身下，并用玩具或是鼓励吸引他抬头；

（3）第一次宝宝不太会抬头的时候，可用手帮助宝宝把头托起，重复几次后宝宝基本可以独自完成。

训练时间：开始时训练时间不需要太长，几分钟就可以，不要让宝宝感到疲劳。可随着宝宝的长大，逐渐延长训练时间；或在宝宝情绪好的时候可以间隔锻炼几次，当宝宝不想运动时就要立刻停止。

坐飞机

快3个月的宝宝对身体的控制能力加强，会非常喜欢在空中“飞翔”的游戏。

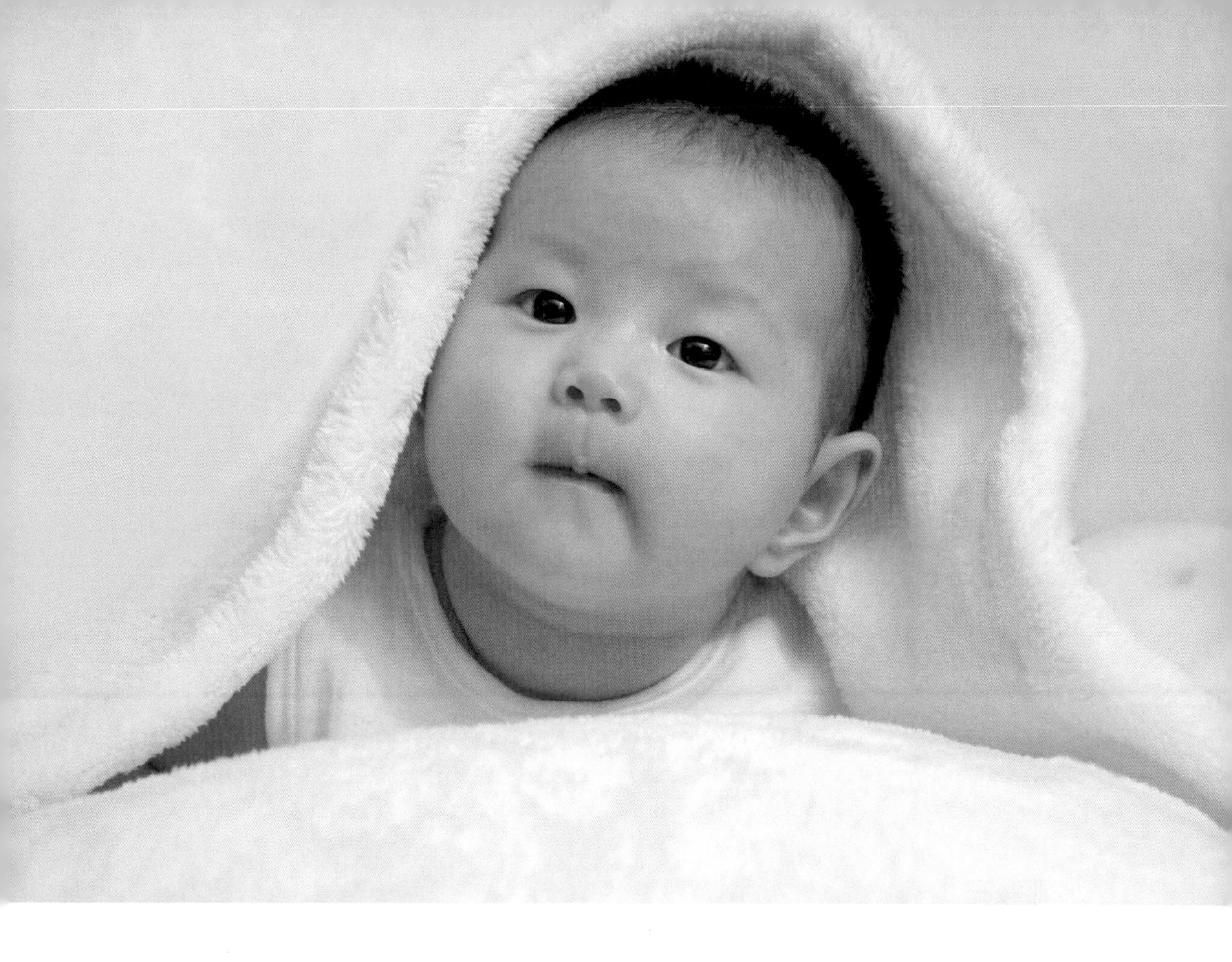

将宝宝的肚子靠在弯曲的小腿上，稳稳扶住宝宝，身体躺在地面上，慢慢抬高双腿，适当地活动双腿，并跟宝宝说“飞机飞，飞呀飞，飞走啦”。当宝宝累了或不愿继续游戏时平稳地将宝宝放下。

浴巾荡秋千

宝宝3~4个月，翻身还不太熟练的时候可以和宝宝玩这个游戏。爸爸妈妈各拉起浴巾的四个角，离开床面30~40厘米，依口令左右摆动浴巾，妈妈可以边摇边说儿歌，半分钟后让宝宝休息一会儿再继续。

翻身

大多数宝宝在6个月前会自行学会翻身，宝宝学会翻身也是需要一个过程的，爸爸妈妈可以给予帮助。有多种小游戏，这里介绍一种“亲子翻身”。

训练方式：宝宝俯卧在妈妈身上，妈妈翻身带动宝宝翻转，在给宝宝安全感的同时又有了刺激感，让他更愿意去尝试，但注意不要压到宝宝。

坐

宝宝出生4个月后，可以在扶持下维持短时间坐的姿势，6个月时能被抱坐于大人的大腿上，7个月时就可以独立坐一会儿。

引拉训练方式：4个月的时候让宝宝躺在床上，大人双手拉宝宝胳膊至坐姿，扶直坐一会，再帮助仰躺在床上，反复3~6次。

独坐训练方式：5个月时，将宝宝扶成坐姿，用有响声的玩具在宝宝上方引逗，让其主动抬头挺胸，并尝试抓碰玩具，每次反复练习4~6次。如此训练一段时间后，宝宝便可以独坐自如。

飞翔游戏

5~6个月的宝宝可以体验“高空的感觉”，宝宝俯卧在妈妈的双臂上，分开宝宝双臂作小飞机状，妈妈可以边唱儿歌边左右、上下摇晃走动。

爬行

具体训练方法见“大运动发展与促进”章节中的“宝宝爬行篇”。

家长可以在日常生活中把握很多机会锻炼宝宝的平衡感，例如将宝宝放在摇篮里或抱起摇动都可以强化早期的平衡能力，促进将来的发展。在宝宝5个月到1岁期间，要多鼓励宝宝多活动身体，家长切勿抱得太多，让宝宝有更多的机会去锻炼。多让宝宝练习爬行，别着急用学步车帮助走路。科学研究发现，婴儿爬行练习对平衡感的发展贡献最大，爬行不足的孩子，平衡能力一般较差。

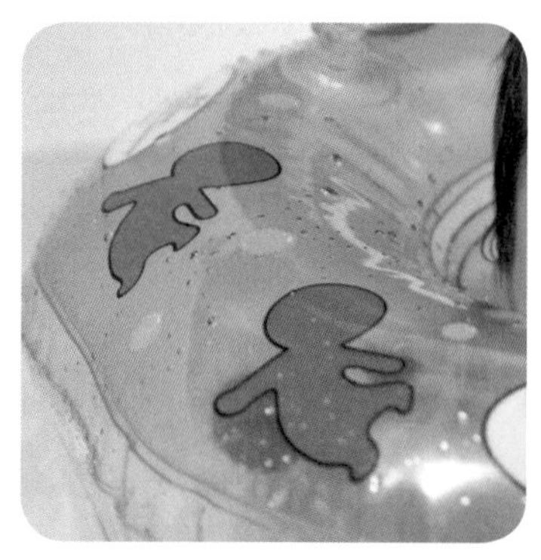
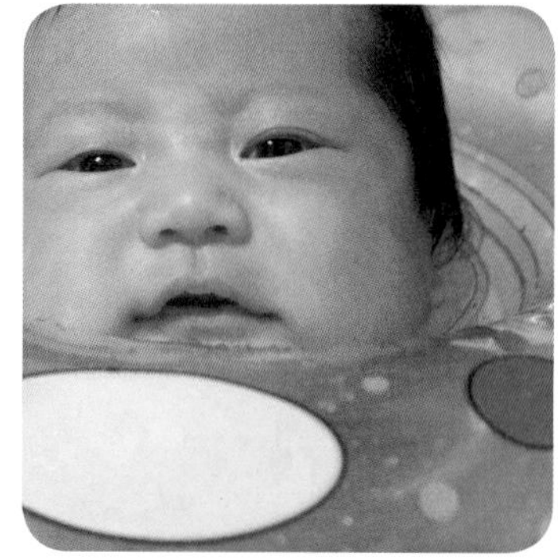

第二节

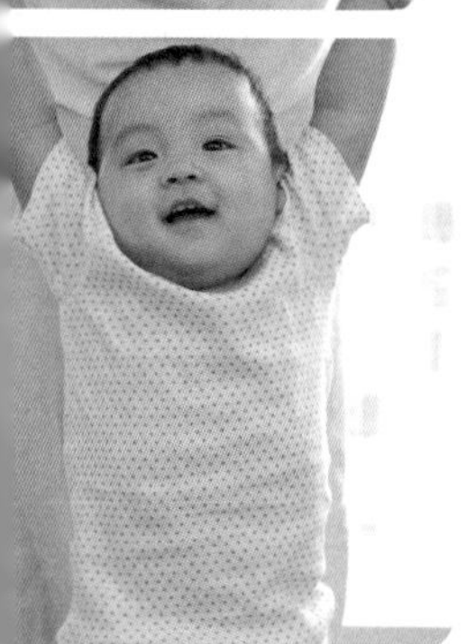

运动能力的发展与促进

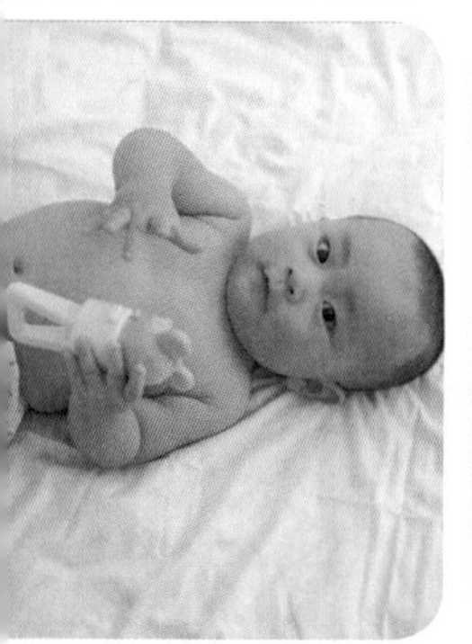

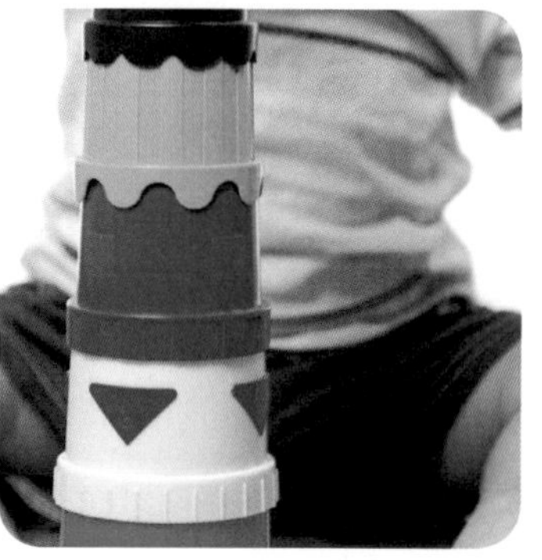

最懂儿子的总是爸爸。

小枣的纠结被爸爸看出来了。他担心儿子总是这样想爬而又爬不好，很快斗志会被磨灭，勇气可能涣散。怎么办？爸爸总不能真的在后面推他、在前面拽他吧！看着小枣无助地坐在床上、围困在被子和枕头的中央，爸爸知道问题出在哪里了。

他把客厅的实木地板彻底清洗了一遍，先一点点吸尘、再一遍遍抹擦；然后将所有可以搬走的家具都搬走，只剩下饭桌实在没地方搬，就把它移到靠墙摆放。收拾停当，客厅一下子开阔了，以小枣的高度望过去，已经基本上是一马平川。

爸爸知道，小枣并没有猴子那么灵活敏捷，家里也不能像真的丛林那样处处有牵绊，想让宝宝有学爬的决心，首先要给他可以爬的地方：要足够平整，要一览无余，要目力所及全无阻碍。其中尤其是视线的阻隔，一定要消除。所谓阻隔，得站在他们的高度来检验：成人居高临下并不觉得阻隔，宝宝抬头看去其实万重关山。

坐在被清空了的客厅里，小枣果真有了爬行的冲动：肌肉已经准备好，他也不再是猴子而是一只小豹，慢慢移动四蹄，对峙辽阔世界。

生长发育篇

大运动的发育一般是指相对于手部精细运动的头部、四肢和躯干的大肌肉和大部分身体运动的发育，与其他能力的发育有密切的关系，对感知觉、认知能力的发展起着积极的作用。大运动的发育能够让他们以自己的方式去认识这美好的世界。

宝宝出生的第一年里，是大运动发育的一个快速时期，经历了从妈妈怀抱中嗷嗷待哺的新生儿，到学会抬头、翻身、坐、爬、站立和行走这一系列的运动发育过程。下面我们就先来认识宝宝在0～1岁的大运动发育过程吧!

（一）抬头

2个月：宝宝开始能在俯卧位时抬头；

3个月左右：宝宝在仰卧位能自由活动头部；

4个月：宝宝在扶坐时可抬头和自由转头。

（二）翻身

5个月：宝宝能从仰卧翻到俯卧；

6个月：宝宝可以从俯卧翻到仰卧；

7个月：宝宝能用一只手支撑身体转向侧卧位。

（三）坐

5个月：宝宝可以在背靠物体的情况下坐稳；

6个月：宝宝可以用手撑着坐；

7个月：宝宝可以单独坐，但身体稍向前倾；

8个月：宝宝可以坐稳并能左右转身。

（四）爬

7～9月：宝宝在用手撑起胸腹的姿势下可原位转动身体或用上肢拖着下肢爬行；

12个月：宝宝能用手与膝部合用爬行。

（五）站立

5～6个月：宝宝在被扶立时双腿能上下跳；

8个月：宝宝在被搀扶下能站立片刻；

9个月：宝宝能从坐位扶站起来，但还不能从立位坐下；

11个月：宝宝已经可独自站立片刻。

（六）行走

10～11个月：宝宝可扶着椅子或推车走；

12个月：宝宝开始可以独自走几步。

温馨提示：上面描述了0～1岁宝宝大运动发育的一般进程，但是每个宝宝的发育又有个体的差异性，大运动项目的具体发育时间点并不完全相同。尤其宝宝在生病或其他受到外部环境影响的情况下可能会导致暂时性的发育落后。如果与其他同龄的孩子相比，自己的宝宝落后程度比较大的话，请及时带宝宝到医院进行健康发育检查!

宝宝游泳篇

游泳好处知多少?

根据国内的相关研究和婴幼儿保健专家意见，让宝宝从婴幼儿时期就开始游泳锻炼，对于促进其健康发育有很大的帮助。

（1）神经系统：游泳能够促进宝宝大脑和神经系统的发育，激活宝宝的潜能.

（2）消化系统：游泳能够促使胎便尽早排出，促进营养的吸收。

（3）循环系统：游泳可以有效促进血液循环，提高宝宝的心脏功能。

（4）呼吸系统：游泳对于宝宝来说是一种自然、安全的运动，促进宝宝胸廓的发育和肺活量的提高。

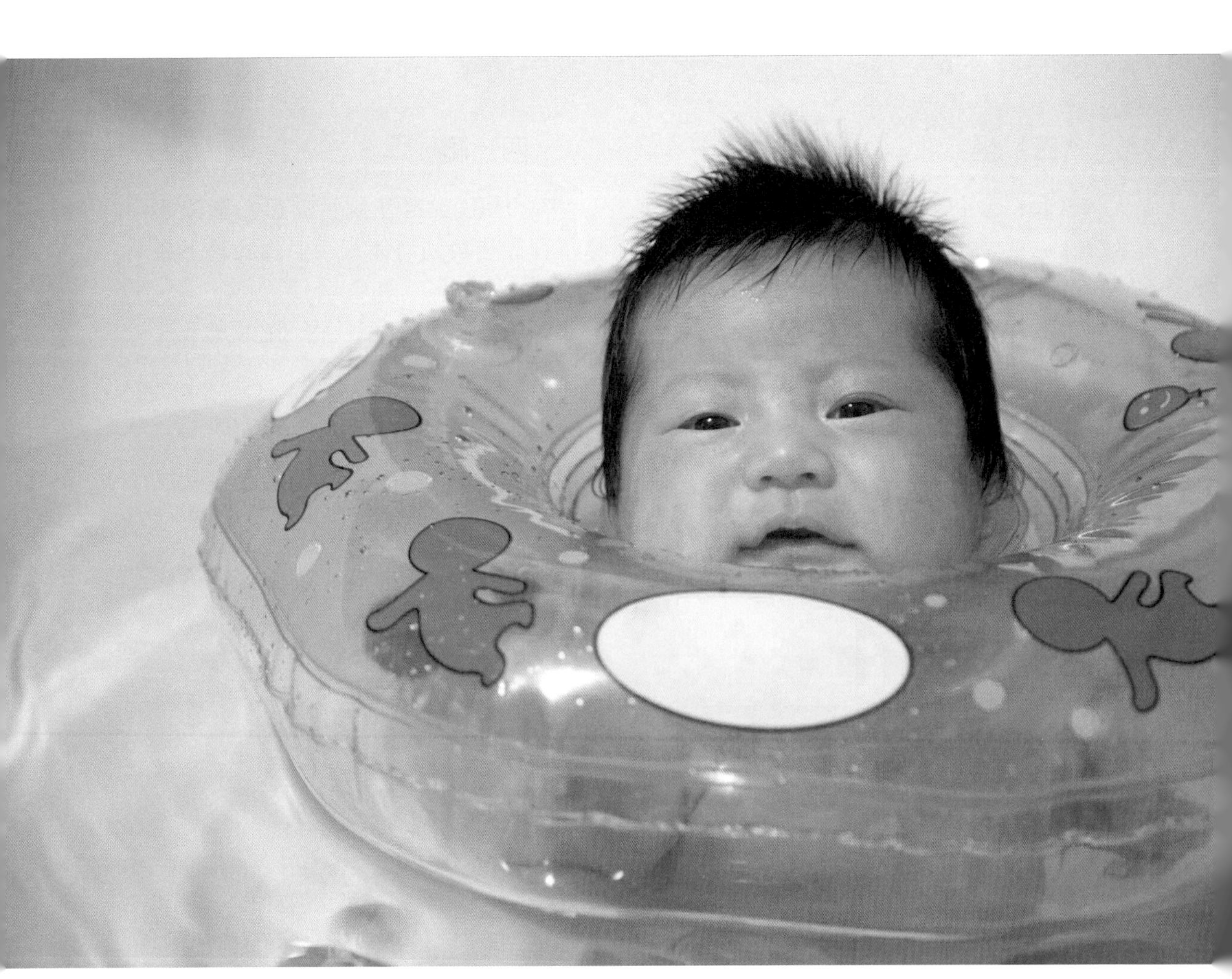

什么时候开始锻炼？

宝宝开始学游泳最理想时机是出生后的3个月内，甚至有不少宝宝在出生3天后就开始进行游泳锻炼。因为在宝宝出生后的3个月内，婴儿游泳无条件反射能力还没有消失，所以对3个月大的宝宝来说，游泳相当于在妈妈子宫内羊水环境中的运动，而在出生3个月以后才开始学游泳的话就相对难一些。

是不是所有宝宝都可以进行游泳锻炼？

不是所有的宝宝都可以进行游泳锻炼。专家建议以下情况的宝宝不适合游泳：有新生儿并发症而需要特殊治疗的婴儿；胎龄小于32周的早产儿或出生体重小于2000克的新生儿；先天性心肺功能不良的婴儿；皮肤破损或有感染的婴儿；感冒、发烧、拉肚子或有呼吸道感染等。

肚子根部还未脱落的新生儿可以进行游泳锻炼吗？

可以。但是在游泳前要给宝宝贴上护脐贴，防止进水；而在游泳后也要及时清洁肚脐，保持干燥。

怎么给宝宝进行游泳锻炼？

如果经济条件允许的话，家长们可以带宝宝到专门的机构去接受专业的游泳锻炼。当然，在掌握婴幼儿游泳锻炼的技巧后，也可以自己在家给宝宝安排游泳锻炼。那在家里要怎么给宝宝进行游泳锻炼呢？

需要准备一个安全、舒适的游泳池

应注意尽量不要选用硬壁的泳池，以避免宝宝在游泳时的意外碰伤。建议选用充气游泳池，购买时注意不能选用有刺激性气味的泳池，因为太大的刺激性气味说明泳池的材料并不安全，可能会损害宝宝的健康。

水温和室温的控制

注意保持泳池内上下水温的一致，理想温度是：夏季保持在37～38℃；冬季则保持在39～40℃。可准备一个水温计以随时测量水温。此外，室温的控制也很重要，一般夏季时保证在22～24℃，冬天时则保证在26～28℃。

游泳池水量的设定

一般游泳池水深的合适深度是以宝宝在游泳时脚不会碰到池底为标准。

游泳圈型号的选择

1岁以内的宝宝需要使用颈圈型游泳圈，内径的大小要与宝宝颈部大小一致，避免过小导致压迫脖子，太大的话则会有安全性危险。应随着宝宝的成长定期更换合适的游泳圈，一般建议0～2个月的宝宝使用小号游泳圈，3～5个月的使用中号，6～8个月的使用大号，9～12月的使用特大号。

正确地给宝宝套上游泳圈

尽量两个人一起给宝宝套上游泳圈，动作要轻柔；在套好游泳圈后注意检查宝宝的双耳和下颌是否露于游泳圈上，纽带是否扣紧粘牢。

游泳过程中安全性的保证

大人和宝宝的安全距离要保证在一臂之内；避免用手抓游泳圈来移动宝宝，因为用手直接拉动游泳圈会压迫宝宝的脖子，影响呼吸；可通过握住宝宝的手来拉动。并要严防宝宝口鼻呛水及耳朵进水。

温馨提示：宝宝刚开始游泳时，最好由专业人士进行监护，在游泳过程中家长绝对不可以离开！

游泳的时间和频率

一般建议在喂奶前40分钟进行游泳锻炼，如果是喂奶后或饭后先要休息40～60分钟后才可进行，每次游泳时间为10～20分钟比较合适。而对于游泳频率则没有硬性规定，可以根据宝宝的身体状况来安排。

宝宝爬行篇

爬行好处知多少？

爬行是宝宝大运动发育进程中的一个重要里程碑，是自由移动身体的第一步，能够很大程度地扩大活动范围，允许宝宝以自己的方式去感知、认知这个新奇的世界。宝宝在爬行的过程中，需要手脚、腰背、视听觉的全面参与，因此能给整体的发育带来好处。

（1）爬行可以帮助宝宝大脑的发育，促进大脑对四肢、眼的运动调控，开拓智力潜能。

（2）爬行可以扩大宝宝认知世界的范围，实现视听觉刺激量的增加，能够发展和提高思维、语言与想象能力，促进认知能力的发展。

（3）充分的爬行相当于是全方位的感觉统合训练，对于宝宝未来平衡感和手眼协调能力的发展是非常必要的。

（4）爬行能锻炼胸腹部、腰背部、四肢等全身大肌肉的力量，为宝宝的站立和行走打下基础。

（5）爬行训练的缺失有可能会导致宝宝大脑前庭功能发育不完善，出现注意力不集中、过分好动、行为冲动或黏人等问题；甚至有可能影响日后动作协调性的发展。

何时开始爬行锻炼？

一般宝宝到8个月大的时候就会出现爬行的动作，家长只需要从这时开始对宝宝进行强化锻炼；而并不需要提前进行。但如果宝宝在出生8个月以后仍然不会爬，就要进行一些特殊的爬行训练。

我们能为宝宝做些什么？

爬行装备的准备

在宝宝要开始爬行锻炼时最好穿上连体衣服，避免腰背部和肚子着凉；还要注意衣服前面不要有大的饰物和扣子，以免宝宝趴下时会被硌痛。另外，可以为宝宝穿上简便护肘和护膝，避免宝宝在爬的过程中磨损皮肤。

爬行空间的安排

尽量不要让宝宝在床上进行爬行锻炼，以防从床上掉下来而摔伤。可以在家里的空地板上铺一块地毯或塑料垫，给宝宝创造一个自由、安全的爬行小天地。

爬行安全放心上

将所有带棱角的家具做好防护；并要保证地面上没有可以被拖扯的电线，所有电插座都要盖上安全盖，没有安全盖的情况下尽量用其他物品挡住；将离地面90厘米以下的易碎品拿开，避免宝宝拿到并玩弄；保证地板或矮桌上没有可以被宝宝接触到的药物、杀虫剂、洗衣粉等危险物品，以免误食。

爬行兴趣的激发

将宝宝喜爱的玩具放到无法直接用手够着的前方，鼓励他自己爬过去拿，当宝宝爬到目的地时允许他玩弄一下玩具作为奖励；之后又把玩具放到远处，让宝宝继续爬行锻炼。

从地面爬行到攀爬

从地面爬行进展到攀爬是宝宝建立立体空间高度概念的最佳练习机会，也可以加强手部和腿部的力量。具体做法是：将宝宝喜爱的物体放在够不着的小桌子上，同时在桌子前摆上一张稳定摆放的小椅子，鼓励宝宝通过爬上椅子去拿桌面上的玩具。但须提醒的是要在家长密切看护的情况下进行攀爬锻炼。

还有哪些特殊的爬行锻炼?

对于已经超过8月龄但仍不会爬行的宝宝，则要进行特殊的爬行训练。

小席子锻炼法

可以将家里的有弹性的小席子卷成圆筒状，让宝宝趴在席子上，将席子的一边压在身下；然后家长开始推动席子，让宝宝可以随着席子的展开而向前爬。

前拉后推锻炼法

首先让宝宝趴在地上或床上，然后一个人在前面拉动宝宝的右手，一个人在后面就推动宝宝的左脚（右手—左脚；左手—右脚），交替进行锻炼。

毛巾毯锻炼法

①让宝宝趴在地上或床上，用毛巾毯兜住其胸腹部；

②一个人轻轻地提起毛巾毯，让宝宝胸腹部稍离地面或床面（离开高度以双腿九十度屈膝时膝盖可触碰地面为宜）；

③另外一个人同时推动宝宝的左手和右脚，前进一步后换成推动右手和左脚，交替进行。

温馨提示：为了保持宝宝对练习的兴趣，可以在目的地摆放其喜欢的物品。

妈妈最怕小枣偷偷地捏她。

小家伙那种鬼鬼祟祟的捏法，看起来不是很大力，其实还挺痛。捏脖子上的皮啦，捏胳膊上的肉啦，逮到哪里捏哪里，听到妈妈惨叫，还乐不可支。

小枣是故意使坏吗？当然不是。是他身上精细动作的急速发展给他带来的欲望：他要使用这灵活的指头，对这世界随便做点什么。而妈妈，就是他最好下手的对象。

既然是发展需求，最好不要遏制。妈妈决定提供替代物给他。苹果成了妈妈的第一个选择。

苹果在手，小枣开心极了。因为只会用食指，所以食指变得很忙：抠啊，掐啊，钻啊，戳啊……手指头有多少种功能模式，他逐一尝试；因为太专注，连口水掉出来都不知道。最终，那个苹果被他抠出来一个不小的坑洞，他高高举起，四处寻找妈妈的奖励目光。

原来一只苹果不仅可以开启亚当和夏娃的故事，还可以开启小枣的精细动作和手眼协调。

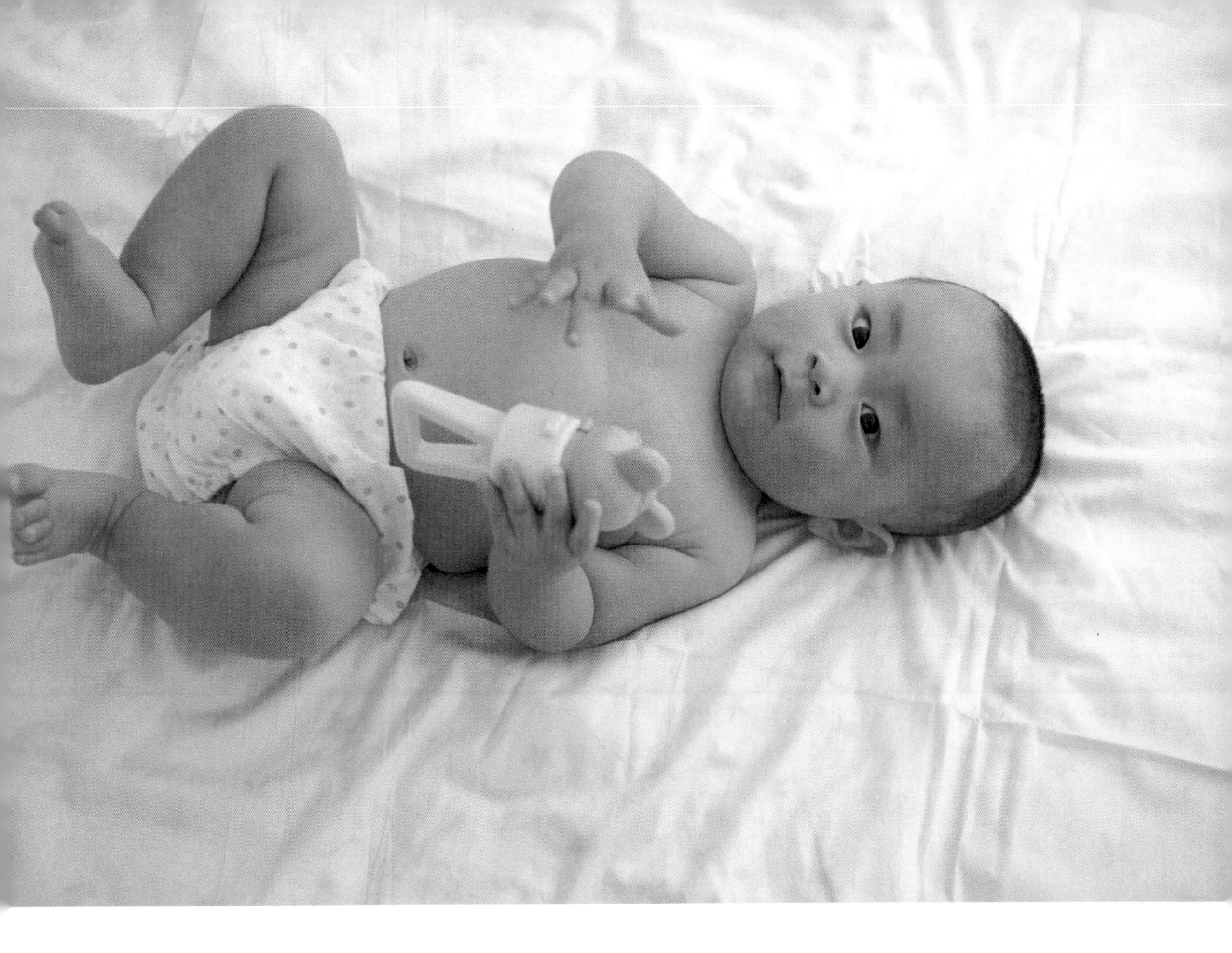

精细动作发展的过程及意义

婴幼儿精细动作的发展主要包括手指、手掌、手腕等部位的活动能力。从刚刚出生时紧握的小拳头，接着用满手抓握到用拇指与其他四指对握，再到用食指与拇指对握，代表着婴幼儿大脑神经、骨骼肌肉、感觉统合的成熟程度，每一次进步都预示着其大脑发育的进程。在整个年龄发育进程中，0～3岁是精细动作发展极为迅速的时期，需要家长们协助宝宝进行精细动作的训练，依据发展顺序、逐步训练的原则进行。

1～3个月

1. 训练内容：触摸和抓握训练

训练工具：拨浪鼓柄、摇铃。

训练方法：给宝宝准备一些方便抓握的玩具，让宝宝去击打、够取、抓握、触摸玩具。

2. 训练内容：望着自己的双手

训练工具：漂亮的手镯或丝带。

训练方法：可用漂亮的手镯或丝带把宝宝的手腕装

玩具要求

1）鲜艳的纯颜色，如红色、蓝色或绿色。

2）形态大小适合小手抓握摆弄。

3）可带有悦耳的响声。

4）质地光滑，无毒。

5）不宜太小，以免吞食。

需要的玩具

如摇铃、拨浪鼓柄、带铃的环、软塑料捏响玩具、吊拿玩具。

饰起来，吸引宝宝观察和把玩自己的小手。

注意：（1）从第2个月起要让宝宝自由活动手和手指，不要用布或手套包起来。

（2）宝宝卧位时，玩具放在宝宝能够得着的小床上方。

4～6个月

1. 训练内容：继续练习抓握动作以及锻炼小手的灵活性（手主动伸向自己喜欢的东西）

训练工具：小皮球。

训练方法：将气球放在宝宝胸前，让宝宝主动去抓握、触摸玩具。

注意：（1）家长可以吸引宝宝伸手碰触球体、硬纸盒等各种玩具，采用不同质地的玩具扩大宝宝手部触摸的感觉。

（2）悬挂一些容易抓握、带有声响的玩具，逗引宝宝向左右侧转或向前抓握玩具；悬挂的玩具或放玩具的地方应在宝宝伸手可及的范围内。

2. 训练内容：利用掌心去抓握物体

训练工具：边长2.5厘米的积木或摇铃

训练方法：（1）把小积木放在宝宝中指所处的位置，当宝宝用手指抓握时，家长可将物体轻轻压向其掌心来加强宝宝的抓握动向。

（2）用有柄的摇铃吸引宝宝的注意，然后鼓励宝宝用手拿着摇动。

注意：当宝宝把玩具放在嘴里时，家长不必紧张将玩具从宝宝口中取走，但要事前把玩具清洗干净。

7～9个月

1. 训练内容：用拇指及四指去掌握物体

训练工具：直径5厘米的皮球

训练方法：（1）把一皮球放置在地上或床上，示意宝宝用手抓住并拿起，必要时家长可用手帮助其抓住。

（2）把一皮球滚向宝宝，令宝宝张开五指把它接住。

注意：用的玩具要适合宝宝的五指抓握。

2. 训练内容：锻炼手眼协调能力，以及培养用手解决问题的能力

训练方法：（1）准备一些食物或一些小物品如小饼干。让宝宝自己用手抓取或捏取着吃。

注意：①准备的食物应该是大小和软硬都适中的（如面包片或面条）。

②小物品以卫生安全为原则，以免误食口内发生危险。

③物体的大小及形状要适合儿童抓握。

（2）和宝宝玩积木游戏：当他两手各拿一块后，再放一块在他面前，引导他学习如何把抓住的东西放开。

（3）鼓励宝宝双手拿两个玩具对敲，培养手的灵活性。家长可先行示范（可在第6个月就开始）。

注意：手抓的玩具柄要大小适中，能让宝宝握住。

10～12个月

训练内容：锻炼宝宝拇指和食指的协调性

训练方法：

（1）让宝宝学习搭积木。家长边示范边说：“大的在下，小的在上面。”让宝宝模仿将同样大小形状的两块积木搭好。

注意：积木相对要大些，跟手掌差不多一样大小。

（2）让宝宝串珠子。家长先给孩子做示范，一颗一颗地把珠子穿上去，然后引导宝宝串珠子。

注意：串珠物品的穿孔要大点，绳子相对要粗一些，谨防让宝宝吃进肚子。或者在玩的时候给宝宝吃个奶嘴。

（3）准备一些婴儿图画绘本让宝宝练习翻页。开始宝宝可能会一次翻过好几页，家长可先将手放在一页书的下面，让宝宝捏起一页翻过来。

图画和书刊的要求

1）图要大些、颜色要鲜艳，让宝宝看清楚。

2）一幅图上只有一个主题画。

3）画的内容要适合宝宝，如各种动物画面、人脸。

（4）练习用拇指和食指将瓶盖打开再合上的动作。家长可先行示范。

注意：可以在瓶子里放一些小粒饼干吸引宝宝的注意。

（5）学习用勺子吃饭。开始时手把手教宝宝地教他用勺子取些饭菜放在口里。鼓励宝宝自己用勺子吃一些东西，同时家长用一个勺子帮助宝宝吃饭。

注意：家长不要怕宝宝弄脏衣服或桌子。

温馨提示

因为0～1岁宝宝的手部经常处于紧握状态，而且经常喜欢抓握一些物体，宝宝的手心上会经常残留一些污垢，所以需要天天用温水清洗。在清洗的过程中，大人的抚摸和水温可以刺激宝宝的手部皮肤的感觉。宝宝会紧紧握住大人的手指不放。这个时候大人不要急于拔出手指，可以将手指放在宝宝手掌中，让宝宝练习抓握，从而提高宝宝的抓握能力。

此外，最好在白天让宝宝定时玩玩具，因为睡前玩玩具会引起宝宝兴奋，使入睡时间延迟。而且每次玩玩具时，玩具不宜放太多（1～3个为宜），太多不仅会妨碍宝宝的活动，还会令宝宝分心。

第三节

语言发育与促进

语言发育

看着别人聊天、讲话，说个不停，小枣就很羡慕。他也想像大人们一样说话，只可惜每次话一出口就变了，比如妈妈教他叫“公公”，他叫出来的却总是“空空”。

不过“空空”好像也听得懂小枣是叫他呢，每次都特别响亮地答应，笑得见牙不见眼。

相比起来，小枣更愿意跟妈妈“说话”——其实是妈妈对着他说话。妈妈的语速好慢好慢，小枣喜欢她的嗓音，喜欢她对着自己大大地张开嘴巴，清晰地发出一个一个音节。虽然小枣还是学不会，但他感觉很享受。

妈妈念儿歌的方式，尤其让小枣着迷。

“小白兔，白又——”妈妈停下来，看着小枣。

“白！”小枣知道，该轮到他了。

“爱吃萝卜和青——”妈妈又停下来，等他。

“菜！”小枣大声喊道。

一唱一和，一和一唱，整个下午，母子俩就这样有一搭没一搭地，消遣着他们的聊天时光。

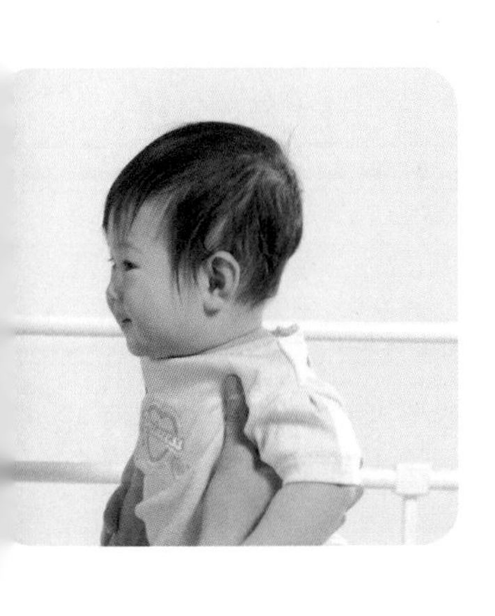

语言发育进程篇

0～3岁是宝宝语言发育速度最快的关键时期，所以在这段时期内进行语言发育的开发也是早期教育的重要环节。而其中0～1岁时期是宝宝语言发育的准备阶段，包括简单发音阶段、连续发音阶段和连续的不同音节阶段。具体的发展时间和特点为：

0～2个月

在宝宝出生后的第一个月，主要是通过“哭”的方式来表达。我们可以发现，这个时期的的每一个宝宝的哭声都不一样；而且会用不同的哭声来表达自己的需求。另外，宝宝还会表现出对环境中人的“说话声”很敏感，尤其是对音调高的女声更敏感。

2～4个月

宝宝开始会发出“咿”“a”“o”“u”“e”等声音来刺激自己的听觉和喉咙的感觉；而且能辨别出不同人的说话声音。

4～6个月

宝宝开始发出“p”“m”“b”等声音，并开始“咿咿呀呀”地说话；看到熟悉的人或喜欢的玩具是会发出开心的声音。

6～9个月

宝宝会发出“ba-ba”“ma-ma”类似的双音节声音，但并没有针对性的发音；而且会开始模仿其他人的声音，懂得部分词语的意思；根据大人的话做出挥手再见、拍手等动作。

9～12个月

宝宝可以有意识地叫“爸爸”“妈妈”、说“再见”等；能够按要求指鼻子、眼睛和耳朵等；能有20个词左右的词汇量。

温馨提示

右侧描述了0～1岁宝宝语言发育的一般进程，但是每个宝宝的发育又有个体的差异性；尤其宝宝在生病等受到外部环境影响的情况下可能会导致暂时性的发育落后。如果与其他同龄的孩子相比，自己的宝宝有以下发育异常情况。请及时带宝宝到医院进行检查！

1）3个月时，仍跟妈妈没有目光交流；家长跟宝宝交流时，宝宝没有微笑等反应。

2）6个月时，还不会将头转向声源；“咿咿呀呀”的发声减少，经常在哭闹时听到妈妈的声音也不能安静下来。

3）12个月时，对熟人的声音或对自己的名字仍没有反应；不会模仿发音，还是没有出现“咿咿呀呀”的发音。

语言促进与亲子交流篇

早期的语言开发是开启宝宝智慧大门的钥匙，给宝宝营造一个良好的语言学习环境，对其语言能力的发展终身有益。而宝宝语言能力的发展与父母的语言培养是分不开的；因此，在对宝宝进行语言能力的早期开发过程中，应该注意几个问题。

语言早教需注意

良好的语言环境

父母是孩子学习的最好榜样，自身的言行举止会让他耳濡目染，成为学习的最初途径。所以父母自身要注意养成良好的说话习惯，用标准的语言来教育孩子；另外，还要对宝宝有足够的耐心，为宝宝创造一个丰富、宽松的语言环境。

循序渐进

给宝宝提供的语言教育要符合其自身的发育特点，切勿操之过急，给孩子带来太大的压力，不然会打击其学习的热情。

成为宝宝的“导游”

面对这个世界的“新客人”，要习惯于用亲切的声音和变化的语言跟他讲当前感知到的事物。比如在给宝宝洗澡的时候，可以边洗边说“妈妈在给宝宝洗澡澡”。这样亲切、自然的语言“导游”非常有利于提高宝宝的语言能力。

沟通的小技巧

在和宝宝交流的过程中，方式要符合孩子的天性，多用缓慢的语速、夸张的语气、高扬的声调（即“妈妈语”）跟宝宝说话，让其更好地感受、理解和学习语言。

善用亲子游戏

游戏是婴幼儿学习的最好途径，可以让宝宝在快乐的氛围中学习成长；并促进跟父母的交流，有利于形成良好的亲子关系。但在使用亲子游戏进行语言早教时，要注意根据宝宝的语言发育特点来选择游戏。

0～2个月：口唇模仿

可以面对着宝宝将其抱起，跟他做张嘴、伸舌等口唇游戏，让宝宝模仿做同样的动作。口唇游戏不仅可以使宝宝的口部运动更加灵活，为发音做准备，还可以促进宝宝与人交往的能力。

3～4个月：发音练习

跟宝宝面对面，并用欢快的声音和表情发出“呀呀”“咯咯”等重复音节。每一次发音后要停顿，给宝宝模仿的机会；也可以把宝宝抱到镜子前，让他看着父母的口型和自己的口型来练习模仿发音。发音练习可以诱导宝宝的发音，训练宝宝的说话能力。

5～6个月：听儿歌

具体做法是父母和孩子一起跟着自己唱的儿歌来做动作。例如，可以让爸爸抱着宝宝坐在膝上，一边念儿歌“骑大马，骑大马；上高山，跨过河；嘎登嘎登……跨过河”，一边跟着节拍动膝盖，让宝宝有骑马的感觉；而且念到“嘎登嘎登……”的时候将宝宝向前举起。通过这类游戏可以增加宝宝的词汇量，进一步训练说话能力。

7～8个月：指认物体

具体做法是让宝宝指认五官或喜欢的玩具等。例如，学习指认鼻子的时候，可以使用鼻子比较突出的“米老鼠”或“大象”等玩具；让宝宝在听到“鼻子”的时候去抓玩具的鼻子。或者让宝宝照着镜子，拉着他的手先碰一下自己的鼻子，再碰一下妈妈的鼻子。通过游戏可以让宝宝学习比较常见事物的名称，丰富词汇。

9～10个月：学动物叫

父母要拿着动物的图片跟宝宝一起学习，如拿起小狗的照片时就叫“汪汪”、拿起鸭子的图片时说“嘎嘎”。每次要稍停顿让宝宝模仿后才继续下一张图片。宝宝熟悉之后，父母可以随便拿起一张图片，让宝宝自己发动物声；发音正确时要及时给予鼓励。这个游戏是利用宝宝喜欢学动物叫的特点来训练宝宝的发音。

11～12个月：指图作答

具体的玩法是宝宝和父母一起看图画，听父母讲故事；在讲完故事之后让宝宝根据图画书，指着相应图画回答问题。例如，妈妈在跟宝宝讲完小猫钓鱼的故事后，问“今天是讲谁的故事”，然后引导宝宝指着“小猫”回应；完成后可以继续问“小猫去干什么呀？”宝宝会指着鱼的图片。当宝宝指出正确图片后，要将所指图片的事物清楚地再说一遍，为宝宝以后用声音回答问题做准备。指图作答游戏不仅可以进一步丰富宝宝的词汇量，还可以促进其理解能力。

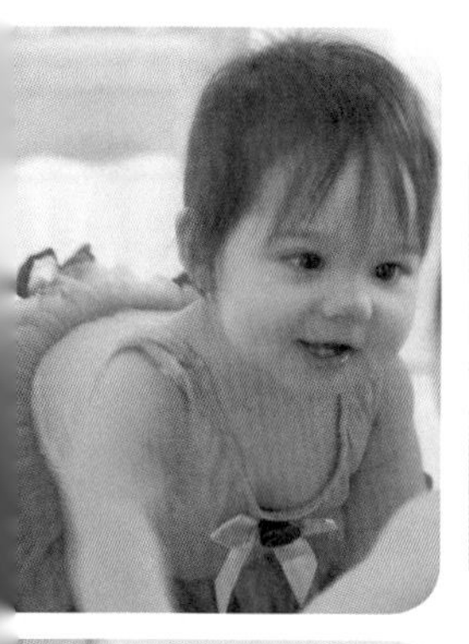
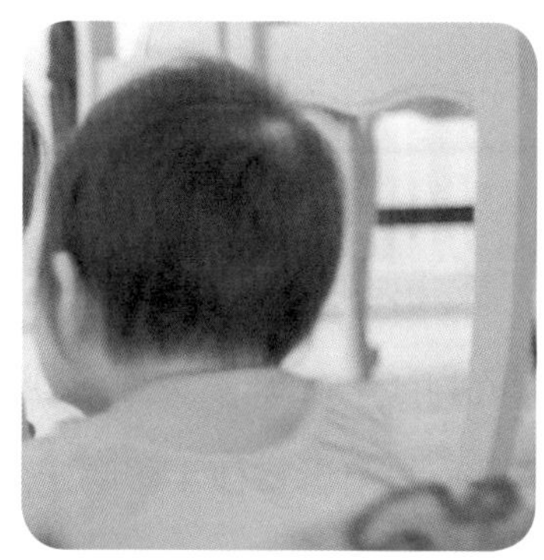

第四节

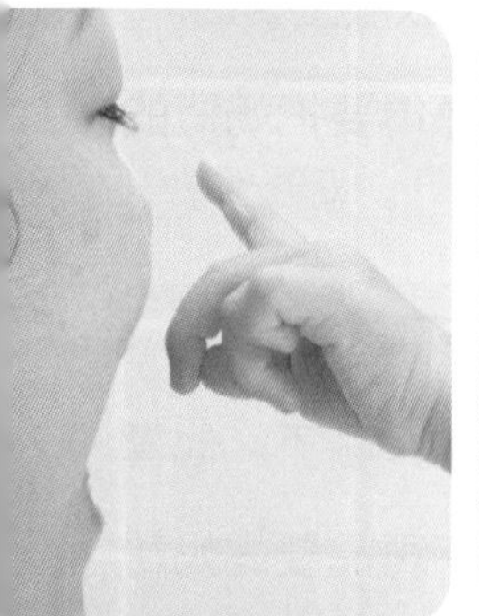
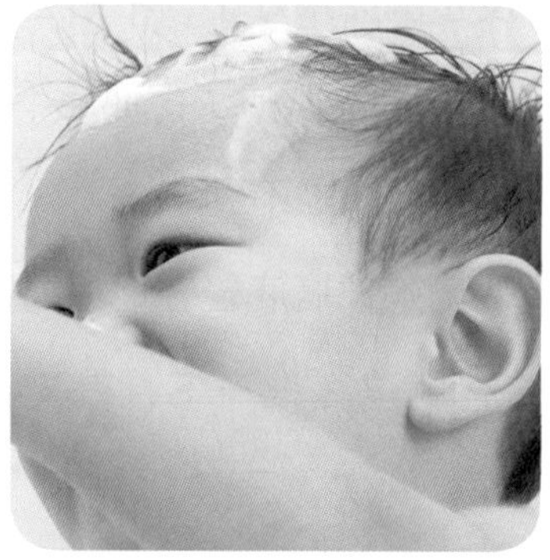
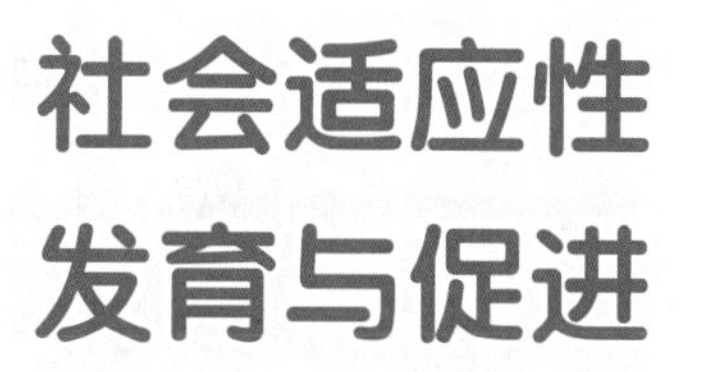

社会适应性发育与促进

小枣不再满足于被妈妈喂奶了。以前那种躺在妈妈臂弯里，张开嘴就有奶喝的日子，他开始觉得无趣。只要妈妈一冲好奶，他就开始抢奶瓶——自己拿在手里喝奶的感觉，好爽！

妈妈就给他抢。反正围兜系好了，不怕洒到衣服上。

不过小枣喝不了几口，就抓瞎了：他还不懂得要把奶瓶的瓶底举高，所以只吸了几口就吸不到了。

妈妈做了什么呢？妈妈把瓶底轻轻地往高推了一下。

小枣觉得好神奇，就这么推一下，就又有奶喝了。他重复着妈妈的动作，一次，两次，三次。很快，不再需要妈妈帮忙，他自己已能掌握奶瓶的角度。

喝完奶，小枣知道围兜应该要摘掉，于是使劲去拽。口子还扣着，当然摘不掉。

妈妈又做了什么呢？妈妈把搭扣轻轻地解了一下。

小枣再拽，拽掉了！像上次举着那只苹果一样，他这次高高举起了围兜——仿佛那小小士兵，举着那得胜的旗。

0 ~ 2月龄篇

对于0~2月龄的新生儿来说，他们离开子宫舒适的环境，开始用自己的感知觉去适应、探索周围的新事物。虽然他们大部分时间是在睡觉中度过，但他们用自己独特的方式来认识周围的世界，吃饱睡足后能积极地消化周围环境的信息。

为了促进亲子感情交融，提高宝宝对外界环境的积极性，这个时期可利用一些适合的玩具吸引宝宝注意力，同时注意通过一些玩具给宝宝做一些体能训练。

1. 摇响玩具（如拨浪鼓、花铃棒、婴儿手铃等）或音乐玩具

功能：听觉能力、视觉能力的协调

新生儿出生第一周开始就有了声音追随能力，听到声音后头会转动，眼睛会寻找声源的地方，这是宝宝协调眼部肌肉运动与听觉能力的过程。第四周时能认出母亲的声音，而在1~2月龄时声音的辨别能力进一步发展，宝宝对各种声音有了分辨能力，尤其是对噪声的反应较大，听到噪声会表现出烦躁、皱眉等不适的表情。

这些发声玩具能锻炼宝宝的听觉能力，并且可以让他们认识到摇动这些玩具与发出声音的因果关系，培养他们的认识事物的因果关系的能力。此外，宝宝用眼睛寻找声源，这是他协调眼部肌肉运动与听觉能力的过程。

具体操作时，可先在宝宝眼前拨动拨浪鼓或花铃棒，观察宝宝对这些声音的反应。然后在远近不同的地方摇动，通过声音吸引他们的注意力。

功能：精细运动的增强

宝宝在1~2月龄时出现的动作大部分是全身性的大动作，除了在睡觉、吃奶时比较安静外，宝宝的手和脚在其他时间都可能会不停地动。这个时期宝宝的手指大都是握成拳头的，因而家长可以先掰开宝宝紧握的手指，然后把拨浪鼓或大小合适的花铃棒放入宝宝手中，把着他的手摇动玩具。通过抓握这些玩具，能锻炼宝宝的精细运动能力，为日后的发展打下基础。

2. 活动玩具

活动性玩具有大有小，如会移动的卡通动物、婴儿活动专用毯等。

功能：视觉能力的提高

新生儿出生第一周能看清15厘米以内、45度角范围的物体，第二周能注视近距离的人脸，到1~2月龄时对养育者的面容有一定的记忆能力，能看清15~25厘米内活动的物体和人脸。

一些造型简洁、色彩鲜艳的活动玩具能促进宝宝眼部肌肉的运动、提高对色彩的辨认能力。但家长要注意的是，玩具放置位置不能太远、色彩不宜太丰富。

3. 宝宝体能训练

刚出生的新生儿活动能力不强，因而宝宝的运动、思维、自理能力等都需要家长培养、帮助锻炼。

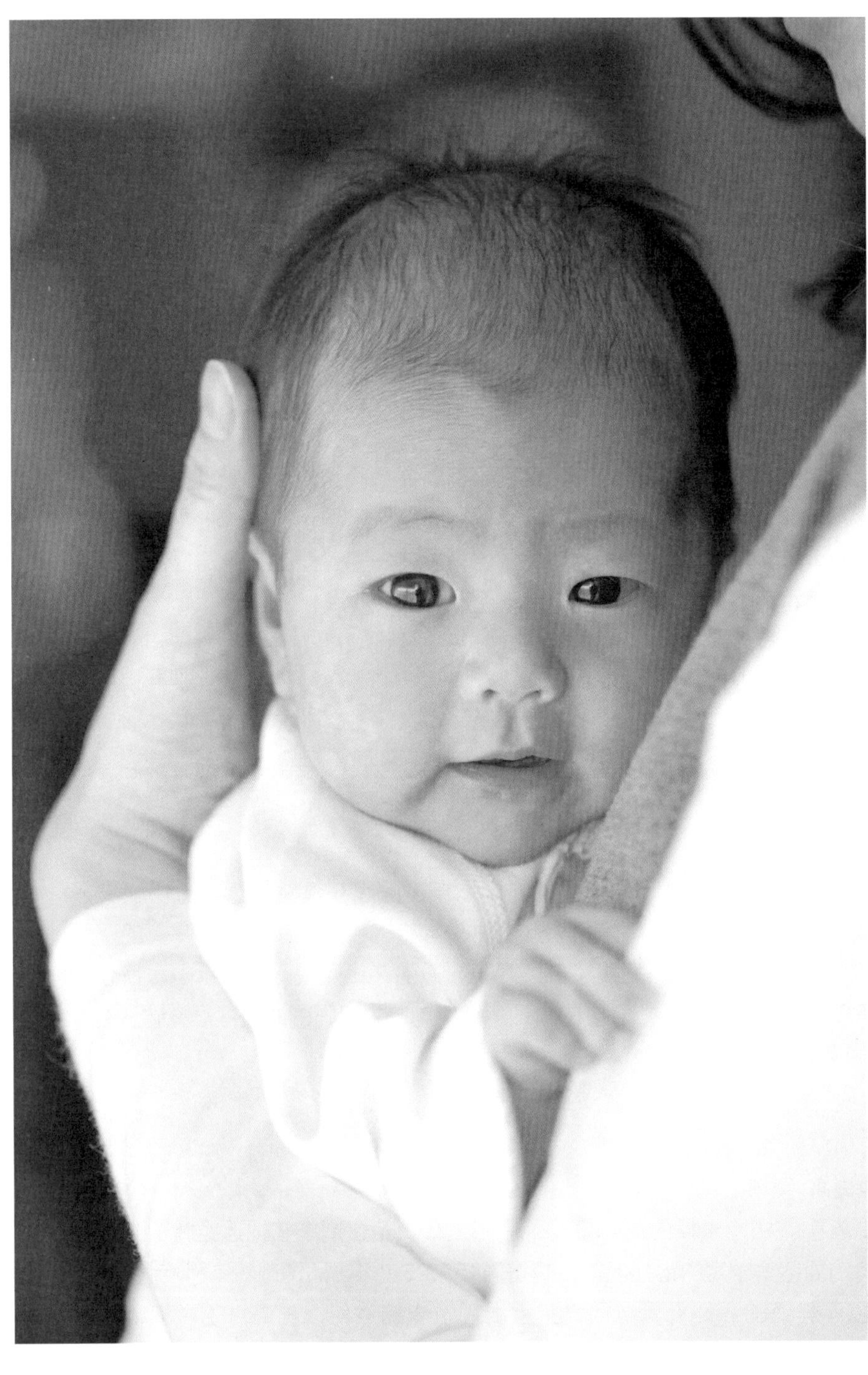

抬头训练

8周龄时，宝宝俯卧的情况下可以把头抬一会儿，但是不能持久。因抬头动作不仅可以锻炼颈、背肌肉，促进血液循环、增大肺活量；还可以帮助宝宝扩大视野，使他能从不同角度观察事物，因而提倡尽早对宝宝进行抬头训练。操作有：

（1）竖抱抬头：将宝宝竖抱起来，使他的头部靠在你的肩上，之后再轻轻让宝宝的头部自然立直片刻，这个抱姿可以训练宝宝颈部肌力。每天训练4～5次，可以使宝宝尽早掌握抬头的能力。

（2）俯卧抬头：在两次喂奶之间，把宝宝放在硬一点的床面上，先让他俯卧一会儿，然后用玩具在一边逗引他抬头。

（3）坐位抬头：这个抱姿最好在满1月龄后进行，将宝宝抱来，使他坐在自己的一只前臂上，让他的头部与背部贴在自己的前胸，用另一只手抱住宝宝的胸部，使宝宝面向前方广阔的空间，这不但能使宝宝主动练习抬头能力，还可以激发他的观看事物的兴趣。

上肢训练

有教育专家认为，锻炼新生儿的手指灵活性能促进其大脑皮质的发展。如上所述，可以把大小合适的玩具如拨浪鼓放入孩子手中，把着他的手摇动玩具，这能开发宝宝手部活动能力。此外，家长还可以给宝宝做一些上肢运动：

（1）按摩手掌：自宝宝出生后就可以抚摸其手掌，让他能抓住你的手指。

（2）扩胸运动：宝宝仰卧时双手握住他的手掌，大拇指放在宝宝掌心。将宝宝两手交叉于胸前，使他两手臂向外平展，注意掌心向上。

（3）伸肘关节运动：宝宝仰卧时双手握住他的双腕，大拇指放在宝宝掌心。将宝宝肘关节弯曲片刻后还原。

（4）伸肩关节运动：宝宝仰卧时双手握住他的双腕，大拇指放在宝宝掌心。将宝宝肩关节弯曲贴近身体，片刻后还原。

（5）灵活性锻炼：拿起宝宝的小手去触碰物体，也可在他吃奶时将小手放在乳房上，或拿起他的小手触摸自己的脸。

下肢训练

（1） 小腿弯曲训练：宝宝仰卧，两腿伸直；轮流拉起宝宝的一只脚，使其小腿弯曲、伸直；再抬起宝宝的双脚，弯曲小腿后伸直。

（2）双腿扭动训练：先把宝宝的右脚放在左脚上，借助下半身的活动，帮助宝宝慢慢地向左扭动身体，双腿重复运动，各3次。

3～5月龄篇

宝宝各种感觉能力继续发展。视觉方面，能看清2～3米内的物体，有追视能力，对颜色（特别是红色、黄色、绿色）产生兴趣。视听协调方面，能自如地扭动头部寻找声源；手眼协调能力也发展起来，宝宝看到眼前的东西会伸手去抓。 运动方面，宝宝的头能随自己的意愿转动，这时大部分宝宝都学会了侧身，在大人的帮助下能自己坐起来一会儿。

这个时期除了继续前一篇的体能训练外，还可以增加以下活动：

1．宝宝自我意识及社会情绪的培养

此时宝宝对人脸很感兴趣，也能辨别人脸表情。家里准备一面大镜子，让宝宝观察镜子中的自己，使他形成自我意识。家长还可以做一些微笑、吐舌头、吃惊等神情，同时告诉宝宝这是什么表情，让孩子慢慢地学会模仿。另外，给宝宝看家庭相册，让他认识相册中的自己及其他家庭成员。

2．全身运动协调能力的进一步发展

在婴儿床拱架上悬挂一些色彩鲜艳的玩具或摇铃，锻炼宝宝的观察能力，提高色彩辨别能力。

3．玩“躲猫猫”游戏

培养孩子的客体意识，引发他寻找消失的东西的兴趣。用双手或一张纸遮住自己，然后让

宝宝寻找自己。在宝宝发现自己时可同时发出“汪汪”“喵喵”等声音逗引孩子。

4. 与孩子分床睡，培养独立意识

尽早分床睡对于培养孩子的独立意识是有好处的。当然，婴儿床要放在父母的房里，以便在宝宝醒来时及时发现。

5. 培养伸手抓握奶瓶的能力

宝宝伸手抓握奶瓶具有重要的意义。在生理上，这表示他已具有吸吮与双手可碰在一起的能力；在心理上，有助于培养注意力。宝宝会伸手帮忙拿奶瓶是正式踏出自我照顾的第一步。

每当宝宝要喝奶时，不要急着把奶瓶塞在宝宝口中，可先拿着奶瓶让他看几秒，同时对他说：“喝奶的时间到啦，看，这就是你的奶瓶。”然后慢慢将奶瓶移到宝宝的脸边。如果宝宝一直不愿意抓握奶瓶，则可以给奶瓶套上一些不同材质的东西，如小袜子或运动用的护手圈，吸引宝宝想要触摸的欲望，同时增加不同的触觉体验。

6. 培养宝宝接受喂食的习惯

吞咽能力必须后天学习才能获得。具有正常的吞咽能力能保证营养物质摄取和口腔发育，也与肠胃道消化功能及日后的说话能力密切相关。因此，在宝宝能够添加辅食时（一般从4个月起），就可开始练习用汤匙喂食。

喂食时，家长最好做出张开嘴巴吞入食物的动作，激发宝宝模仿的兴趣。如果宝宝无法顺利使用汤匙进食，可利用玩偶玩喂食游戏，用夸张的表情和声音示范吞入食物的动作。

6～8月龄篇

6～8个月是宝宝学会独坐的关键期，也是学习爬行的时期，同时要留心孩子的分离焦虑，不要突然离开孩子。

1. 警惕分离焦虑

8个月的宝宝开始会对陌生人、陌生环境表现出害怕的情绪，一旦与亲人分离会出现焦虑、不安的情绪反应，即分离焦虑。为降低宝宝的分离焦虑，首先要使他对家长产生信任感，尽量减少离开孩子的次数；同时注意培养孩子的独处能力，如换完尿布后把孩子安顿好，让他自己独处一段时间。当孩子自己玩的时候不要去打扰他。

宝宝前一阶段只是抓握奶瓶，而此时期宝宝应该能自己拿住奶瓶，甚至能主动调整奶瓶的倾斜度以适合自己的体位了。家长要注意宝宝喝奶，为防止呛奶，可在他头上或上背部放一个枕头或软垫，使宝宝头部保持一定的倾斜度。如果宝宝的手臂控制力不佳，建议用带有握把的奶瓶。

2. 看图识物

选择一本内容合适、有较多生活物品或动物的图画书，在看图画书时，家长说出画面上物体的名称，并且鼓励宝宝跟着说出来。

9～12月龄篇

此时孩子能自己站立，对外界事物的观察能力大大提高，也喜欢模仿别人的声音，11～12个月是宝宝语言爆发关键期。

自理能力方面，这个时候要重点培养孩子良好的饮食习惯，9～10月龄时开始进行排便训练，还要引导孩子配合大人穿衣、自己进食等能力。

1. 培养良好的饮食习惯

家长注意不要把不良的饮食习惯传给孩子，给孩子准备食物时也不要加入刺激性的调味品，盐也是少许即可，不宜按成人口味的量来加。

在孩子进食之前，先用毛巾将他的小手擦干净，使其形成“饭前洗手、饭后漱口”的概念。

2. 自己拿食物吃

随着宝宝大小肌肉的发展及手眼协调能力的日益成熟，他自己已经能够拿着固体食物送入口中。此时不需要牙齿，只是利用舌头把食物顶到嘴巴上方，再通过腭部做出上下咬合的动作，这一连串的动作有助于日后发展出比较成熟的咀嚼动作。

3. 排便训练

9～10月龄时宝宝形成了一定的排便规律，可从这时开始进行排便训练。将便盘放于靠近卫生间的地方，使宝宝形成便盘与排便的联系。注意不要频繁给孩子排尿，以防孩子控制便意或尿意的能力得不到锻炼。

4. 训练脱衣及配合穿衣

在练习穿衣服之前，脱是一个很重要的动作，当宝宝能主动拉下帽子时，就表示他有了主动参与的意愿，不再处于被动状态。试着在宝宝头上戴上帽子，并抱着他照镜子，指着帽子说：“宝宝戴帽子。”然后示范把帽子拿开，并说：“宝宝脱帽子。”再帮宝宝戴上帽子，引导他自行拉下帽子。只要宝宝出现了拉扯动作，就说明他具备了这项能力。

这是小枣第一次在自己的床上，见到另一个小孩。

而且是个女的。

她的头发跟小枣的差不多稀疏，不过她的妈妈仍很费力地给她扎了一条小辫。其实也就是个小揪揪而已，不过因为小枣没有，所以还是蛮羡慕的。

大人介绍他们互相认识，说小枣是表哥，来的是小枣的表妹。表妹大摇大摆地在小枣的床上爬过来爬过去，自顾自地咋着嘴弹着舌，自得其乐。

小枣把目光投向妈妈那边。不过不同以往，这次他的目光中并没有求助的意思，倒有点发现了宝贝、想和妈妈分享的劲儿。

随着表妹一家的告别，小枣的第一次社交生活就这样结束了。晚上，小枣的入睡程序还像往常一样，呼哧呼哧地吃奶、咿咿呀呀地唱歌，准备进入梦乡。突然，就在彻底睡去的那一刻之前，半梦半醒间的他突然咂吧了两下嘴，又弹了弹他的小胖舌头，然后满足地叹了口气，睡了。

跟表妹学的？妈妈笑了。见面时两个都那么酷，其实心里偷偷学着呢！这会不会就是延迟学习？

什么是宝宝的社会交往?

1. 婴儿天生就有社交能力：年轻的爸爸妈妈们可曾注意，宝宝从生下来第一天起，就会睁着明亮的眼睛注视着你，身体贴近你，这就是想跟你交流。新生儿生下来就会看、听，有嗅觉、味觉、触觉和模仿能力，拥有了这些，也就具备了与大人交往的能力，如果爸爸妈妈们从新生儿期能敏感地理解新生儿的表示，给予积极回应，就可以促进新生儿交流能力的发展。

2. 建立宝宝与人相处的信任感：随着宝宝的发育，逐渐会用叽叽咕咕叫、咯咯笑、挥舞小手等不同的方式跟你交流，大人们不要忽视他的存在，关注宝宝的感情和兴趣，友善地、愉快地回应他，逐渐建立起宝宝与人相处的信任感。

3. 耐心地、慢慢地尝试接触陌生人：3个月的婴儿见到成人的面孔，在脑中能形成清晰的影像，5-6月时，随着对面孔辨认的细致程度增加，对陌生人显出警觉和回避反应，对每天陪伴他、抚育他的妈妈更加偏爱，就是说明会认人了，这是婴儿社会性的重大发展，也代表着宝宝感知、辨别和记忆力的提高。年轻的爸爸妈妈们要考虑到宝宝的生理特点，既不能强迫他跟生人接触，也不能让他回避生人。可以采取先接触家里人或经常在一起的亲朋好友，也就是说刚开始接触熟悉的面孔，然后逐渐接触更复杂的情景，一步步扩大他的社交圈。想让宝宝完全摆脱怕生，接受所有陌生人需要一个很长的过程。

宝宝第一年的主要社交能力有哪些?

逗笑

大人抱起宝宝，免不了用手摸摸宝宝的小脸或胸脯，同宝宝逗笑。大概在2～3周时，宝宝会在大人逗时微笑。“逗笑”出现得越早，宝宝就越聪明。

口唇模仿游戏

大人抱起宝宝，同他做口唇游戏，如张嘴、伸舌、咋舌等，宝宝会模仿大人动作。新生儿全身以口唇最为灵敏，模仿动作以口唇为先。

让宝宝笑出声音

爸爸妈妈可以通过做鬼脸或是给宝宝看新奇的玩具促使宝宝经常开怀大笑，如果宝宝42天还不会笑，爸爸妈妈就要为宝宝加紧训练，到56天还不会笑就应当去看医生了，因为先天愚型的还是学笑会延迟。

见熟人笑

宝宝看到曾经见过的人会笑，会用笑来同他人交往。3个月的宝宝大都很可爱，他们还不会怕生，只要感到很安全，躲在妈妈怀里，看见有人善意地逗弄，都会报以微笑。不过宝宝还是有选择性的，看到不喜欢的人，当然不笑。

藏猫拉布

宝宝喜欢同大人玩藏猫游戏，当大人蒙脸时，宝宝会把布拉开。自从掀开布找到大人后，宝宝懂得了布后面可以藏人，所以会快快地掀开布，积极地参与游戏。

举高高

举高高是宝宝最喜欢的游戏。爸爸扶着宝宝的双腋将宝宝举起，宝宝感受到举高时的惊险刺激，但有爸爸在身边宝宝会觉得很安全。爸爸一面举一面说“高高”，下来时说“低低”，使宝宝同时学到声音的意义。不要将宝宝在空中抛起来，因为接住宝宝时产生的振动会伤害宝宝。

怕生

6个月后的宝宝特别害怕生人。这是自我保护意识的表现，也是对妈妈依恋的开始。当宝宝出现怕生时不要急于去抱宝宝，这样会引起宝宝的反抗，要友好地对他笑笑或拿个玩具逗逗他。等熟悉之后，便会渐渐接纳生人。

与同龄小朋友交往

宝宝在幼儿园里会看到许多同龄小朋友，能互相模仿着学习，在这里宝宝可以学习和小朋友交往，特别是内向的宝宝，多和小朋友交往，能克服自我封闭的不良个性。

让宝宝认识五官

对宝宝说“摸鼻子”时，宝宝和妈妈互相摸对方的鼻子。妈妈先示范摸自己的眼睛，然后让宝宝摸妈妈的眼睛。两人一会儿摸鼻子，一会儿摸眼睛，先慢后渐渐加快。这种游戏也可以让宝宝同其他大人玩，让宝宝学会同他人交往。

同小朋友一起学走

爸爸带着宝宝在户外学走，宝宝拉着一个会响的拖拉玩具。如果迎面来了另一位拉着玩具走的小朋友，两个人都会特别高兴，他们先是互相笑笑打招呼，然后相互听着对方的玩具发出的声音，希望自己的玩具叫得更响。于是两人几乎是在比赛，只有走得越快，玩具才叫得越响。宝宝就可以在游戏中，学会了沟通和走路。

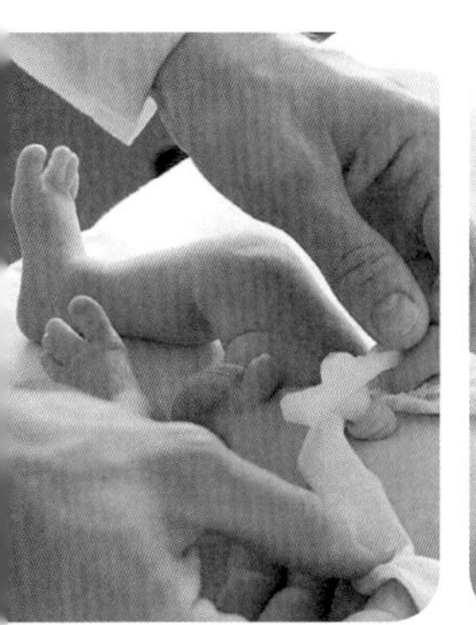
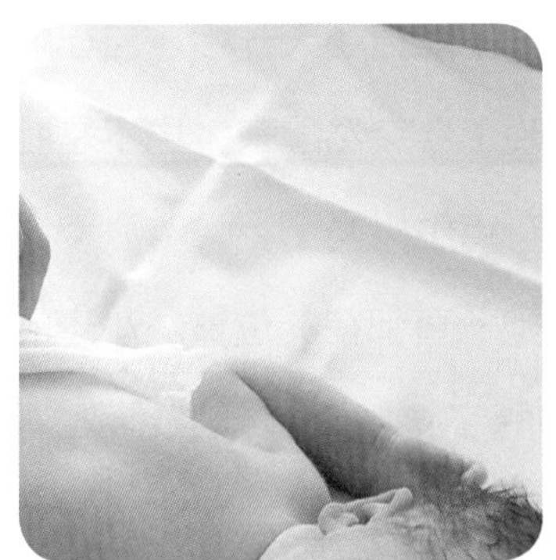
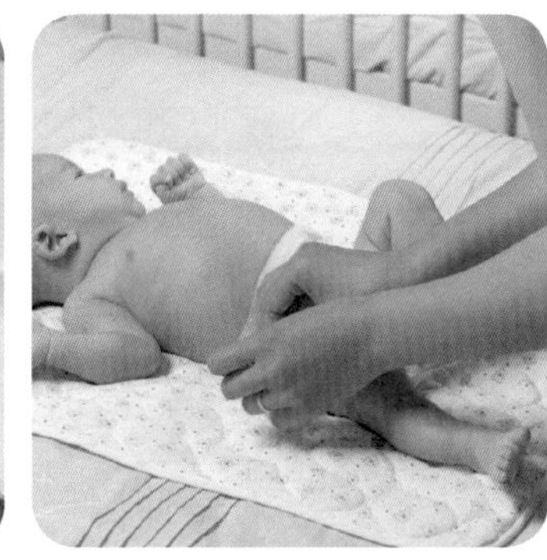

第五节 日常护理和保健

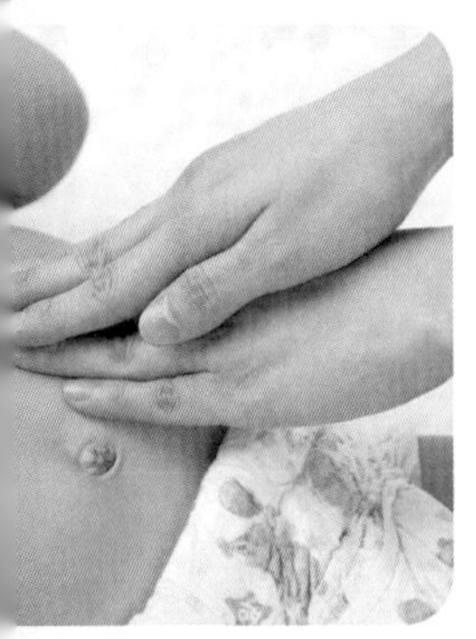

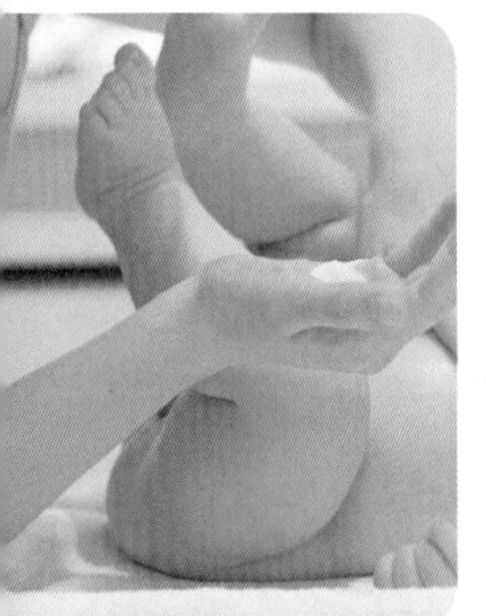
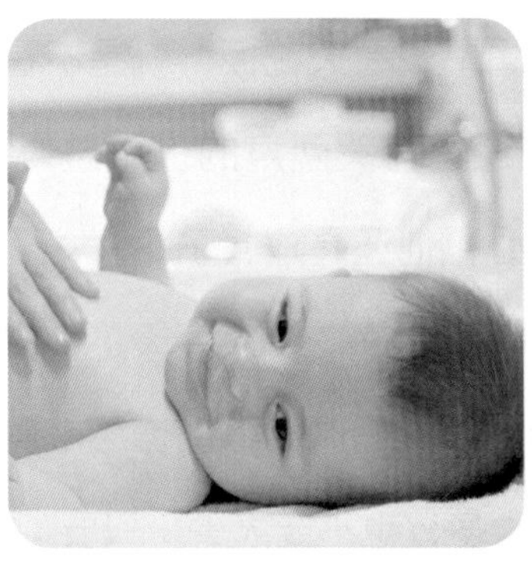
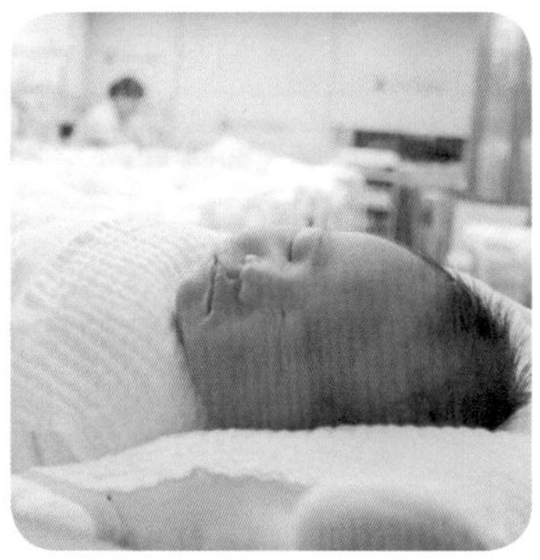

吃了睡、睡了吃的生活因为过于快乐，所以转瞬即逝。小枣发现，不知道哪天开始，自己居然莫名其妙地有了心事。比如晚上会突然醒来，也不是肚子饿，也不是尿布湿了，只是有点想妈妈了。

妈妈就在她一直都在的位置：小枣的身边。

发现小枣醒了，她没有像以前那样马上抱他起来，而是伸出一只手来，轻轻地摸着小枣的小胳膊、小肩膀、小脑门，另一只手拿起一本书，一会儿有一句没一句地念着什么，一会儿不成曲调地哼着歌。

妈妈的眼睛，一直都不看小枣。这让小枣有点失落，于是挤出来两声哭，希望换取妈妈的抱抱。妈妈还是没有抱他。妈妈的手一直在他身上摩挲，因为刚刚剪过指甲，所以一点也不会刮到小枣的皮肤；而妈妈的目光还一直在另一边，看书，看天花板，就是不看小枣。

小枣本来还想再哭两声的。可是妈妈摸得实在太舒服了，一不小心，他还是睡着了。

妈妈慢慢停下手来。看来今天这个“刚刚好”，妈妈做得还算成功：在护理这件事上，原来真的可以只给宝宝需要的；不要太多，也不要太少，只要刚刚好。

便后护理篇

新生儿便后护理

新生儿指出生至28天的宝宝，这个阶段的宝宝皮肤娇嫩，抵抗力差，容易损伤，所以不论是小便还是大便后都要及时处理，预防红屁股（尿布疹）。

1. 男宝宝便后护理

（1）男宝宝常常在解开纸尿裤的时候撒尿，因此解开后可将纸尿裤停留在阴茎上方几秒钟。

（2）打开纸尿裤。用温水或者清洁露弄湿棉花来擦洗，开始时先擦肚子，直到脐部，擦洗的时候要避免宝宝着凉。

（3）用干净棉花彻底清洁大腿根部及阴茎部的皮肤褶皱，由里往外顺着擦拭。当你清洁睾丸下面时，用你的手指轻轻将睾丸往上托住。

（4）用干净棉花清洁婴儿睾丸各处，包括阴茎下面，因为那里有尿渍或大便。如果必要的话，可以用手指轻轻拿着他的阴茎，但小心不要拉扯阴茎皮肤。

（5）清洁阴茎，要顺着离开他身体的方向擦拭：不要把包皮往上推去清洁包皮下面，只是清洁阴茎本身。在男宝宝半岁前都不必刻意清洗包皮，因为男宝宝4岁左右包皮才和阴茎完全长在一起，过早地翻动柔嫩的包皮会伤害宝宝的生殖器。

（6）举起婴儿双腿，清洁他的肛门及屁股，你的一只手指放在他两踝中间。他大腿根背面也要清洗。清洗完毕即除去纸尿裤。

（7）擦拭你自己的手，然后用纸巾抹干他的纸尿裤区。如果他患有红屁股，让他光着屁股踢一会儿脚，预备些纸巾，如果他撒尿时可以用。

（8）在阴茎以上部位（而不是阴茎上面）、睾丸附近及肛门、臀部上广泛擦上防疹膏。

温馨提示

在给男宝宝换纸尿裤的时候要注意：因为男宝宝尿尿一般都是往前的，所以在给宝宝换纸尿裤时要把宝宝的阴茎压住，以防宝宝尿湿纸尿裤的围腰。

2. 女宝宝便后护理

（1）用纸巾擦去粪便，然后用温水或洁肤露浸湿棉花，擦洗她小肚子各处，直至脐部，擦洗的时候要避免宝宝着凉。

（2）用一块干净棉花擦洗她大腿根部所有皮肤褶皱里面，由上向下、由内向外擦。

（3）举起她的双腿，并把你的一只手指置于她双踝之间。接下来清洁其外阴，注意要由前往后擦洗，防止肛门内的细菌进入阴道。不要清洁阴道里面。

（4）用干净的棉花清洁她的肛门，然后是屁股及大腿，向里洗至肛门处。洗完即拿走纸尿裤，在其前面用胶纸封好，扔进垃圾箱。清洁你自己的手。

（5）用纸巾擦干她的纸尿裤区，然后让她光着屁股，玩一会儿，使她的臀部暴露于空气中。

（6）在外阴四周、肛门、臀部等处擦上防疹膏。

如果气温适宜，无论是女宝宝还是男宝宝，便后都可以直接用温水清洗阴部。这样既快捷又清洗得干净彻底。

小贴士

女宝宝一般不建议用爽身粉，因为爽身粉中的滑石粉会进入卵巢，因为女性的盆腔与外界是相通的，外界环境中的粉尘、颗粒均可通过外阴、阴道、宫颈、开放的输卵管进入到腹腔，引发病变。

洗澡＋皮肤护理篇

新生儿何时才能洗澡?

胎儿在妈妈肚子里时是在羊水中长大，所以新生儿出生后在适当的时候就可以开始洗澡。

注意：①新生儿在脐带没有脱落前不宜用盆水洗，可用软纱布蘸温水将头皮、耳后、面部、颈部、腋下及其他皮褶处血迹轻轻擦去。

②脐带脱落后，脐部表面干燥又无分泌物时，就可以把宝宝放入水中洗澡。

什么时间给宝宝洗澡?

①春秋季最好每天洗一次；夏季天气炎热，每天可洗两次以上；寒冷的冬季如有条件，最好每天洗一次，若无条件最好也每周洗一次，每天用温水擦浴。

②每次洗澡的时间宜在两次喂乳之间，避免宝宝喂奶前过度饥饿及喂奶后洗澡发生溢奶。

③对于睡眠不太好的宝宝可在晚上睡觉前洗，会使宝宝睡眠安稳。

洗澡前准备

洗手

给新生儿洗澡前，大人需洗干净自己的手，剪指甲，去掉手上的饰品。

物品

①浴盆：最好是椭圆形的，瓷盆和塑料盆都可以。②大浴巾一块，小毛巾两块（一块洗脸、一块洗臀部）。③婴儿专用的洗发液、沐浴露、润肤露、护臀膏、爽身粉，夏季还要准备痱子粉。④水温计一个。⑤换洗衣服、尿布、75%酒精、消毒棉签。

洗澡环境

避免对流风；新生儿洗澡室温宜为27～29℃；地板防止湿滑，可以放置一块耐水的踏垫；灯光不要太亮，光线要柔和；放柔和的音乐增加愉悦的洗澡气氛。

洗澡水

水温38～40℃（使用热水器加热至适合水温，或者用热水兑冷水，用温度计测水温或者用手腕试水温）；将少量洗发液和沐浴露滴入水盆中；水深6～11厘米。

注意：整个洗澡时间为5～10分钟，洗澡时间不宜过长，防止水温降低使宝宝着凉。

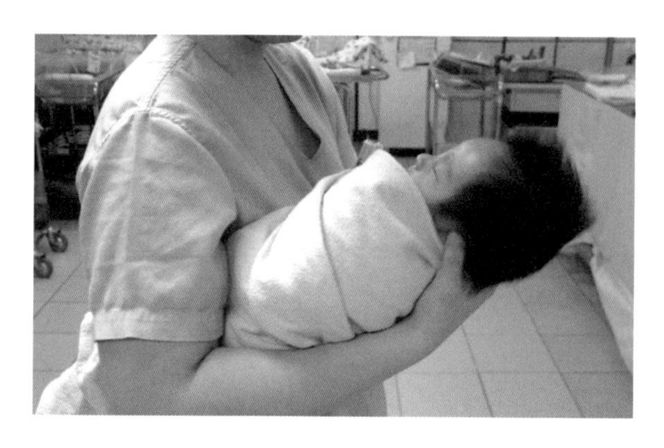

洗澡步骤

第一步：准备姿势

大人用手臂和身体将宝宝身体夹在大人的腰侧处，一手托住宝宝的头、颈及背，并用拇指、中指从耳后向前压住耳郭，使其反折，以盖住双耳孔，防止洗澡水流入耳内。

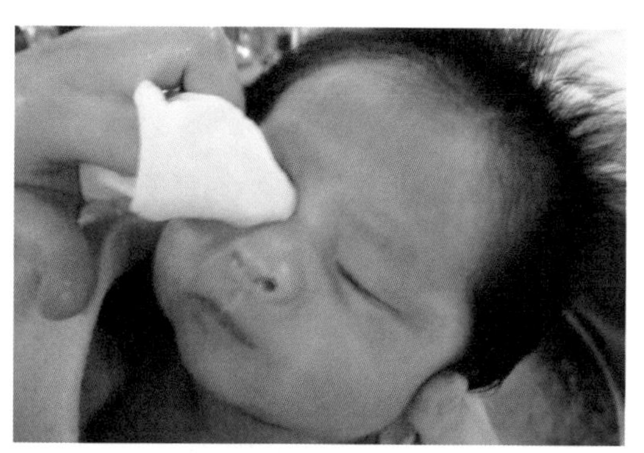

第二步：洗脸

蘸湿一块专用小毛巾，用其两个小角分别清洗宝宝的眼睛，从眼角内侧向外轻轻擦拭；另外两角分别清洗两个耳朵、耳郭及耳后；毛巾另一面清洗鼻子、口周及脸部。由眼→鼻→额→脸→耳，依次清洗。

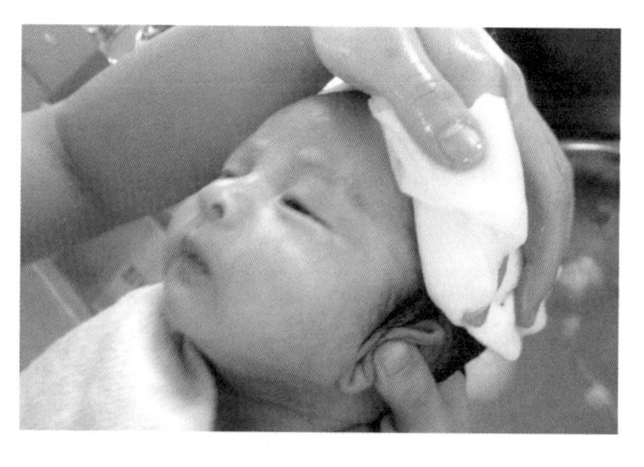

第三步：洗头

一只手以大拇指、中指压住宝宝两耳，防止水流入耳内，以另一手涂抹肥皂，轻轻搓洗，再以清水洗净后擦干头发。

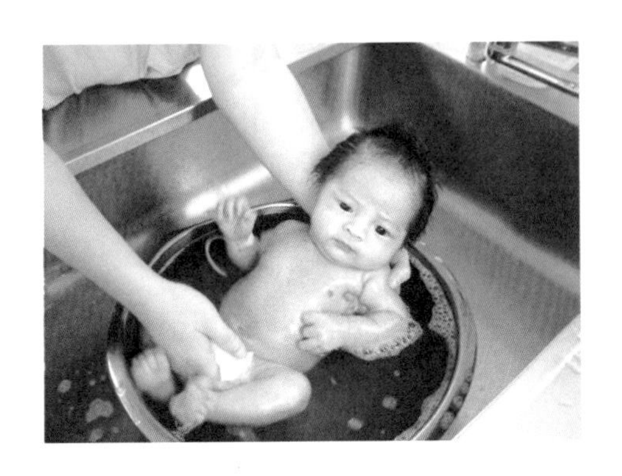

第四步：清洗前身

先以手掌蘸水，轻拍前胸，让宝宝先适应水温，一手横过肩后固定于宝宝腋下，使用肥皂清洗颈部、前胸、上肢、腹部、下肢、生殖器等部位。

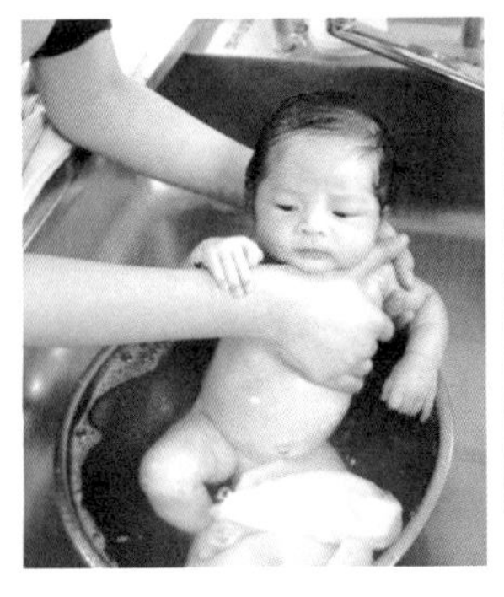

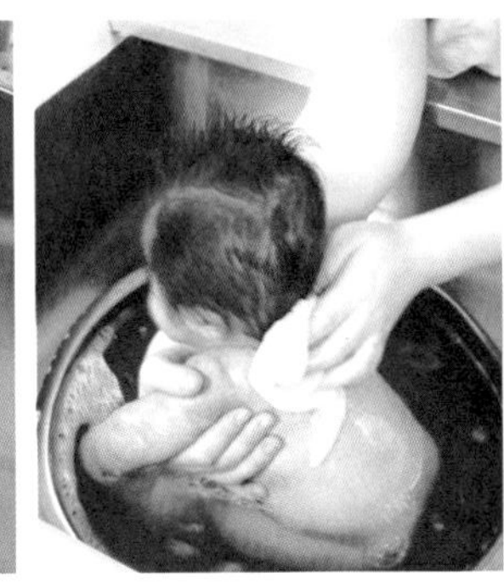

第五步：清洗后身

将宝宝翻转过来，一手横过胸前，固定于宝宝腋下，让宝宝趴在手掌上，依次清洗背部→臀部→下肢等部位。

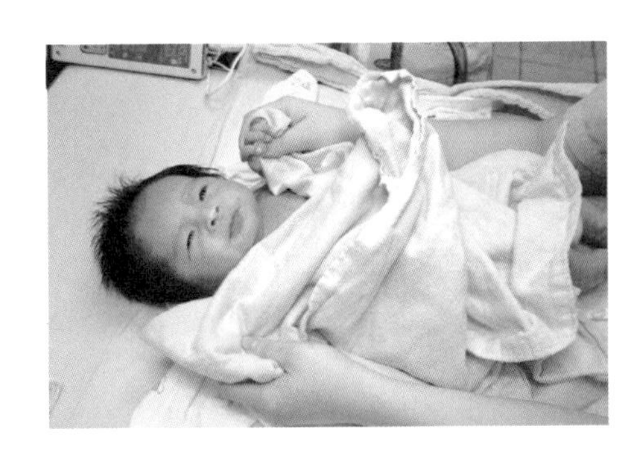

第六步：擦干身体

用清水将宝宝的全身再冲洗一遍后抱出浴盆，立即用大浴巾将全身擦干，尤其耳后，关节及皮肤褶皱处都要擦干，擦干后将宝宝放在铺有干净床单的床上或桌子上，盖上小被子，准备做浴后护理。

皮肤护理

（1）宝宝洗完澡后在皮肤褶皱处、颈下、腋下、肘弯、腹股沟处涂润肤露(或油类)，在干燥的冬季可全身涂抹。

（2）夏天出汗多时可涂爽身粉，有湿疹的宝宝在湿疹部位涂抹湿疹膏，给有痱子的宝宝敷痱子粉。

（3）然后给宝宝穿上衣服，防止着凉。

眼睛护理

（1）眼睛保持清洁，每天用棉花球或者纱布蘸净水由内侧向眼外角两侧轻轻擦拭。

（2）如果宝宝平时眼屎比较多，可请医生开些眼药水，洗完澡后给宝宝点上一滴，防止眼结膜发炎。

耳鼻口护理

（1）洗浴过程中严禁水流进宝宝的耳、鼻、口。

（2）检查外耳道有无分泌物，若有，不要用棉签擦拭外耳道，请耳科医生做详细检查。

（3）若鼻孔中有鼻痂影响呼吸或吃奶时，可用棉签蘸温开水，轻轻擦拭，待干痂变软后，轻轻按摩鼻翼两侧，鼻痂会自动排出。

脐部护理篇

为什么新生儿需要脐部护理？

在正常情况下，脐带在出生后3~7天脱落。但在脐带脱落前，脐部易成为细菌繁殖的温床。脐带结扎后留有脐血管断口，如果脐部感染，细菌及其毒素进入脐血管的断口处并进入血循环，就会引起菌血症。新生儿免疫功能低下，菌血症会很快发展为败血症甚至脓毒血症。因此，脐带断端的护理是很重要的。

什么时候进行脐部护理？

洗澡后把宝宝身上的水分都擦干，就可以开始脐部消毒。或者帮宝宝换完衣服后，只露出肚子的部分来消毒。

注意：第一，要保持干燥。在宝宝脐带脱落前应保持干燥，尤其洗澡时不慎将脐带根部弄湿，应先以干净小棉棒擦拭干净，再执行脐带护理。第二，要避免摩擦。纸尿裤大小要适当，千万不要使纸尿裤的腰际刚好在脐带根部，这样在宝宝活动时易摩擦到脐带根部，导致破皮发红，甚至出血。第三，要避免闷热。绝对不能用面霜、乳液及油类涂抹脐带根部，以免脐带不易干燥甚至导致感染。

脐部护理前准备

洗手

给新生儿脐部护理前，大人需洗干净自己的手，剪指甲，去掉手上的饰品。

物品

75%酒精一瓶、小棉棒两支或酒精纱块两块。

脐部护理步骤

（1）新生儿沐浴后必须做一次脐带护理。

（2）以75%酒精沾湿无菌棉棒2支，1次用一支棉棒于脐根部由内向外做环形消毒即可。

3.消毒范围约直径3厘米，约为五角钱硬币大小。

小贴士

1）纸尿裤若有潮湿或沾上粪便，则需随时更换。

2）脐带于出生后7~10天脐带会干硬脱落。脱落前后2~3天会出现少量淡黄色或淡咖啡色分泌物，勤加以消毒即可。若有出现分泌物或接近脱落时，可用纱布覆盖脐带，并以胶带固定。

（3）如果脐窝有脓性分泌物，其周围皮肤有红、肿、热且小儿出现厌食、呕吐、发热或体温不升（肛表温度低于35°C），即提示有脐炎，应立即去医院诊治。

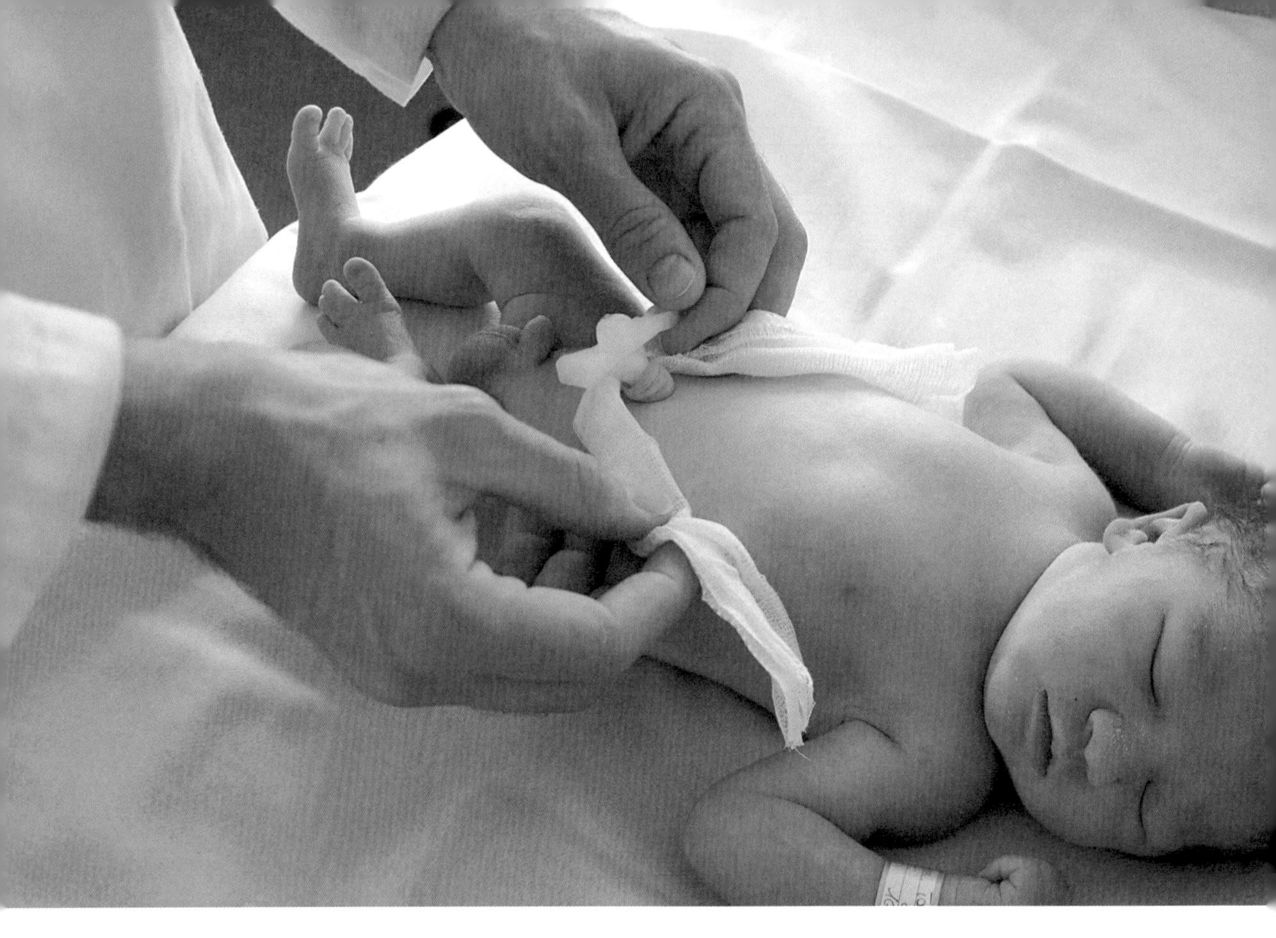

婴儿抚触篇

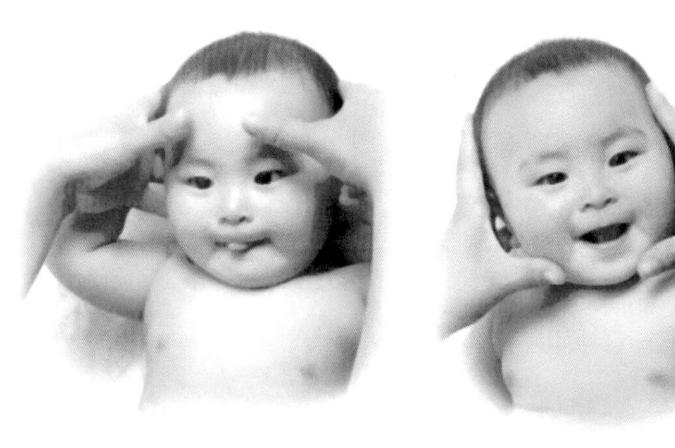

1. 面部抚触

双手拇指放在宝宝前额眉间上方，用指腹从额头轻柔向外平推至太阳穴。拇指从宝宝下巴处沿着脸的轮廓往外推压，至耳垂处停止。妈妈边抚触边念：小脸蛋，真可爱，妈妈摸摸更好看。

2. 扯摸耳垂

用拇指和食指轻轻按压耳朵，从最上面按到耳垂处，反复向下轻轻拉扯，然后不断揉捏。妈妈边抚触边念：“小耳朵，拉一拉，妈妈说话宝宝乐。”

3. 手臂抚触

轻轻挤捏宝宝的手臂，从上臂到手腕，反复3～4次。妈妈边抚触边念：“妈妈搓搓小手臂，宝宝长大有力气。”

手臂伸展：把宝宝两臂左右分开，掌心向上。妈妈边抚触边念：“伸伸小胳膊，宝宝灵巧又活泼。”

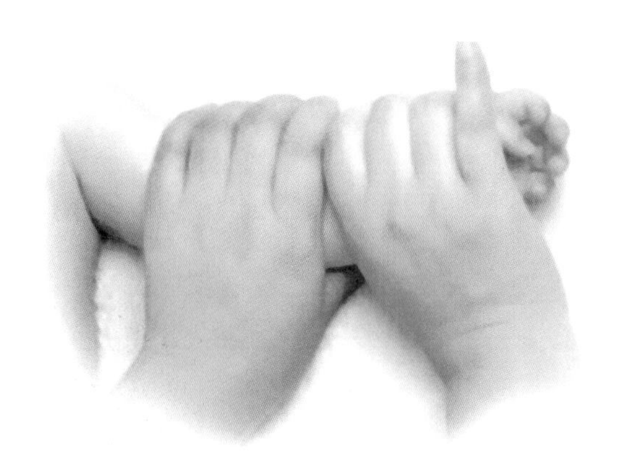

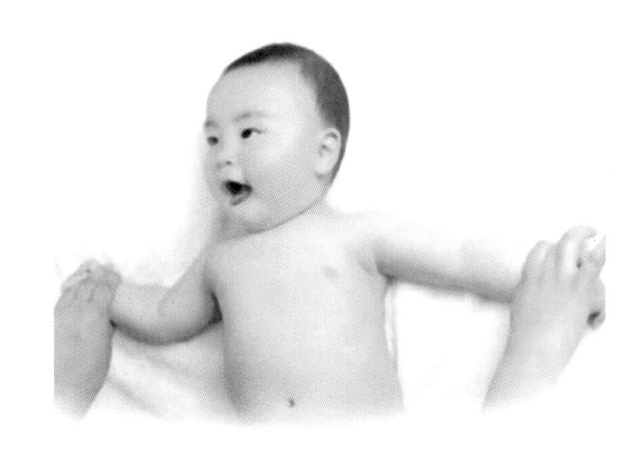

4. 手部抚触

（1）用手指画小圈按摩宝宝的手腕。用拇指抚摩宝宝的手掌，使他的小手张开。

（2）让宝宝抓住拇指，用其他四根手指按摩宝宝的手背。

（3）一只手托住宝宝的手，另一只手的拇指和食指轻轻捏住宝宝的手指，从小指开始依次转动、拉伸每个手指。□诀：“动一动，握一握，宝宝小手真灵活。”

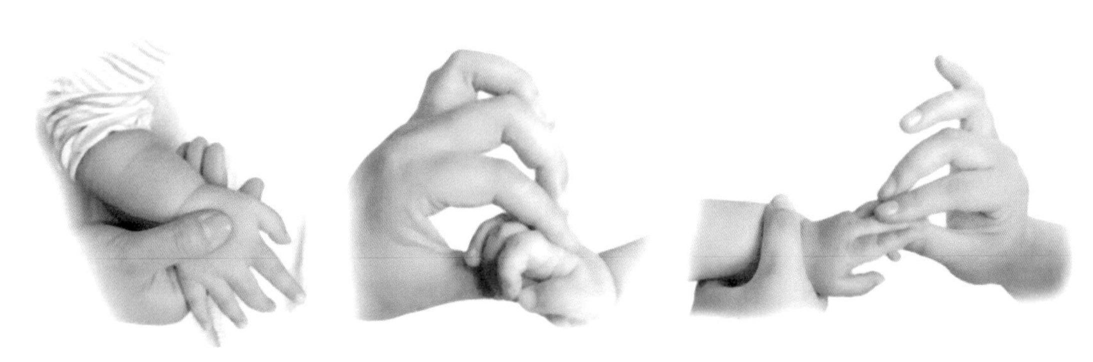

5. 腹部抚触

放平手掌，顺时针方向画圆抚摩宝宝的腹部。注意动作要特别轻柔，不能离肚脐太近。妈妈边抚触边念：“小肚皮，软绵绵，宝宝笑得甜又甜。”

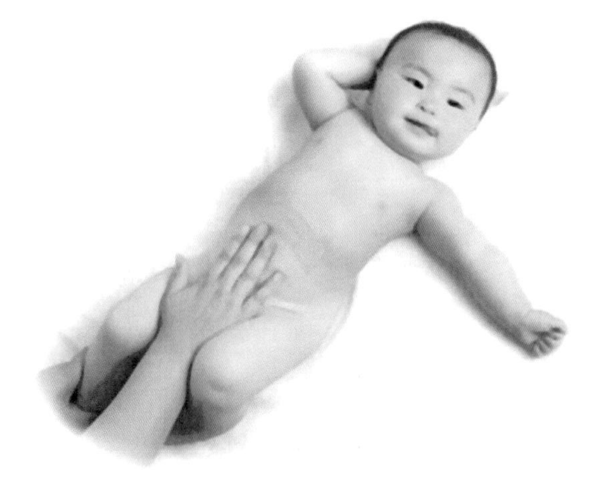

6. 背部抚触

（1）双手大拇指平放在宝宝脊椎两侧，其他手指并在一起扶住宝宝身体，拇指指腹分别由中央向两侧轻轻抚摸，从肩部处移至尾椎，反复3～4次。

（2）五指并拢，掌根到手指成为一个整体，横放在宝宝背部，手背稍微拱起，力度均匀地交替从宝宝脖颈抚摸至臂部，反复3～4次。妈妈边抚触边念：“妈妈给你拍拍背，宝宝背直不怕累。”

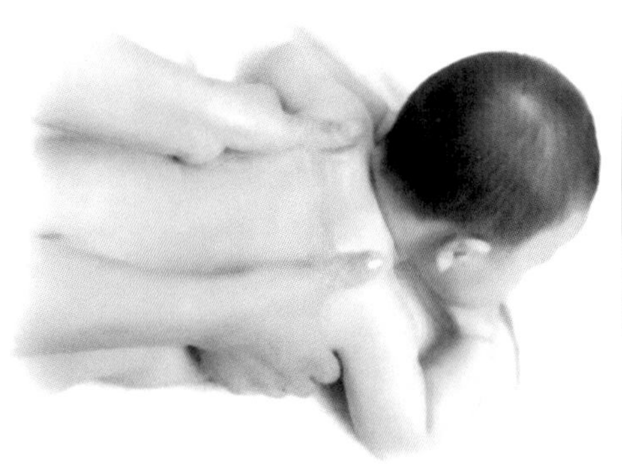

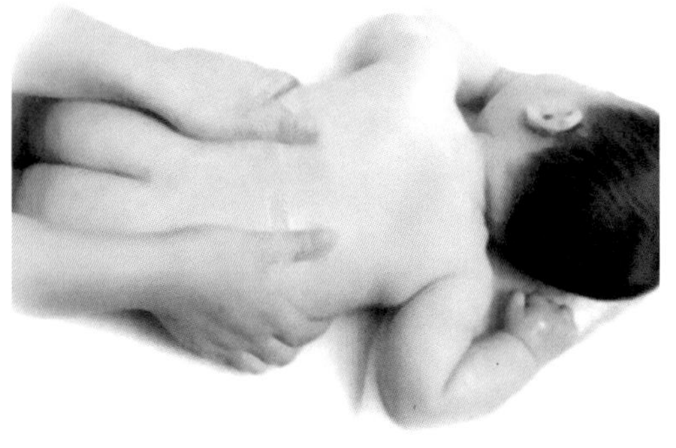

7. 胸部抚触

双手放在宝宝的两侧肋缘，先是右手向上滑向宝宝右肩，复原。换左手上滑到宝宝左肩，复原。重复3～4次。妈妈边抚触边念：“摸摸胸口，真勇敢，宝宝长大最能干！”

8. 腿部抚触

（1）用拇指、食指和中指，轻轻揉捏宝宝大腿的肌肉，从膝盖处一直按摩到尾椎下端。

（2）用一只手握住宝宝的脚后跟，另一只手拇指朝外握住宝宝小腿，沿膝盖向下捏压、滑动至脚踝。妈妈边抚触边念：宝宝会跑又会跳，爸爸妈妈乐陶陶。

9. 脚掌抚触

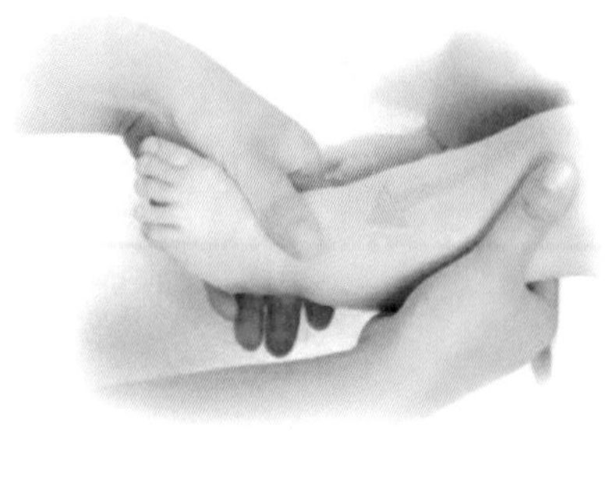

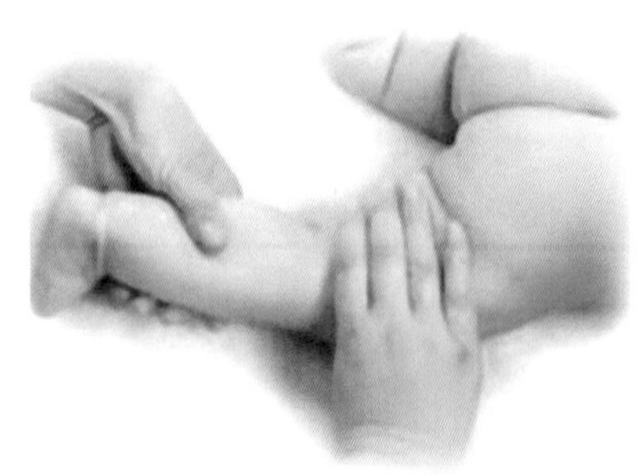

一只手托住宝宝的脚后跟，另一只手四指聚拢在宝宝的脚背，用大拇指指肚轻揉脚底，从脚尖抚摸到脚跟，反复3～4次。妈妈边抚触边念：“妈妈给你揉揉脚，宝宝健康身体好。”

纸尿裤选择篇

纸尿裤是婴幼儿必需品，甚至在宝宝降生之前，爸爸妈妈都会准备好纸尿裤，迎接新生命的到来。在宝宝成长的过程中，纸尿裤也是必不可少的。选择纸尿裤不可粗心，那么究竟怎样来选择纸尿裤呢？

怎样选择纸尿裤

大小一定要合适宝宝的体形

纸尿裤的尺寸有小型、中型、大型、加大型等各种型号，妈妈们一定要注意是否合乎宝宝的体形，特别是腿部和腰部的松紧槽不能勒得过紧，否则会把宝宝的皮肤勒伤。

纸尿裤的尺码有时不一定完全一样，可能会随不同的厂家品牌而有差异，妈妈们不妨参考包装外所标示的号码，或者先和朋友交换使用，用起来觉得合适再去多选一些给宝宝用。

防漏设计可防止宝宝尿液渗漏

有时刚刚给宝宝换了纸尿裤，尿液就从两侧渗漏出来。这样不仅弄脏了宝宝的衣裤，也会让宝宝因不舒服而哭闹。如果选用防漏设计的纸尿裤，即大腿内侧立起的褶边及腰部防漏褶边，在宝宝尿量过多时也可有效防止渗漏。

有尿湿显示可及时发现宝宝尿湿

在纸尿裤中加入了一种一遇尿液便会变色的化学物质，并对宝宝皮肤无刺激，这种尿湿显示使宝宝一尿湿，妈咪便能及时地发现，及时地更换。

纸尿裤要有超强的吸水力

这样的纸尿裤其中含有高分子吸收体，具有超强的吸收功能。被尿液浸湿后，形成的凝胶能承受相当于自重80倍的液体，把尿液锁在中间而不回渗。因此使宝宝的小屁股总是保持干爽。

纸尿裤透气性要高

透气性的纸尿裤，含有许多肉眼看不见的微行小孔，能排出小屁股上闷热的湿气而不会让尿液渗漏。研究表明，婴儿使用透气性纸尿裤后，发生红屁股的概率下降了很多；由于舒适，夜里啼哭的次数也减少了。因此，在考虑超强吸水力的同时，也要注意是否透气，以免尿被吸收后热气和湿气仍聚集在尿裤里，使小屁股红肿或发炎。另外，有透气性的纸尿裤本身也很柔软。

胶粘功能要好

粘贴牢固、透气性好、不粘宝宝的皮肤、可重复使用的粘贴扣是纸尿裤选用的另一关键点。胶贴在使用时要能紧贴纸尿裤，并且在解开纸尿裤后仍能重复粘贴。即使宝宝又蹦又跳，也不会松开、脱落。

纸尿裤要柔软并含护肤成分

与宝宝皮肤接触的纸尿裤表面一定要柔软舒适，最好就像棉布内衣一样，包括伸缩腰围、粘贴胶布也是这样的。而且不含有对小屁股造成摩擦的刺激成分，也不会引起皮肤过敏，最好含有芦荟等护肤成分，这样可有效隔断尿便对屁股的刺激。

小贴士

刚出生的宝宝使用肚脐凹形剪裁的纸尿裤，避免脐部被感染。

每个纸尿裤不要使用时间太长

宝宝的皮肤需要及时通风换气，如果使用时间过长，宝宝的皮肤不透气，有可能得红屁股。

不同月龄选择不同纸尿裤

新生(0～5个月)：舒适度和柔软度

柔软透气无刺激

新生儿肌肤敏感，安全柔软的材质能够避免摩擦，在宝宝排泄之后，父母一定要及时地更换纸尿裤，这样才能有效避免红屁股。然而，很多新生宝宝排泄并且不规律性，让新手父母们难以掌握，所以在挑选纸尿裤的时候，就不能够只注重厚度和吸水强度，而要针对宝宝的皮肤和季节特点，为他选择轻薄透气型的纸尿裤。

有滋润保护层

优质的纸尿裤一般都会在无纺布层中添加天然的护肤成分，形成一层含有润肤成分的柔软保护层，不仅触感光滑、柔软舒适，还能有效隔离吸收过的尿液，避免刺激宝宝的皮肤；同时能起到滋润作用。

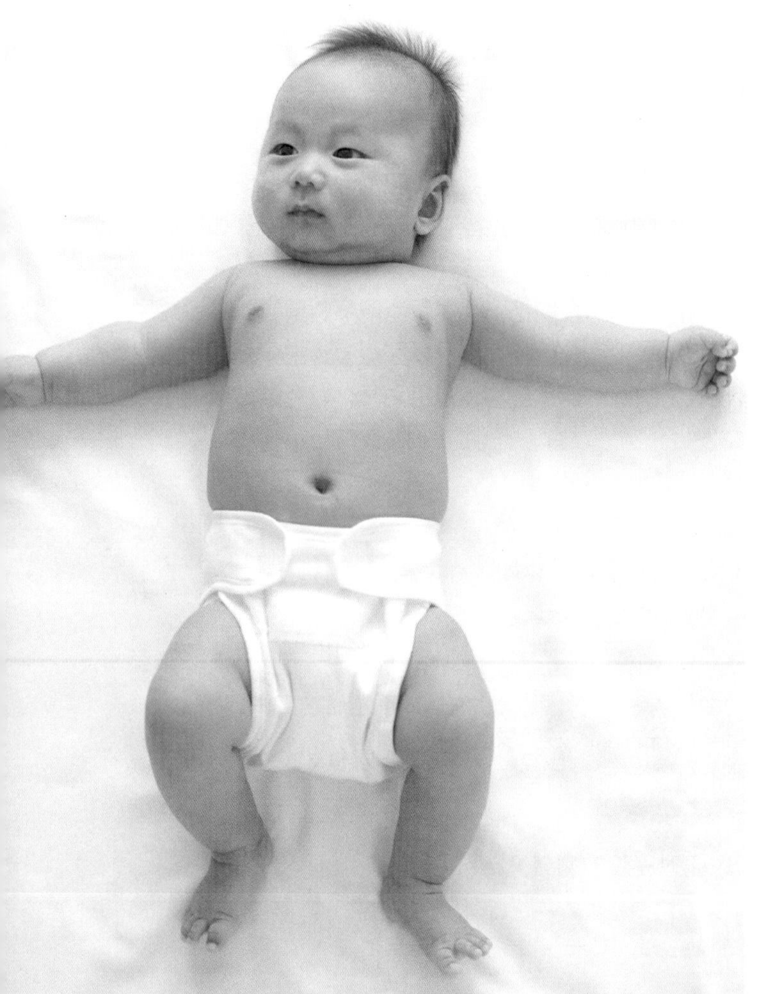

学爬期(6～12个月)：合身体贴

弹性设计，合身贴体

在这个时期，更要重视全方位的舒适，具有弹性设计的纸尿裤能够很好地配合宝宝运动，让宝宝活动自如。可选择有弹性设计的纸尿裤，或者考虑更针对宝宝活动量大、易于穿脱，更立体合身的裤型纸尿裤，让宝宝轻松探索世界。

宝宝活动多了，如果纸尿裤设计不合身不贴体，就很可能发生活动中的外漏、侧漏现象。质量比较好的纸尿裤，除了腰围弹性设计以外，在腰贴部分也有弹性设计。这种设计方便妈妈能随意调整适合宝宝腰围大小的松紧度，穿着更舒适。这个时期的宝宝，他更需要纸尿裤的合身贴体，让他活动更自如。

快速吸收，舒适防漏

随着宝宝年龄的增长，宝宝食量开始增加，排泄的量也增多。选择吸收快、吸收量大的纸尿裤能够快速地吸收宝宝的便和尿，减少宝宝肌肤接触尿液的时间，不打扰宝宝的玩耍。质量好、吸收功能强的纸尿裤在晚上能充分发挥功效，让宝宝睡得更好。

睡眠篇

睡眠对婴幼儿有哪些好处?

婴幼儿的3年中约有1/2的时间是睡眠。对婴幼儿而言，睡眠更有着促进生长发育的特殊意义。充足的睡眠有利于儿童的大脑和体格的发育以及情绪、认知、行为、社会能力的发展。儿童的体格发育所必需的生长激素，有80%是在睡眠时分泌的。

婴幼儿睡眠规律

年龄	全日睡眠时间	白天小睡	睡眠特点
0～3个月	15～20小时	3～4次	1. 正在适应母体外的生活环境。 2. 无明显的昼夜规律。 3. 每次睡眠时间较短，2～3小时。
4～6个月	14～15小时	2～3次	1. 睡眠逐渐规律。 2. 睡眠时间逐渐集中在晚上，约占全日睡眠时间的2/3。 3. 每次睡眠时间与白天清醒时间段延长。
7～12个月	13～14小时	2次	1. 大部分婴儿晚上可连续睡6小时以上。 2. 每次小睡之间有3～4小时清醒。 3. 10个月之后晚上基本上能够一觉睡到天亮。

怎样建立规律的睡眠时间?

（1）定时休息，准时上床，准时起床。

（2）应及早帮助婴幼儿学习自行入睡。

（3）帮助婴儿分辨昼夜。

室内光线要有明显分别：白天卧室光线要充足。睡前要把室内光线调暗，让婴幼儿知道睡眠时间到了。有些婴幼儿晚上半夜醒来，会因恐惧黑暗或产生不安全感而哭闹，可在卧室开小夜灯。如果早晨由于日光而导致早醒，可加挂遮光窗帘。

日夜活动亦应有所分别：白天婴幼儿清醒时，尽量多与婴幼儿玩耍、说话。待婴幼儿累了（如婴幼儿眼皮下垂、头或面在家长身上擦，或者打哈欠），就要让婴幼儿休息。在白天尽量避免小睡超过4个小时，而晚上的活动节奏应放缓，避免婴幼儿过度兴奋。

（4）保持舒适的环境。

室内温度应适中，一般在18～26℃较为适宜，同时要注意保持室内空气新鲜。睡眠时给予适量衣服或被子，内衣和被单最好用棉质，避免婴幼儿感到不适。

注意：切记不要把婴幼儿包裹得太紧或盖被过多过厚，要确保婴幼儿呼吸道通畅。

婴幼儿睡眠指导手册

新生儿

刚刚出生的小宝宝没有白天和晚上的概念。他需要一天24小时睡觉和吃奶，这样才能正常发育和成长；因此白天和晚上对他来说并没有什么特别的含义。

白天，当你给孩子喂奶的时候，要多和他说话，要让整个气氛轻松愉快。而到了晚上，尽量将声音放低或保持安静。将灯光调低；最终他会开始明白并在晚上的时候睡得更多的。

出生3周

小家伙虽然仍然会在晚上醒来要奶吃，但一次可以睡的时间已经明显延长了，有可能长达3～4小时。

如果你的小宝宝白天一整天都在睡觉，在吃奶的时候也在打瞌睡，要想办法弄醒他再让他吃东西。

到了这个阶段，爸爸妈妈要开始帮助他条理生活，可以在大约下午4时带他去幼儿活动中心玩。就算他在打瞌睡，你也应该让他直起身子坐在婴儿座椅、背带或摇晃椅里。然后在晚上约七八时为他洗个澡。这样就可以让他保持清醒，同时可以让他放松，为3～4小时的长觉做好准备。

两个月

两个月的宝宝已经开始可以自己入睡了，但是妈妈还是应该在晚上按时叫醒他喂奶。他的生活虽然开始有了一定的规律，却经常有变化。要顺应他的变化，不要设立规矩。

两个月的宝宝每天平均睡眠15～16小时，且大部分睡眠时间会在晚上；白天，宝宝醒着的时候会长一些了，不过他还是需要睡上三四觉才行。两个月宝宝并不是可以一觉睡到大天亮的。大部分宝宝还是需要在晚间吃奶。

如果你的宝宝在将近傍晚的时候开始哭闹不休，这是一个很常见的现象。当他终于安静下来的时候，他往往可以睡上一个长觉。

注意：刚刚醒来时，宝宝有一点哭闹是很正常的。当宝宝哭的时候你应该过去查看一下，不过你应该让他哭一小会儿(大约5分钟)，他或许会自己平静下来重新入睡的。

4个月

大部分这个年龄的宝宝会将一天中大部分的睡眠时间放在晚上，白天他们醒着的时间会更长。

宝宝现在已经会做一些事情让自己平静下来并入睡了。现在是时候形成一种固定的模式帮助他在白天和晚上都能够安然入睡。对于4个月大的宝宝来说，模式是十分重要的，所以要尽量保证每天的日间小睡和夜晚就寝的时间和方式都相同。你不一定严格要求，只要尽可能地坚持就可以了。

注意：你的宝宝现在已经可以稍稍翻一下自己的身体了，有可能在自己的围栏小床里挪来挪去了。你可以考虑买一个包被式的被子，否则，他总是会把自己挪到被子外面来，而且会被冻醒。购买前要仔细确认包被是不是由阻燃材料制作的。

6个月

几乎所有身体健康的6个月宝宝都可以一觉睡到天亮了；他们已经不再需要在夜间吃奶或在凌晨时分找人说话。

到了这个时候，你的小宝宝已经开始有了更多主意了。这是最后妈妈决定到底想让他在哪里睡觉的机会。态度坚决地坚持就寝程序可以帮助他自己入睡以及一觉睡到天亮。

注意：以下是几个能够让就寝时间变得轻松愉快的几个好习惯：

①要在孩子还醒着的时候放到床上去，这样他就可以练习在自己的床上入睡。如果他是在吃奶的时候或者摇晃的时候睡着的，那么他在半夜醒来的时候也会有同样的期待的。

②给孩子一个他最喜欢的软玩具或者其他喜爱的东西帮助他入睡。虽然你要避免让孩子的小床里堆放太多的玩具或者大个儿的玩具，一个特别的软毛玩具或者填塞动物玩具还是可以的。这会帮助他让自己平静下来，然后安静地入睡。

9个月

8～9个月婴儿睡眠出现问题是很常见的。虽然在这之前他都可以一直睡到天亮，但到了这个阶段，你的小宝宝会在半夜的时候醒来，然后把房间里所有的人都吵醒。这通常会让父母十分头疼，觉得自己同小家伙的生活在后退。

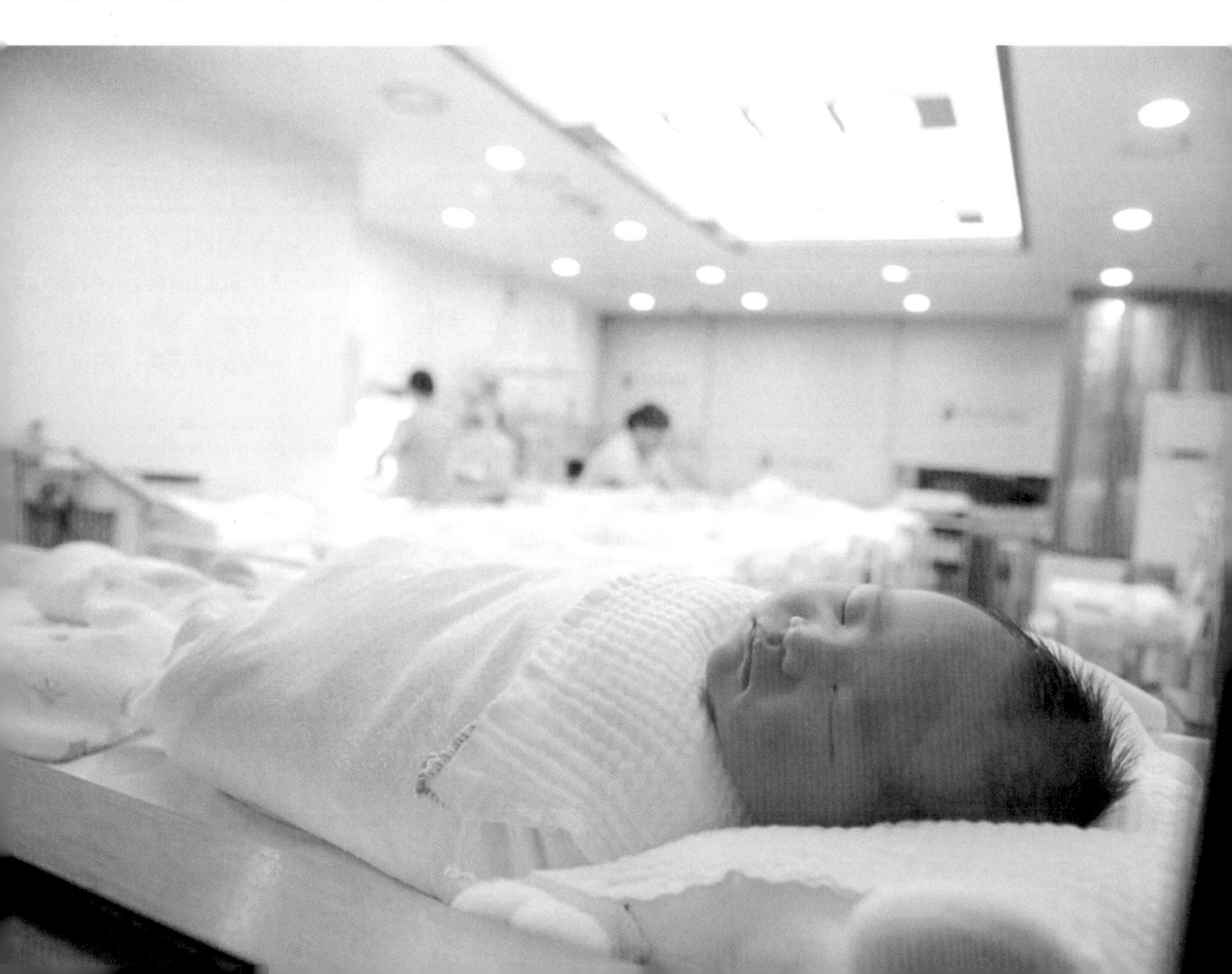

9个月婴儿通常在晚上会睡11～12小时；每天晚上睡几个小时后就会醒一会儿。现在同以前不一样的地方就在于，当他醒来以后，他就会记起你来，会很想你。此外，如果他已经习惯了在摇晃和大人的怀抱中入睡，那么即使是在半夜，他也想要同样的待遇。是迁就他这种已经养成的习惯还是让他学习自己重新入睡，决定权完全在你的手里。如果他哭闹的话，观察一段时间，让他有机会自己平静下来。如果他的哭闹升级了，尽可能安静平和地让他安静下来；如果你还是想要他今后定期睡在自己床上的话，尽量不要去抱起他。

在这个年龄，你的宝宝通常会在白天睡两觉；上午和下午的小睡通常都是1～2小时。

注意：①当宝宝生病的时候，他们通常会睡得久一些。但是比平常日间的睡眠时间多出1小时是不正常的现象。如果你的宝宝因为疾病而比平常多睡1小时以上，请立刻联系你的家庭保健医生。

②在这个年龄，攀爬甚至在小床围栏上面站立，都是正常的举动。一定要确保宝宝的小床围栏结实且安全，要记住孩子很快就会学会怎样站着从小床上下来。

小枣已经8个月了。

第一次尝到妈妈乳汁时的欣喜若狂，他还隐约记得；不过随着一天天长大，他对于母乳的依赖也在渐渐减轻。更多的时候，吃妈妈的奶不过是一种习惯和本能；除了母乳，他发现还有很多更好吃的东西：比如好好看的胡萝卜汁、香喷喷的小馒头、软绵绵的米粥。

小枣发现，每次提供这些美味，妈妈总有自己的一套程序：先让小枣坐上餐椅，然后系上围兜；接着妈妈当着他的面用开水烫碗、烫勺子，再接着最痛苦的是——还要和小枣一起看着碗筷变凉……

怎么这么麻烦呢！小枣用哭声来抗议妈妈的拖拉。

可是妈妈根本不为所动，既慢条斯理，又有条不紊。因为她坚信，如此，她即将端上的小碗里，除了盛好各种美味，还会给儿子加入两味重要的人生佐料：一味是耐心，另一喂是等待。

（一）0～6个月喂养

正常分娩的宝宝，不宜添加糖水和奶粉，降低过敏风险。

产后尽早开奶！

婴儿出生后，妈妈的情况稳定，尽可能在产后30分钟内进行母乳喂养，婴儿尽快吮吸妈妈乳房时，吮吸到的乳头上的需氧菌、乳管内的厌氧菌以及初乳对婴儿肠道菌群的建立和营养的提供是无法人工模拟的。

初乳是宝！

初乳是指生产后7天内乳汁，蛋白质可以直接吸收，促进消化；含有抵抗各种疾病的免疫球蛋白，对预防新生儿期以至儿童期的感染都会起到积极作用。

尽早户外活动！

母乳中维生素D含量较低，应尽早抱婴儿出户外活动或适当补充维生素D，一般来说宝宝满月后就可以户外活动，阳光可以促进生成维生素D，帮助钙的吸收。

注意：①选择合适的季节。选择一天中适合晒太阳的时候，比如冬天的中午和夏天的早晨，晒太阳的时间不宜太长，循序渐进，慢慢延长时间。注意及时补充水分。

②太阳照射的部位。以宝宝的后脑勺、屁股以及手脚为主，避免脸部和眼睛，注意避免太阳直射眼睛。

③不要给宝宝穿太多衣服。选择没风、暖和的天气，将宝宝衣服脱了晒日光浴，包裹得严实就降低了效果。

记得纯母乳喂养！

母乳是6月龄内婴儿最理想的天然食品，世界卫生组织推荐纯母乳喂养到6个月，母乳喂养最少12个月，最好是持续到两岁；研究表明母乳喂养的时间越长，宝宝日后患脑膜炎、癌症、骨质疏松、糖尿病和哮喘等疾病的概率越低。

母乳喂养的好处

对宝宝的好处：

（1）提供全面营养，经济实惠，安全方便。

（2）母乳中含有多种免疫因子，提高婴儿抵抗力，预防感染。

（3）容易被宝宝吸收、消化。

（4）母乳喂养提供宝宝安全感和吸吮要求，有利于增进母子感情。

对妈妈的好处：

（1）加快妈妈身体复原。

（2）防止妈妈产后肥胖，保持体形健美。

（3）可以降低妈妈患乳腺癌、子宫癌及输卵管癌等的患病率。

按需哺乳

按妈妈需求：宝宝睡觉时间太久，妈妈奶涨时叫醒喂奶。

按宝宝需求：宝宝想吃就喂；小嘴来回觅食、睡觉时眼球快速运动或小嘴吮吸动作、哭闹。

母乳喂养的宝宝不用常喂水

母乳的80%是水，可以满足宝宝对水分的要求；而且宝宝胃口小，过早、过多的喂水会抑制吮吸能力，减少吃乳量，不利于宝宝生长和乳汁的分泌。

补水的特殊情况：

（1）特别是宝宝生病发烧的时候。

（2）夏天常出汗时，而妈妈又不方便喂奶的时候。

（3）吐奶时比较容易缺水，喝点白开水是必要的。

什么情况不宜母乳喂养？

宝宝在喂奶后出现严重呕吐、腹泻、黄疸等反应时，应考虑是否患有半乳糖血症，并立即停止母乳及奶制品喂养，采用其他替代品，如可以用豆浆代替，但需要另外补充适量的钙和维生素D。

母亲患以下几种常见疾病时，不宜或应暂停母乳喂养，不然会给婴儿带来不良后果。

（1）出现乳头皲裂或患乳腺炎的妈妈应暂停哺乳，痊愈后可恢复母乳喂养。

（2）感染性疾病——上呼吸道感染伴发热的，在梅毒和结核病活动期不宜哺乳。

（3）心脏病——孕前有心衰史，哺乳时容易诱发心力衰竭，会危及生命。

（4）病毒感染——甲肝急性期和大三阳者不应母乳喂养，确认感染艾滋病毒者原则上不宜母乳喂养。

（5）肺结核——肺结核传染期生出的婴儿立即接种卡介苗，并不能母乳喂养。

（6）癫痫病——抗癫痫药对婴儿危害大，禁止母乳喂养。

（7）糖尿病——糖尿病产妇不宜母乳喂养。

母乳喂养常见小难题

母乳如何储存？

选用适宜冷冻的、密封良好的塑料挤奶器和储奶用品。

最好保证每三小时挤奶一次，可以有效防止奶涨和泌乳量的减少，使母乳喂养可以更好地持续下去。

每瓶准备宝宝一次所需的量，密封后写上日期和容量，放入冰箱中冷藏或冷冻。封存好的母乳在冰箱中最多冷藏48小时，冷冻可以储存3个月。

储存的母乳加热方法

最好使用隔水烫热法。冷藏的母乳取出后将容器放在热水中温热，不时地晃动容器使受热均匀；冷冻的母乳先泡在冷水中解冻后温热。

怎样知道奶够不够？

①乳前、乳房饱满，哺乳时奶涨感慢慢消失。
②宝宝有大口吞咽声，吃完主动放弃乳头，安详入睡。
③宝宝体重增加（1个月内每周增重150克，2～3月每周增重200克）。

喂奶技巧

正确喂养姿势有两种，白天最好是坐姿，夜晚最好是卧姿。

让宝宝面向母亲，头与身体呈直线，下颌贴紧母亲乳房，头微后仰，嘴唇凸起外翻，吸入乳头和大部分乳晕，防止压迫宝宝鼻子影响呼吸。

如何帮宝宝拍嗝？

吃奶时或在吃奶前啼哭会吸入空气，帮助宝宝拍嗝可以排出空气，防止吐奶，也会让宝宝舒服。

帮宝宝拍嗝的三种正确姿势

抱起婴儿，使婴儿的头部位于妈妈肩膀上然后轻轻拍打婴儿后背。

将婴儿放在膝盖上面，然后用双手分别支撑头部和后背，同时轻轻地拍打后背。

把婴儿放在妈妈的大腿上，然后轻轻拍打婴儿后背。

宝宝拒绝吃奶怎么办？

新生儿哺乳期，通常会遇到宝宝拒绝妈妈的乳房的情况，根据原因的不同，解决的办法不同：

妈妈的乳房可能盖住了宝宝的鼻孔，宝宝呼吸困难。

这个问题比较简单，妈妈只需将乳房移开点，宝宝就会吃奶。

宝宝的鼻子不通气，吸吮时呼吸受阻。

清除鼻腔分泌物或遵医嘱使用一些滴鼻剂，宝宝鼻子通气了就会正常吃奶。

妈妈的乳汁流出太快，容易呛到宝宝。

妈妈可以先挤出一些乳汁，乳房压力减轻后，乳汁就不会流出太快。或者妈妈用食指和中指夹住乳房，减少乳汁流量。

妈妈乳房太硬，宝宝很难吸吮。

乳汁太多使得乳房太硬，妈妈可以用温热的纯棉的毛巾热敷乳房，也可以挤出点乳汁，使乳房松软，便于宝宝吸吮。

特殊情况下的母乳喂养

早产儿

早产儿因为不成熟和身体的健康程度会影响喂养效果，应考虑采取相应的喂养措施；母亲可以用手或吸奶器挤奶以维持供奶，直到婴儿可以正常在乳房上吸吮；吸出的奶用小匙或小杯喂养婴儿。

此外妈妈应尽量自己喂养，因为早产儿妈妈乳汁中蛋白质含量比足月婴儿妈妈的要高，更适合早产儿。

双胞胎

大部分多胞胎妈妈的经验证明，纯母乳喂养双胞胎是完全可能的。但双胞胎胎儿体内贮糖量不足，更应尽早开奶、勤喂奶，以免造成低血糖影响宝宝大脑发育，甚至危及生命。

（二）6 ~ 12月龄喂养

双胞胎的喂养守则

1）采取一个乳房喂养一个宝宝，互相交换吸吮一侧乳房，母乳不够的可用婴幼儿配方奶混合喂养。

2）双胞胎宝宝发育不成熟，胃容量小，消化能力差，尽量少量多餐喂养，以免引起消化不良导致腹泻。

3）及早添加营养素，妈妈因为要孕育两个胎儿，导致双胞胎胎儿体内的各种营养素贮备较少，尽量在医嘱的情况下及时补充营养素。

奶类优先，继续母乳喂养。

奶量需求600~800毫升/日，保证正常体格和智力发育；母乳首选，满足不了婴儿时采用婴儿配方奶粉。

及时合理添加辅食。

6个月后可以逐渐添加辅食，不要早于4个月。添加顺序从谷类到蔬菜汁/泥再到动物性食物，从一种到多种、由少到多、由稀到稠、由细到粗，不强迫进食，注意观察婴幼儿消化能力和可能出现的过敏反应，膳食少糖、无盐、不加调味品，单独制作。

（三）配方奶喂养

对于不适合或不方便母乳喂养的宝宝，最好选择婴幼儿配方奶喂养，市场上配方奶种类很多，功能开发得十分细致、周全，虽不能完全代替母乳，但是母乳的最好替代品。

如何选奶粉？

一看：看粉体

好的奶粉放在白纸上轻轻震荡，是均匀、松散、不结块的，意味着营养均匀分散在每粒奶粉中。

二冲：冲奶看溶解情况

用40℃水温冲奶，观察溶解情况，好的奶粉均匀溶解不会结块。

三倒转：倒转晃动

冲好奶粉后水平或上下轻轻晃动奶瓶，好的奶粉充分溶解，没有沉淀，不会挂壁，所有营养均匀溶解，更好吸收。

配方奶喂养方法

泡奶前，要将奶瓶、奶嘴、奶瓶盖等洗干净，消毒。

准备宝宝一次喝的量的开水，冷却至水温稍微高于体温，可以在手腕上测试温度，将奶粉加到水里，充分摇晃。

第一次用奶瓶喂奶时，将宝宝抱在胸前，给予肌肤接触，会给宝宝安全感。

注意：烧开的水和泡好的奶不要存放超过24小时；宝宝每次喝剩下的奶容易滋生细菌，所以不要再喝了；也不要用微波炉加热牛奶，会受热不均。

自己进食

允许7~8月龄的婴幼儿自己用手抓握食物吃，给一些如馒头片的食物让宝宝学着自己吃。

鼓励10~12月龄婴幼儿自己用勺进食，可以锻炼婴儿手眼协调能力，促进精细动作的发育。

培养良好的进食习惯

不挑食、不偏食，品尝各种味道；适宜的食物量；固定就餐时间和就餐位置。
保证婴儿营养均衡、身体健康，促进身心的正常发育，影响婴儿今后的饮食习惯和身体健康。

注意饮食卫生

（1）保持清洁。给宝宝用的餐具、整个制作过程和喂食过程都要保持双手和环境的清洁，严防病从口入。

（2）饮食卫生。选择给宝宝吃的食物、原料和水要尽量保证是安全和卫生的，食物现制现食，开水储存不超过24小时。

（3）食物生熟分开，避免熟食和生食相接触，生的动物食品与其他的食物分开，使用专用的刀和砧板处理。

（4）烹调要彻底，尤其是动物食品如肉、蛋等要彻底烹调，带汤的要彻底煮沸。

全家人想了很多办法，都是为了给小枣戒奶。婆婆甚至还去看了皇历，准备挑出一天最容易戒掉的吉日。

谁知道，那一天突然就来了，招数和吉日都没用上。小枣几乎没有做任何反抗就不再吃母乳了，准确地说，是他自己主动放弃了，并没有太多痛苦和不舍。

虽然戒奶顺利，妈妈却顾不上开心，而是提高了警惕：没有了母乳的免疫成分，我该怎样保护小枣不生病?

早上起床，妈妈第一件事就是打开所有的窗户，让混浊的空气出去，让新鲜的空气进来；晒太阳也成了小枣每日的必修课。在阳台上，在小区里，在路边，在花园，妈妈会推着小枣转啊转啊，让更多的阳光照在他身上，让更多的维生素D在他体内合成。晚上睡觉，妈妈会絮絮叨叨地叮嘱他：你要睡得好，才会不得病！

小枣听懂了吗？不知道。反正他对着妈妈笑了，还露出一颗刚刚萌出的小牙齿。

夜里，妈妈习惯性地醒来。平日这个时段，小枣会醒来要奶吃的；可是现在的他，睡得像只小猪。妈妈的心头，有一阵伤感袭来：小枣，真的不吃了吗？你不再需要妈妈了吗?

免疫力并不全部是与生俱来的，3岁之前，婴幼儿身体内的免疫护卫队“兵力”不足且功能不成熟。到3岁的时候，免疫力接近成人的2/3。所以在宝宝成长过程中，我们要帮助他们提高免疫力，让他们安全度过免疫力薄弱的婴幼儿期。

0～1岁婴儿期

在这段时期由于婴儿的生长发育处在一个不断变化的动态过程，所以他们对营养免疫元素的量和质的要求都高于成年人。当所提供的营养免疫元素出现供给不足或摄取减少时，就会造成营养不良，影响智力和健康成长。

母乳是免疫第一要素

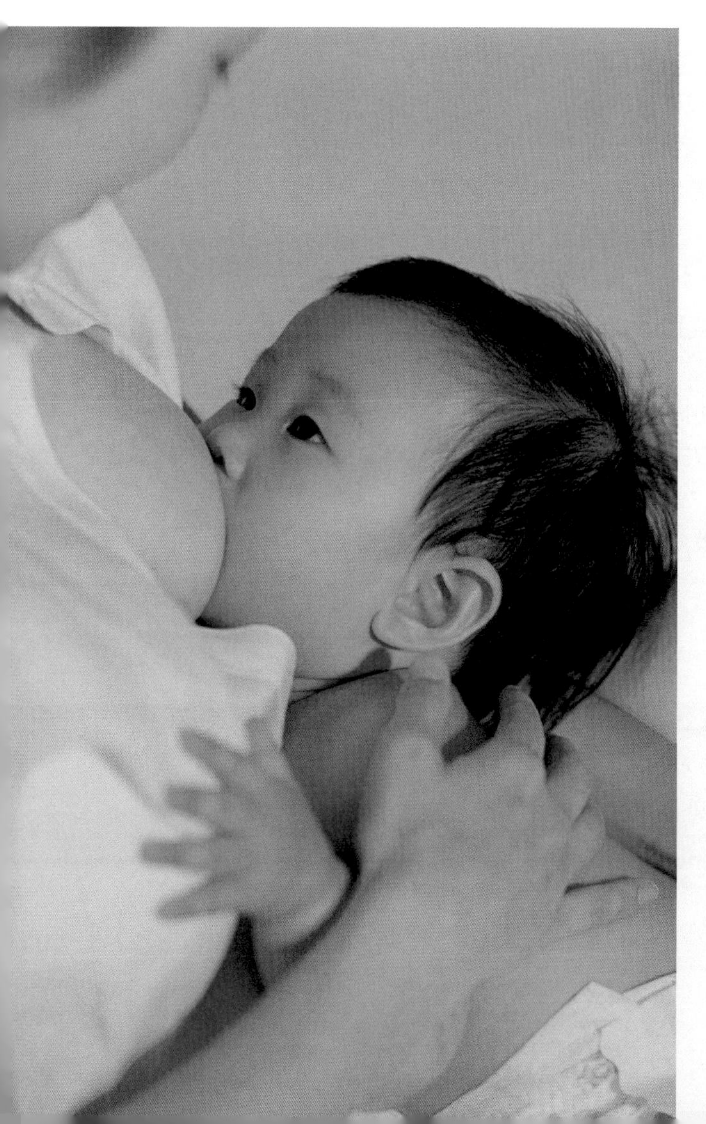

母乳所含抗感染成分包括免疫球蛋白（IgG、IgA和IgM）、α-乳清蛋白和溶菌酶，还有一系列的免疫细胞和免疫因子等多种活性免疫成分。这些抗体可以分布在婴儿的眼部、鼻咽部和胃肠道局部黏膜表面，防止病毒侵入。此外，母乳喂养不仅与婴儿胸腺发育有关，也可促使婴儿淋巴系统细胞的数量和各类细胞比例稳定增长，为婴儿提供了大量的保护性成分以助其抵抗感染。

配方奶粉

虽然母乳是最富营养的天然食物，但在6个月后我们就应该逐渐添加一定的婴幼儿配方奶粉。

配方奶粉的益处：

乳铁蛋白—杀死有害细菌

免疫球蛋白—提高防病抗病能力

α-乳清蛋白—激发成长潜能

胱氨酸—排除有害物质

核苷酸—促进组织生长，增强免疫功能

低聚糖

它能被宝宝肠内的有益菌（双歧杆菌）选择性地利用，改善肠道菌群的平衡，抑制有害菌的生长，从而减少了腹泻的发生；还能抑制肠内产生的腐败物，改变大便质地，减少便秘的发生；低聚糖还能促进钙、铁、锌的吸收，全面维护婴幼儿的健康。

维生素D

宝宝在出生后3周就应该开始补充维生素D。维生素D除了能够促进钙、磷的吸收，对白细胞的发育和功能也起到促进作用。建议每天摄取量在400IU～800IU之间，同时建议多带孩子到户外晒晒太阳，促进体内维生素D的合成。

维生素C

维生素C是人体需要最多的维生素，摄入足够的量才能维持体内代谢的运转。究竟维生素C的好处是什么呢？第一，可以用于宝宝身体内的多种代谢过程，包括血红细胞、骨骼和组织的形成和修复；第二，能保持宝宝的牙龈健康；第三， 增强宝宝免疫系统的功能，抵御流感病毒的侵袭；第四，促进食物中铁和钙的吸收。正常的膳食一般能满足孩子们的需求。若孩子出现某些症状（如皮肤有小红点、伤口愈合不良、经常患呼吸系统疾病），那么家长们就应该注意宝宝是否缺乏维生素C了。

平常家长也可以在膳食中适当添加含有丰富维生素C的食物：

（1）出生后15天，就可以每天添加果汁、菜汁。

（2）6个月后逐渐添加胡萝卜泥、苹果泥等食物。

（3）10个月后增加新鲜煮熟的蔬菜。

（4）1岁以上的宝宝，每天必须有新鲜的蔬菜，同时吃新鲜水果。

充分的睡眠时间

对于新生儿，安静和舒适的家居环境对睡眠是非常重要的。建立良好的生活规律对宝宝日后的生长发育和免疫力提升大有好处。新生儿一天需要18～22小时的睡眠时间；2～5个月的需要睡15～18小时；而6～12个月的需要睡14～16小时。

6个月以内的宝宝主要以母乳喂养为主，但要避免宝宝含着奶头睡觉，同时夜间尽量减少喂奶和换纸尿裤的次数。

7～12个月的宝宝夜间喂奶尽量不要超过两次，避免在夜间添加辅食，以免胃肠受到刺激影响睡眠质量。

室内环境

大多数的疾病都与室内污染有关。这些污染物包括室内的大气污染物、生活废弃物的挥发成分、装修材料和杀虫剂等。宝宝在室内时间比较长，易吸入大气悬浮的污染有害物，因此家长应定时打开门窗透气，家庭装修也尽量选用绿色环保材料。

日防夜防，小枣还是病了。

先是拉肚子，纸尿裤里稀稀的一大片；后来就发现他总是指着自己的嘴巴，冲着爸爸妈妈叫唤，一副很可怜的样子。

大人一开始以为他是长牙。后来妈妈仔细看了口腔，才发现里面有白白的溃疡样的东西。去医院检查，是鹅口疮。

外婆首先开始检讨："肯定是咱们大人平时不注意卫生，鹅口疮都是这么来的。"爸爸给小枣跳舞，跳他最喜欢看的《小猪吃得饱饱》，边跳边唱："小猪吃得饱饱，闭着眼睛睡觉，大耳朵在扇扇，小尾巴在摇摇。"小枣也闭着眼睛，想笑却没力气，只能咧咧嘴。外公看着直心疼，说："我宁愿他像平时那样大吵大叫，哪怕闹得我睡不着！"只有妈妈最淡定。"病总会得的。不病怎么大？鹅口疮不是多大的事，只要按着医生说的做，很快就会好！"

没几天，小枣果然好了。声音又开始大了，闹腾劲又开始来了，外公私底下悄悄跟外婆说，要我看，这家伙还是生病那几天最老实……

黄疸

新生儿体内红细胞破坏后的胆红素增高，导致虹膜、黏膜、皮肤等处因胆红素沉积而出现黄染。分生理性、病理性两种，前者单纯因为新生儿胆红素代谢能力较低引起，是自然生理现象；后者可继发其他疾病，如新生儿肝炎、新生儿败血症、母乳性黄疸等，家长要注意区分。

生理性黄疸

时间：新生儿出生后2～3天开始，足月儿2周内消退，早产儿可在3周内消退。

表现：在自然光下，巩膜、皮肤微黄，尿黄但不染黄尿布。

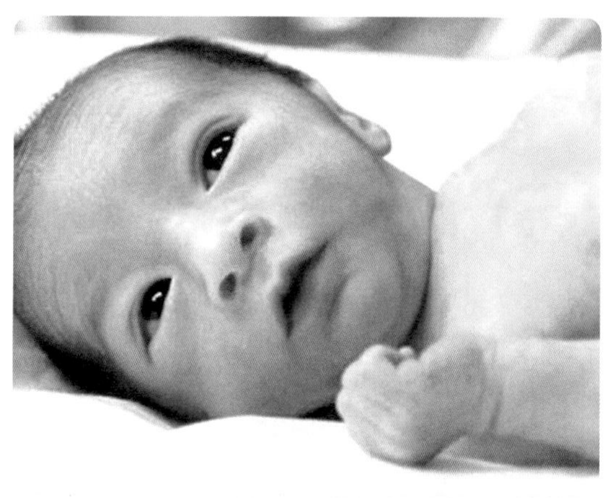

病理性黄疸

时间：足月儿出生后24小时内开始出现，进行性加重，3周内仍不消退。

表现：黄染较严重，除有虹膜、皮肤、小便发黄外，足底、手心皮肤也黄染，大便色淡或灰白色。

日常护理

观察婴儿黄疸进展情况

在有充足自然光线或日光灯（荧光灯、白炽灯）的屋子里，可用手指轻轻地按压宝宝的前额、鼻子或胸部，放开手指，观察按压处的皮肤是否显黄色，按压处如果是白色就没关系了；如果还是黄色就要密切注意了。如果宝宝的肤色偏暗，则检查他的眼白(巩膜)是否黄染。

观察宝宝日常情绪反应

如果宝宝黄染越来越严重，出现易哭闹、嗜睡、体温升降不稳的情况要及时到医院检查。

让宝宝多待在光源充足的环境

因胆红素经过光化作用能转化成无害物质，因而让宝宝多待在有自然光的环境中有助于黄疸消退。也可让宝宝晒太阳，但是避免在烈日下直接照射。

定期到妇幼保健院做检查

可借助经皮黄疸测试仪进行检测，足月儿胆红素<12.9毫克/分升、早产儿胆红素<15毫克/分升为正常。

吐奶

表现

又称反胃，是新生儿进食不久后些许奶水从口角流出，并不是真正的呕吐，只要宝宝其他方面都健康，就不必太担心。

原因：主要因为宝宝吸奶时吞入过多空气引起。生理方面，新生儿的胃处于水平位置，且上口（贲门）松弛，下口（幽门）较紧，容量也比较小，因而奶水容易溢出。

日常护理

每次喂食不要太饱

母乳喂食每次大概15～20分钟；奶瓶喂食时奶嘴空隙不要太大，喂食前先把奶瓶内的空气排出，避免让宝宝吸入过多空气。

采用正确的喂奶姿势

喂奶时不要让婴儿平躺着吸奶，最好将婴儿头部和上身抬高成45度角。宝宝吃完奶后，不要马上放回小床，要抱起宝宝让他的头靠在肩膀上休息一会，并轻轻地从上到下抚摸宝宝背部，如听到有打嗝声则帮宝宝把空气吐出。

当婴儿吃得过量，可能会将部分或全部的奶都吐出来，这是无碍的。如果发生呕吐现象，应立即停止喂奶，并给宝宝喂少量的温开水；若呕吐不止，就该去看医生。

便秘

婴儿便秘是一种常见病症，指大便干硬，隔时较久，有时排便困难。单纯性便秘多因结肠吸收水分、电解质增多引起。

表现及原因

月龄	参考胃容量 / 毫升
0～2周	60～80
2周～2个月	80～140

月龄	参考胃容量/毫升
2个月	120～150
3个月	130～160
4个月	140～180
5个月	150～200
6个月	200～220
>六个月	220

新生儿每天应该有四至五次大便。新生儿如吃母乳或配方奶，大便次数会略少，甚至会便秘，以致宝宝排便时过分用力，出现啼哭或明显的不适感。

日常护理

注意观察宝宝大便的颜色和形状

宝宝出生后会排出颜色为绿色或黑色、光滑、黏稠的胎粪。以后婴儿将会排出淡黄色的粪便，这是正常母乳哺时的粪便。吃母乳的宝宝很少便秘，宝宝几乎能吸收所有的东西，废物很少，所以有些宝宝有时三天才排出一次粪便。而吃配方奶的孩子排便的次数比较多，粪便质地比吃母乳孩子的粪便硬、发黄、有异味。

及时补充水分

如果发现宝宝粪便质硬，可在两次喂奶中间给宝宝多喝一些温开水；在平常的配方奶中也可多加一些水。在宝宝长到几个月后，可以在饮水中加一些干梅汁或滤过的水果汁，预防粪便干燥。如果便秘情况没有改善，建议带宝宝去看医生。

给宝宝做运动或者按摩

在给宝宝换纸尿裤时，可适当活动宝宝的双腿，这能刺激支配大肠的肌肉，有助于排便。或在两次喂奶之间给宝宝做腹部按摩，把手掌放在宝宝肚脐左边，按顺时针方向轻轻画圆弧，可促进大肠蠕动。

妈妈要注意控制饮食

哺乳期间注意不要吃辛辣、刺激性强的食物，因为这可能会引起宝宝消化不良。另外，甜菜根会使粪便的颜色发生变化，使粪便接触空气后变成褐色或绿色。

如出现异常，及时带宝宝去看医生

粪便中出现血丝是不正常的现象，原因可能不严重，例如肛门周围的血管破裂，但还是应该去看医生。粪便中如出现大量的血液、脓液、黏液，可能是有肠道感染，需要及时与医生联系。

不要擅自灌肠

没有经验的父母不要擅自在家给宝宝灌肠，灌肠次数太多会让宝宝养成依赖性，所以如果要灌肠通便的话请在医生的指示下去做。

腹泻

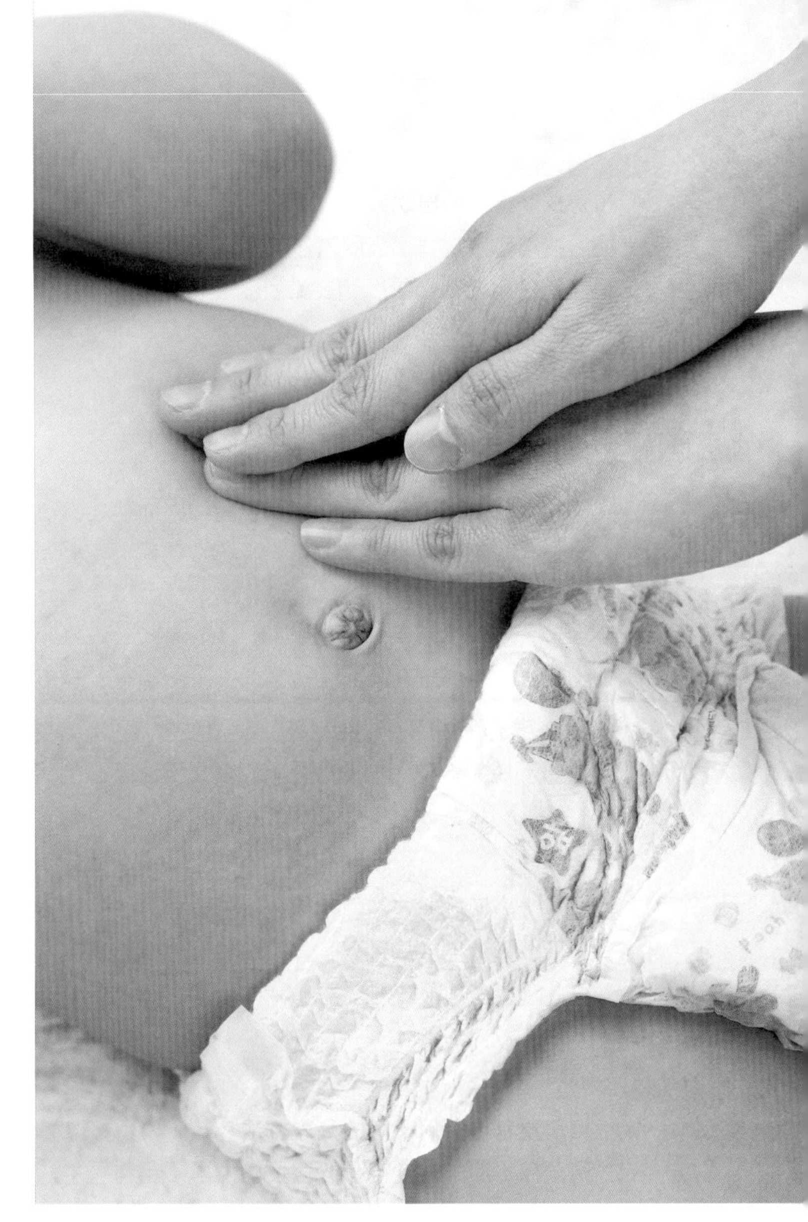

婴幼儿排出稀软、水样的大便，且排便次数明显多于平时，这时要警惕宝宝可能腹泻。腹泻易致宝宝吸收不佳而出现营养不良的情况，且腹泻容易导致宝宝机体脱水、体内电解质紊乱等严重后果，家长要密切注意。

表现

宝宝排便次数明显增加，大便黏而软或水样感，伴有体温升高、昏睡、不愿进食等症状。当腹泻合并呕吐时极易导致脱水。

原因

腹泻是一个多病因疾病，很多因素都可导致腹泻。细菌或病毒所致的胃肠炎、乳糖不耐受、某些药物等均可导致宝宝胃肠不适。

日常护理

预防措施

最好母乳喂养，且合理喂养，尽量做到定时定量；平时注意卫生，冲调奶粉或更换纸尿裤前要洗净双手；宝宝的奶瓶、奶嘴、喂食用具等均要消毒再用。

适当补充水分

腹泻排出大量的稀水样便使宝宝体内流失大量水分，极易发展成脱水症，因而适时补充足量的水分极为重要。即使你判断宝宝已摄入足量的液体，也要密切关注宝宝是否会出现脱水症。脱水体征包括：眼睛或囟门凹陷、异常烦躁或昏睡、口腔干燥、皮肤缺乏弹性、纸尿裤用了3个小时以上还是干燥的。若宝宝有脱水症状，要及时联系医生。

正确冲调奶粉方法

冲调奶粉时要注意按照冲调方法进行，绝对不要加糖，因为宝宝无能力消化的糖类也易造成消化紊乱。

腹泻期间宜给予流食

如已添加辅食，在宝宝腹泻期间应该禁止固体食物的摄入，尽量给予含水较多的流质食物，帮助宝宝消化功能的恢复。

预防皮肤疾病的出现

经常腹泻使宝宝臀部皮肤过于潮湿，易导致皮肤发红、瘙痒、出皮疹等情况，因而要注意及时清洁宝宝的臀部，纸尿裤也要勤换。

湿疹

婴幼儿皮肤角质层薄、毛细血管丰富，因而容易受各种刺激因素影响而发生皮肤性疾病，如湿疹、痱子、接触性皮炎等。湿疹又称为“奶癣”，多发于1岁以下的婴幼儿。

表现

婴幼儿湿疹常见于面部、额部眉毛、耳郭周围，严重时可扩散到全身皮肤褶皱处，如肘窝、腋下等处。湿疹最初表现为皮肤出现红色的小丘疹，继而可结痂、脱屑，反反复复，长期不愈，宝宝感到搔痒难受会出现烦躁不安或易哭闹不停的情况。

原因

婴幼儿湿疹与多种内外因素有关，主要是过敏性物质所引起的变态反应，如摄入食物性变应原（鱼、虾、鸡蛋等致敏因素）；机械性摩擦、所用的护理产品质量不合格等也是湿疹的诱因。某些新生儿还会因为母体雌激素作用而皮脂增多，导致脂溢性湿疹。

日常护理

根据严重程度采用不同的处理方法

如果湿疹不严重，宝宝无不适反应，可不用看医生，做好清洁工作即可。如果湿疹有扩大倾向、皮肤有破损或渗出，则要及时带宝宝去看医生，并严格按照医嘱去给宝宝食用类固醇或抗生素乳剂。

避免化学刺激

给宝宝清洁皮肤时暂停使用肥皂、婴儿洗剂或婴儿浴液，直接用温水冲浴即可。

注意：由于温度过高的水会引起皮肤瘙痒，因而用温水即可。

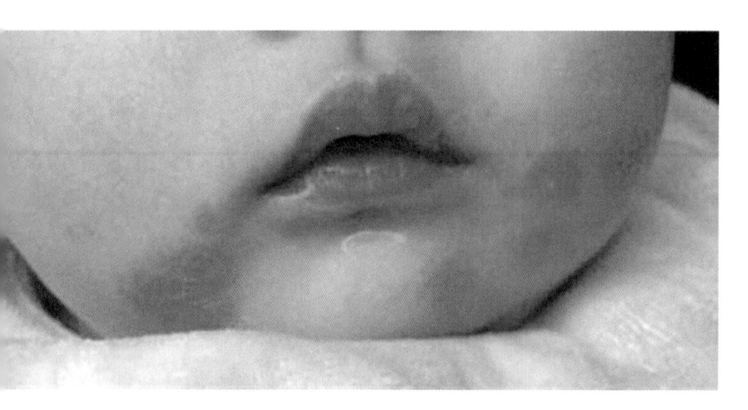

保持皮肤干爽，勤换衣服和纸尿裤

给宝宝沐浴后不要立刻裹上纸尿裤，最好等上几分钟让滞留在皮肤的水分充分蒸发后再裹上纸尿裤。同时婴幼儿的衣物最好选用刺激性比较小的100%棉质衣物，清洗衣物时也要仔细，避免污垢残留在上面。

避免宝宝抓伤皮肤

发生湿疹时要及时给宝宝修理好指

甲，避免其抓伤自己的皮肤。可以使用婴幼儿专用指甲钳，以免修指甲时弄伤宝宝。如果宝宝还是抓挠不停时，可以给宝宝戴上手套或袖子长于其手臂的长袖衫。

脐炎

脐炎是新生儿出生后脐带残端诱发的炎症反应。因新生儿免疫力较低，一旦发现宝宝得了脐炎要引起注意，及时控制炎症发展，以防脐周形成腹壁蜂窝织炎或向周围组织扩散，导致腹壁大范围感染。

表现

正常情况下，宝宝出生3~7天后脐带残端会自然脱落。如果处理不当导致感染则有可能发展为脐炎，轻度脐炎者肚脐轮部或脐周皮肤会有轻度红肿，可见少量分泌性液体。较严重的会表现为肚脐部位和脐周的明显红肿、有脓性分泌物，靠近时能闻到臭腐味。

原因

新生儿出生时发生断脐或出生后处理不当，导致脐带残端感染细菌而发生急性炎症反应，多以感染金色葡萄球菌为主。

日常护理

保持宝宝脐周干净、避免感染

宝宝出生时断脐要严格按照无菌操作进行。在脐带残端未脱落之前一定要保持脐部清洁，注意纸尿裤不要覆盖到宝宝的脐部，以防尿液污染脐部创面。宝宝所穿的衣物也要保证清洁无污、干净透气。

确保宝宝脐部干燥

宝宝脐带残端未脱落之前洗澡要注意分开上、下两部分来洗，不要让脐带及包扎脐带的纱布沾水。及时检查宝宝脐部纱布的清洁，如果纱布湿了或有血性分泌物，要及时按照正确的方法更换纱布。

正确更换纱布

日常护理可用75%医用酒精给宝宝脐部进行消毒处理，用消毒棉棒蘸取适量酒精后小心清洗脐窝，然后换上清洁纱布即可。注意，千万不要往宝宝脐部撒消毒药粉之类的东西，以防外物带进污染。

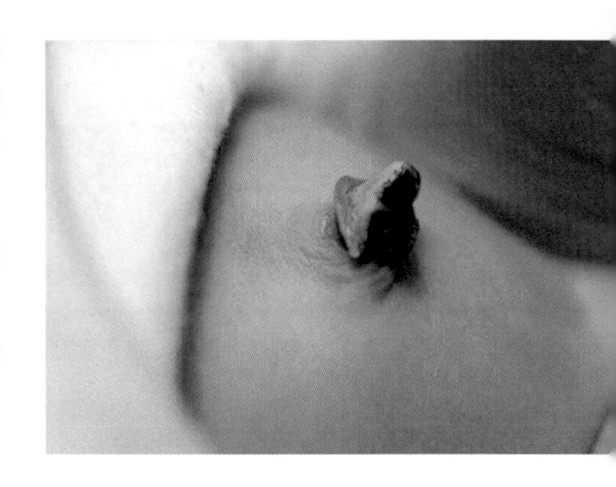

（1）脐带脱落前不要让宝宝泡在浴水里洗澡，可以抱着宝宝先洗上半身，擦干后再清洗下半身，这样能避免弄湿脐部。

（2）宝宝洗澡后擦干身上水分，穿上衣服只露出肚脐眼；用消毒棉棒蘸取适量酒精，沿肚脐沟消毒。

（3）如果宝宝发生脐炎，且红肿明显，有脓性分泌物的情况下一定要及时看医生，以防严重感染的发生。

鹅口疮

鹅口疮又称“雪口病”，是婴幼儿口腔感染白色念珠菌，形成像雪花一样的白色的假膜。多见于口腔不洁、营养不良或免疫力低下的婴幼儿。

表现

宝宝口腔黏膜有白色粒状斑膜，常见于舌、上颚、牙床等处。症状较轻的白色斑膜为点状或小片状，较严重者为融合大片，像奶块，很难擦掉。宝宝症状较轻时不易发现，进食也不受影响；严重时宝宝会感到疼痛而出现胃口不好、烦躁不安、容易啼哭的现象。家长要及时关注，以防感染蔓延至咽喉部甚至是消化道深部，造成免疫功能受损而继发其他细菌感染。

原因

婴幼儿抵抗能力较低、妈妈的乳头不干净或奶嘴等食具不清洁，使婴幼儿长期腹泻、营养不良等情况下，感染白色念珠菌所致。

日常护理

确保宝宝口腔干净

妈妈每次喂奶后再让宝宝喝几口温开水，这样有助于把留在口腔中的乳汁冲洗干净，防止霉菌生长。

做好乳头护理

妈妈在哺乳期要特别注意保持乳头皮肤的干净，每次哺乳前可先用温开水擦洗乳晕。此外，母亲要勤换内衣裤、勤修理指甲，保持自身清洁，以防把病菌传染给宝宝。

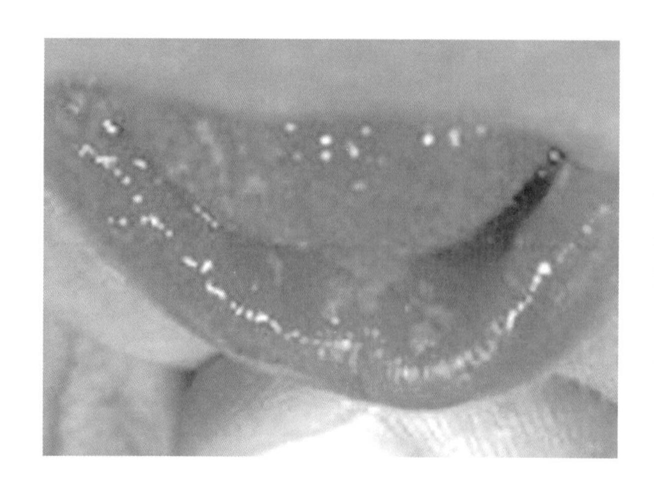

宝宝的奶嘴、食具等要干净无污

宝宝的食具要单独清洗，奶瓶要定期拆洗干净并消毒。清洗奶瓶要用特定的刷子，握住刷子轻轻地旋转式清洗，再来回抽动清洗。注意要将奶瓶内侧仔细洗干净，奶嘴部分因材质较薄容易磨损，因而不要用力过大。不同的奶瓶选用不同的刷子：玻璃奶瓶选用尼龙刷子，塑料奶瓶则选用海绵刷。

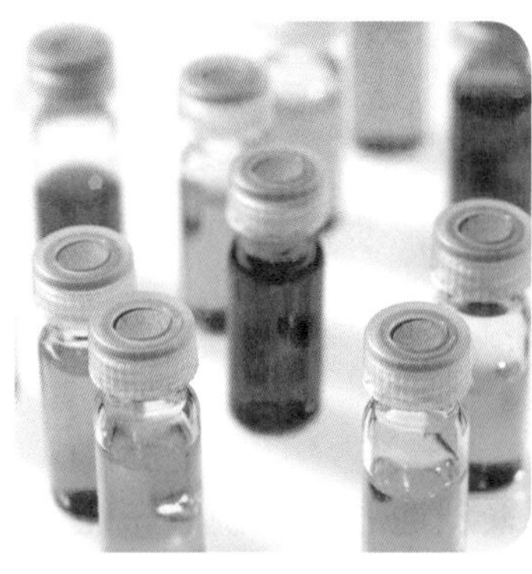

第六节

各系统发育与生理需求

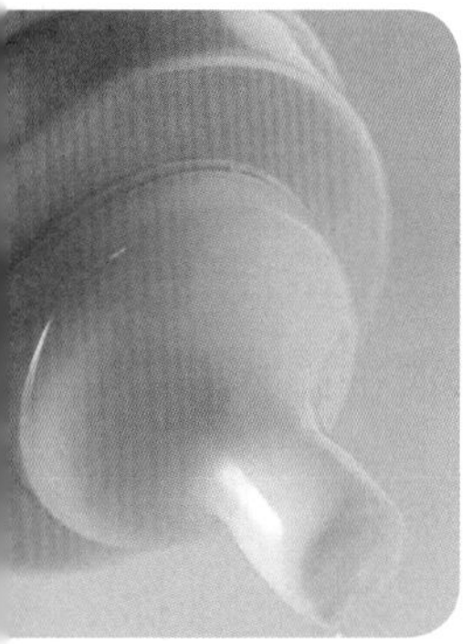
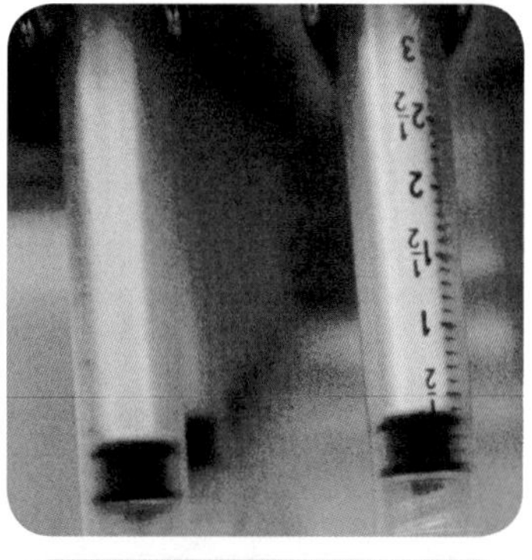

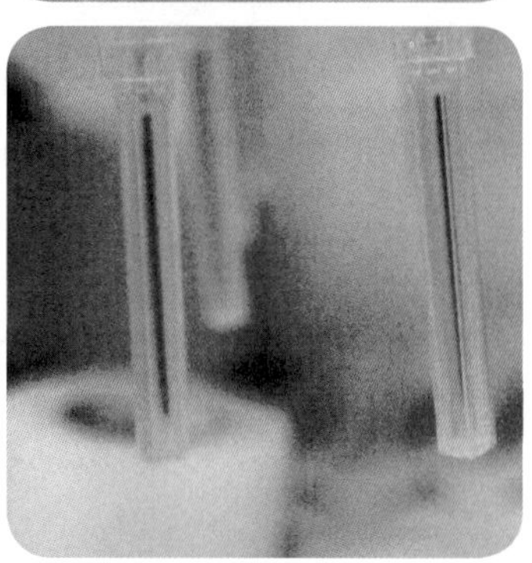

小枣的头越来越重了。

大人问他什么，他点头的时候，本来可能只打算点一下的，结果因为头重，点一下又一下，好像收不住一样，特别滑稽。

妈妈兴高采烈地跟爸爸说，书上说这个阶段他的脑重增长很快，所以不是头重，是脑重——他的脑重都快要赶上咱俩啦！

小枣心里嘀咕：这两个人可真好玩！脑重跟你们一样，就什么都一样了吗？我比你们俩还差得远呢！我很容易害怕，你们会吗？我睡着睡着会突然惊跳，你们会吗？你们的神经那么强大，天不怕地不怕，我要追上你们，还不知道要多少年！

不过怕归怕，每次妈妈摸他的时候，他就一点也不怕了：

一下，又一下，妈妈的手抚触他的身体；

勇敢，再勇敢，妈妈的爱强大了他的神经。

神经系统的组成与功能

神经系统主要由脑、脊髓和神经组成，分布在身体的每一个部位，起着控制身体各个系统活动的作用。一方面，神经系统控制与调节各器官、系统的活动，使人体成为一个统一的整体；另一方面通过神经系统的分析与综合，机体可以对环境变化的刺激作出相应的反应，达到机体与环境的统一。

神经系统的发育过程及特点

神经系统的发育贯穿人的一生，其中胎儿期及0～3岁时期是神经系统发育最关键也是最迅速的时期。刚出生的宝宝大脑外形已与成人大脑的形状一样，也具备了成人大脑的基本结构，但是重量只有成人脑重的25%，所以在功能上还远远比不上成人。宝宝刚生下来时，不会说话、不会自如活动，这些都是大脑发育不成熟的表现。下面了解一下各个年龄段宝宝的神经系统发育特点。

0～1个月

刚出生的宝宝视力还不太好，只能注视眼前30厘米左右的地方。1个月时，宝宝具有追视能力，具体表现在妈妈抱着宝宝说话的时候，宝宝会盯着妈妈的脸看，妈妈转动头部，宝宝也会随着上下左右地转移视线。

1～2个月

1个月之后，宝宝会转动头部，用目光追踪物体，手脚的活动也变得更加灵活，会主动伸手去摸看到的物品，将脸转向发出声音的地方等。差不多2个月的时候，宝宝就可以趴在床上短时间抬头了。

2～3个月

宝宝已经可以渐渐能够支撑自己的头颈，并可以控制颈部动作。宝宝可以把头颈竖起来，把头转向发出声音的地方或眼睛看到的东西，会开始伸手去抓身边的玩具，并顺势放到嘴里，把小拳头塞到嘴里啃，或把手指伸到嘴里吸吮。

3～5个月

宝宝已经可以区分昼夜了，白天玩耍的时间增多，夜晚睡眠时间增加，并且每一觉睡的时间更长。头颈已经可以抬起来了，趴着的时候头抬得很高，而且可以持续一段时间。有人扶着腋下，宝宝就可以坐稳了。

5~6个月

宝宝有的已经会翻身了，翻身这个动作使宝宝的运动范围一下子扩大了不少，对宝宝来说这是个崭新而令人惊喜的体验。但是宝宝如果不喜欢练翻身，也不用强迫他。宝宝会把小手伸向自己感兴趣的东西，抓在手里又是摇又是敲，增加了很多主动性的动作。

6~7个月

部分宝宝不需要妈妈用手扶着腋下，也能坐一小会儿了。不过时间很短，而且不时要弯着腰，或两手支撑着地板或床，有时还会失去平衡侧翻或倒翻过去。在能够独坐之后，宝宝就能通过与以往完全不同的角度观察这个世界。

7~8个月

7~8个月的宝宝已经开始会认人、会微笑、发出声音了，会拍着巴掌，要大人抱，开始认生了，喜欢自己熟悉的人抱，对陌生人也有抵抗。另外，宝宝的手活动更灵巧，任何他有兴趣的东西，都会伸手去抓，也会握着玩具敲打桌子玩。同时宝宝可以独坐玩一会儿了，拿起玩具，再放下，再拿起，如此重复。

8~9个月

宝宝可以坐稳了，有些宝宝还会爬了，他们的手指已经更加灵活了，能够拿起细小物品，双手的协调性也更强，可轻松地把玩具从左手交到右手，也会伸手去扯衣服上的装饰物、纽扣和带子。

另外8~9个月这段时间，宝宝的分析和综合能力也有了发展，会对新颖的事物表示惊奇或兴奋，对物体大小、形状和距离有了一定的认识，能找到自己熟悉的东西。宝宝看见妈妈会伸出手来要求抱，或指向所要去的地方，也开始可以自己玩一会儿了。

9~12个月

主要表现在大运动的发展上，宝宝已经开始试图扶着东西站立了。

10个月左右的宝宝能够站立一小会儿了，也能扶着东西晃晃悠悠地走几步。11个月的宝宝已经基本上可以拉着大人的手走了。12个月的宝宝已经基本上会自己站起来、会走路，能弯腰拾东西。10~12个月这段时间，宝宝能记住许多物体的名字，但可能还不会用语言表达；能用拇指和食指拿东西，并能从抽屉中取出玩具；会用手表示再见；会模仿成人动作，认人能力强，穿衣时可跟家长合作，听指挥伸左手或右手；可自己抱着奶瓶喝牛奶，有的宝宝会用杯子喝水。

宝宝动作的学习与熟练，需要成人的护理指导，适当训练可以促进宝宝的动作发育，如宝宝的爬行经适当训练，可以在会坐之前就学会。但是，对宝宝的训练要合理，不要勉强，如果强行通过训练方法勉强使宝宝过早学坐、学站、学走，也是不合理的，这会导致宝宝双下肢发生畸形。因此，在宝宝获得足够的护理和养育材料的前提下，家长可根据宝宝的实际情况给予相应的动作训练。

神经系统功能的促进

0 ~ 3岁是宝宝大脑发展的黄金期，不仅体现在功能方面的发展，还体现在重量上的发展。

（1）新生儿的脑重是成人的25%——390克。

（2）10个月的宝宝的脑重是成人的50%——780克。

（3）1岁幼儿的脑重是成人的60%——900克。

（4）2.5岁的幼儿的脑重是成人的75%——1170克。

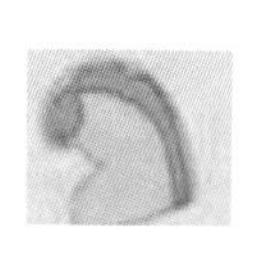
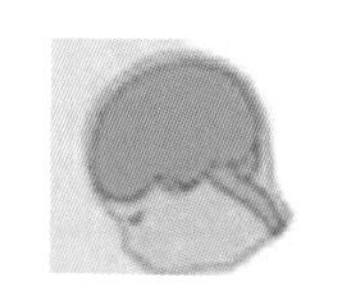
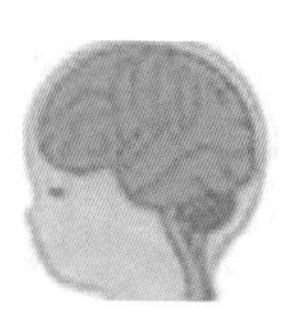
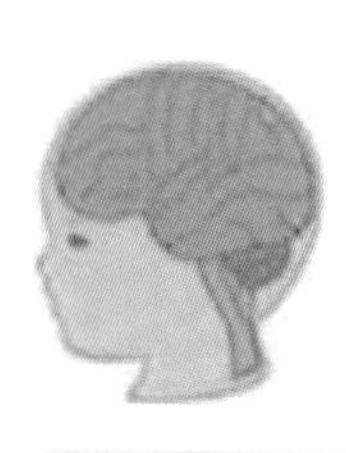
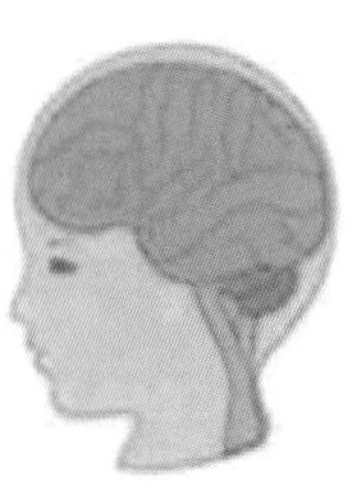
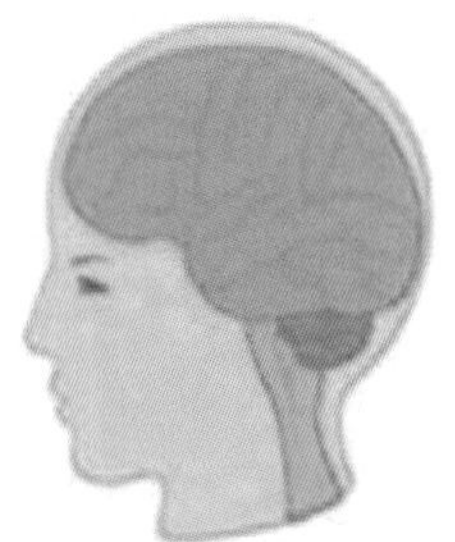
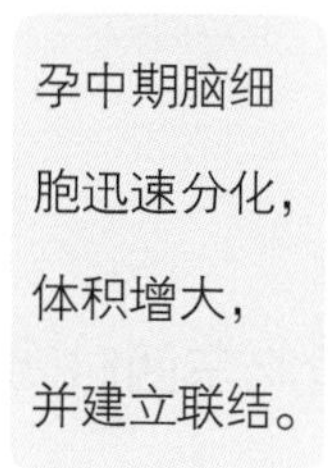
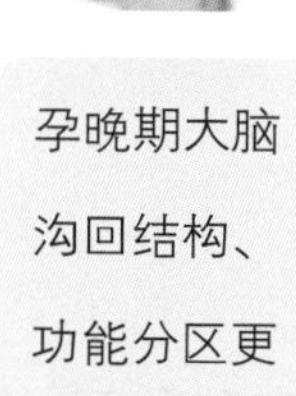

孕3~4周，宝宝的神经系统开始发育。

孕中期脑细胞迅速分化，体积增大，并建立联结。

孕晚期大脑沟回结构、功能分区更加完善。

1 岁的时候，脑重为 900 克，达成人的 60%。

6 岁的时候，脑重为 1280 克，达成人的 90%。

青春期为孩子大脑发育的第二高峰，将达到智力的巅峰。

抚触有利于宝宝神经系统的发育

皮肤是人体接受外界刺激最主要的感觉器官，是神经系统的外在感受器。早期抚触就是在宝宝脑发育的关键期给脑细胞和神经系统适宜的刺激以促进神经系统的发育。对宝宝进行轻柔的爱抚还可以促进亲子间的交流，让宝宝感受到母爱的传递。抚触最好是从新生儿开始，具体的步骤见护理篇。

抚触的具体好处有

（1）较快地形成进食、排泄和睡眠的生物规律，或有些很难带的宝宝（即难以形成以上的生物规律）的状况也大有改观。胃口大开，吃奶量逐渐增多；排便排尿也很好；体重增加明显；改善了经常出现胀气及便秘的不适感。

（2）可缓解宝宝的不适，如长牙齿给身体带来的不舒服、经常鼻塞而影响呼吸、吃奶和睡眠等情况；皮肤变得光滑，有弹性，不易感染。

（3）促进了宝宝感觉系统（听觉、视觉、触觉等）和运动系统(微笑、肢体活动)的发育和协调。在抚触时，妈妈愉快的情绪及身体得到的舒适感，会使宝宝很高兴，同时是宝宝心理健康的主要标志。

（4）入睡前变得安静，而且能很快入睡，睡眠踏实，不易惊醒，很少出现惊跳。变得容易满足，不再总是吵着要妈妈，变得听话了，哭闹减少了。

（5）显得更机灵，眼睛也更有神，当受到外来刺激时，如逗弄他，会报以积极的反应。

小枣的小肚子总是向前凸着。没吃东西时就是圆圆的，吃了东西后就更圆了。

“小胖墩，你看你吃得！”妈妈打趣他。

小枣觉得自己很无辜：我怎么会胖呢？我到这个月才勉强算是长出了3颗牙齿而已，直到上周才刚刚知道原来面包是要咀嚼之后再咽下去——以前人家一直都是直接吞的好不好？这样子的战斗力，也能变成小胖墩？也能长出小肚腩？

服，或者不服，小肚子总在那里。不管是不是真胖，小枣还是很乐意地接受了妈妈提供的“揉肚子”服务。

小枣不知道，婴幼儿的肚子大是因为腹壁肌肉不够发达，装不下那些消化器官；他以为妈妈这样摸一摸、揉一揉，小肚腩就会真的不见了。

生长发育篇

消化系统的作用

宝宝的发育成长离不开食物的供给，或许我们会疑惑：宝宝吃进去的食物是如何转变成促进身体发育的各类营养成分的呢？而这都归功于宝宝体内消化系统的作用。在消化系统各组成结构的协调工作下，宝宝吃进去的食物经过一系列的消化过程，会转变成各类营养成分，并在消化道中被吸收，成为宝宝发育成长的物质基础。

消化系统的组成

宝宝体内消化道的组成主要是由口腔、咽、食道、胃、肠道和肛门组成。但消化系统除了上面提到的结构外，还包括唾液腺、胰腺和肝脏。

婴幼儿消化系统的特点

宝宝出现溢奶、呕吐、腹泻或便秘等消化不良的情况常常令很多家长头疼不已，那为什么宝宝会经常遇到这些问题的？这是因为婴幼儿的消化系统还未发育成熟，消化和吸收功能均比较差。因此，想要更好地去处理宝宝正在或将会面临的这些问题，先要了解婴幼儿消化系统的特点：

（1）新生儿的唾液腺发育不足，分泌唾液比较少，所以口腔黏膜干燥。而婴幼儿口腔黏膜柔嫩，血管又丰富，容易损害和出血。另外，宝宝的口腔较浅，所以经常会流口水。

（2）胃容量小，且不同月龄婴儿的容量不同，所以要注意根据宝宝的胃容量大小来准备食物，避免过量进食，导致消化不良。另外，婴幼儿胃呈水平位，容易出现溢奶或呕吐。

（3）婴幼儿肠道的肠壁薄、黏膜脆弱，且肠液中各种消化酶的含量也比较低，所以消化吸收功能差，容易出现消化不良现象。而且由于不完全分解的物质和微生物较容易透过婴幼儿肠黏膜，因此容易导致全身性疾病。最后，还要注意的是，因为婴幼儿肠系膜比较长而且薄弱，容易被拉长，发生肠套叠、肠扭转的危险性较大。

宝宝长牙篇

宝宝什么时候开始长牙？

或许很多家长都不知道，在宝宝出生的时候，牙床内已经有乳牙，等到了长牙的时候牙床里的乳牙就像雨后春笋一样逐渐冒出来。但每个宝宝开始长牙的时间和长牙的速度不完全一样。一般来说，宝宝从6个月左右开始长出第一颗乳牙，20颗乳牙到2岁或2岁半左右就差不多长齐了。而且，宝宝的乳牙是按一定规律长出来的，具体的长牙顺序如图所示：

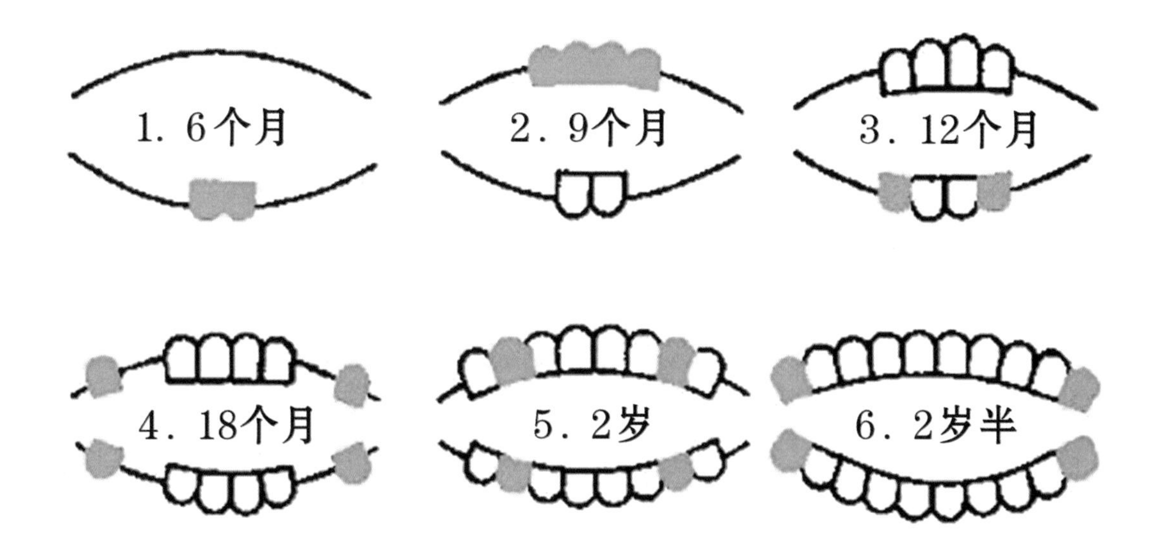

宝宝长牙的征兆有哪些？

宝宝在长牙期间可能会出现一些异常的表现，但不同的宝宝有不同的表现，总体来说会有以下8个方面的症状：

（1）疼痛：宝宝表现出疼痛和不舒服。

（2）暴躁：长牙带来的不适会让宝宝变得脾气暴躁和爱哭闹，在出牙前一两天尤其明显。

（3）脸颊发红：宝宝的脸颊上可能会出现红色的斑点。

（4）流口水：出牙时产生的过多唾液会让宝宝经常流口水。

（5）啃、嚼或咬东西：当把东西放在宝宝嘴巴附近时，宝宝可能会出现啃、嚼或咬等动作。

（6）牙龈肿胀：宝宝的牙龈上可能有点红肿或肿胀。

（7）睡不安稳：宝宝可能会在半夜醒来，看起来烦躁不安。

（8）体温升高：出牙可能会导致宝宝体温稍微升高。

磨牙棒和牙胶的用处

在宝宝开始长牙的时候，可以考虑给宝宝使用磨牙棒或牙胶来缓解宝宝在长牙过程中的不适。且两种工具各有其好处，可以根据宝宝的喜好来选用。

1.磨牙棒

可以摩擦宝宝的牙龈，使萌生的乳牙及时长出来；另外，咀嚼磨牙棒还可以使颌骨正常发育，为之后恒牙的健康打下良好基础。同时，还可以训练宝宝的咀嚼能力。

2.牙胶

可以缓解宝宝的牙痒情况。而通过吸吮和咬牙胶，还可以促进宝宝的手眼协调，从而促进智力的发育。但不同年龄段的宝宝应该根据牙齿发育特点选用不同种类的牙胶，例如宝宝6个月左右开始长出第一对牙齿时，适合选用冰冻牙胶；长出上下4颗门牙时则改用奶嘴牙胶。

宝宝长牙期间的清洁护理

为了让宝宝拥有一口健康的牙齿，需要我们帮助宝宝从出生开始就养成清洁口腔的好习惯。一般建议从宝宝开始喝奶时就坚持在每次喝完奶后给宝宝清洁口腔。另外，宝宝开始长牙时，牙床、牙龈和牙肉都很脆弱，加上有奶垢或食物残渣的停留，很容易导致牙龈的发炎；所以一定要注意牙齿的清洁。给宝宝清洁口腔的步骤有：

（1）把准备好的小纱布缠在食指上。

（2）给小纱布蘸点温开水。

（3）将纱布伸进宝宝的嘴巴，在口腔内的每个角落轻轻擦拭1～2次；还要注意在正长牙的位置上多擦几次。

（4）待宝宝的第一颗牙齿完全长出来之后，每天除了要用纱布进行口腔清洁之外，还要开始用儿童专用的软质牙刷给宝宝刷牙了。刷牙的方法和大人相同，要注意刷到牙齿的每一面。

一问一答

1.问：宝宝10个月大还是没有开始长牙怎么办?

答：虽然前面说到宝宝一般会在6个月时开始长牙，但实际上每个宝宝的情况都不一样；不仅跟宝宝自身的身体发育特点有关，还和遗传有着比较大的关系。所以，有些宝宝开始长牙的时间比较晚，只要在1岁之前能够长出牙齿就不需要过于担心。

2.问：宝宝开始长牙时，需要进行口腔检查吗?

答：需要。在宝宝长出第一颗牙齿之后到满1岁之前，即使宝宝的牙齿没有任何问题，也建议家长带宝宝去看牙医，并养成定期进行口腔检查的习惯。

咀嚼能力锻炼篇

有些家长可能会抱怨“自己的宝宝都已经快3岁了，让他吃饭、肉或者青菜时，都是直接吞，从来都不会先把食物咬碎。”其实，这都是因为宝宝没有在更小年龄的时候锻炼好咀嚼能力，进而影响了后来的进食。或许大家又会很纳闷，宝宝不是天生就会吞咽咀嚼的吗？可事实上，宝宝吞咽咀嚼动作是需要舌头、口腔、面颊的肌肉和牙齿互相协调来完成，要经过反复地刺激和锻炼才能获得。

咀嚼锻炼好处多

（1）帮助牙齿的发育和生长。咀嚼能力的锻炼可以促进宝宝颌骨的发育，保证长出来的牙齿整齐排列。

（2）有利于口腔内唾液腺的分泌，唾液和食物充分的混合可以促进宝宝食欲。

（3）咀嚼能够使食物磨得细碎，在肠胃中容易被消化酶分解，促进宝宝的消化和对营养素的吸收。

（4）充分的咀嚼活动可以锻炼口腔、舌头和嘴唇等器官肌肉的协调性及灵活性，促进宝宝清晰的发音。

何时开始咀嚼锻炼？

6~12个月是宝宝发展吞咽和咀嚼能力的重要时期，家长们要把握这一时机及时对宝宝进行咀嚼能力的锻炼；因为错过这一重要时期，宝宝可能就会失去学习的兴趣，发展咀嚼能力的难度也会更大。

锻炼宝宝咀嚼能力的最好办法就是根据宝宝的月龄逐步更换食物，进行辅食的添加，为口腔提供各种刺激，反复锻炼宝宝的咀嚼能力。

4~6个月

是宝宝学习吞咽和咀嚼能力的起步阶段，重点是训练宝宝的吞咽能力。这一阶段比较适合添加泥糊状的食物：米糊、蛋黄泥、水果泥和蔬菜泥。

从4个月开始可用小勺子喂宝宝米糊、蛋黄泥等半流质食物。喂食过程中可将食物放到舌头的后方，促进宝宝通过舌头的前后蠕动配合做出吞咽的动作并逐步适应。

小提示：刚开始的时候宝宝可能会不习惯，将食物顶出或吐出，这是正常的现象。需要多尝试几次，让宝宝慢慢适应，而不是轻易放弃。

6～12个月

这一阶段要重点锻炼宝宝咬、嚼东西的能力。可以开始给宝宝添加更加黏稠的食物，并在泥糊状的食物里逐渐添加小块的固体食物，如碎肉、碎菜末、碎水果粒等。随着月龄的增加，宝宝可以慢慢地完成比较完整的咀嚼动作，也开始喜欢自己抓着东西吃，所以可以让宝宝自己吃一些面包片、手指饼干等。

12个月以后

宝宝的咀嚼吞咽能力进一步发展，可给宝宝吃些比较粗的固体食物，例如水饺、米饭等。另外，要好好利用宝宝喜欢模仿的特点，经常给宝宝示范咀嚼食物的动作，每口食物慢慢地咀嚼多次才吞下。

小贴士

开始锻炼咀嚼能力的时候要先给宝宝示范具体的咀嚼动作，并经常提醒宝宝要用牙齿咬食物。

腹部按摩篇

宝宝吐奶、腹泻、便秘等消化问题常常困扰着家长们。为了解决这些问题，除了饮食调节和药物治疗之外，其实还有一个简单、有效的方法——给宝宝进行腹部按摩。

腹部按摩的好处

通过腹部按摩可以促进胃泌素分泌，增加胃肠蠕动，进而有利于对食物的消化、吸收和排泄，加快宝宝体重的增长；预防吐奶、腹泻和便秘情况。此外，还能改善宝宝的睡眠质量，减少烦躁情绪，促进亲子之间的交流。

适当的腹部按摩时间

新生儿由于腹部脐带还未脱落，不适合进行腹部按摩，以免造成脐部的损伤。所以要在宝宝脐带自然脱落，脐部干燥后才能进行腹部按摩。建议在宝宝进食后30分钟以上或洗澡后进行；进食后过早进行腹部按摩反而会造成宝宝的不适。

腹部按摩前的准备

（1）适当的室内环境：保持25～28℃的室内温度，保持空气流通，但要避免把宝宝放在风口处。

（2）按摩地点：可以在桌面或地板上等家长可以保持不易劳累姿势的地方给宝宝按摩。

（3）大毛巾：先铺好柔软、干净的大毛巾，让宝宝躺着按摩。提醒家长在毛巾下铺一层防水垫，或在宝宝屁股下垫尿不湿，以免宝宝突然排便。

（4）婴儿油或婴儿乳液：可以减少按摩时的摩擦力，如果宝宝的皮肤比较干燥则建议选择有保湿作用的乳液。

（5）温暖干净的双手：家长在给宝宝按摩前要先把双手清洗干净，并搓热或先用温水泡手，保持双手的干净、温暖。

腹部按摩步骤

（1）先让宝宝平躺并给宝宝的腹部抹上适量的婴儿油或婴儿乳液。

（2）开始前，将右手或左手放在宝宝下腹部，注意整个手掌都应该接触腹部。

（3）以肚脐为中心，右手沿逆时针方向慢慢推向宝宝的右上腹→左上腹→左下腹（或左手沿顺时针方向），按摩力度要适中，力度太小不能起到促进消化的作用，力度太大容易弄疼宝宝。左右手可交替给宝宝按摩。

（4）按摩过程中要保持微笑，与宝宝进行对视和交流。

（5）每次进行腹部按摩的时间为5～10分钟。

小贴士

在宝宝出现黄疸或腹泻等疾病时，注射预防针48小时以内暂时不要为宝宝进行腹部按摩。

如果你问小枣：水是什么颜色？

小枣一定回答：当然是白色啊，难道有其他颜色的水吗？

小枣理解的白色，其实就是无色。因为妈妈自他出生以来，一直坚持给他供应的水只有一种：白开水。

茶？不不。汽水？不不不。酒？天呐！不不不不！

因为有妈妈把关，所以小枣根本没有喝过有颜色的“水”——除了妈妈的乳汁。

看起来很简单吗？一点也不。

虽说提供的种类只要白开水一种就好，但提供的方法、数量、时机大有讲究。比如妈妈每次给他喝完奶，都会喂点水；可是喂奶之前又不能给太多，因为会占去胃容量。

喝了就会尿，尿也有讲究。

妈妈从来不嫌换纸尿裤麻烦，从不会怕他尿就不给他喝水或者频繁把尿；但是她也知道，小枣尿太多并不好，尿太少更麻烦。

她决定在这件事上也做一个“刚刚好”妈妈：随时随地注意观察，研判小枣的身体、面部、囟门是否提示缺水，精心控制小枣的饮水量，针对小枣尚未成熟的泌尿系统，务求让他的水与尿也“刚刚好”，不多也不少。

什么是泌尿系统？

泌尿系统包括肾、输尿管、膀胱和尿道。其主要功能为排泄。人体新陈代谢产生的大部分代谢产物是由泌尿系统排出体外的。首先在肾脏生成尿液，经输尿管流入膀胱，当尿液在膀胱贮存到一定量后，由尿道排出体外。

宝宝泌尿系统有什么特点？

（1）肾功能尚未完善，如摄入过多粮、钠或水时，易出现尿糖、钠潴留以及水肿。

（2）膀胱贮尿机能差，表现为排尿次数多。

（3）宝宝的尿道短，易发生上行性泌尿道感染。

需水篇

宝宝摄入水不足

新生儿新陈代谢比较旺盛，而泌尿系统功能发育不完全，但相对来说，需要的水量却比成人要高，宝宝越小，需要水分越多，当水入量不足时可能会发生脱水甚至诱发急性肾功能不全。

怎样给宝宝补水

母乳喂养的宝宝

（1）母乳喂养的0～3个月的宝宝可以在每次吃完奶后喝一点白开水。新生儿宝宝平时不需要刻意补水，可以喝1～2次即可。最好在两次喂奶之间喂一次水，以免喝水过多影响宝宝吃奶量。所以母乳喂养的宝宝除了喂奶，千万不要忘记喂水。

注意：在给新生儿喂水时，不要过急、过多，冷热也要适宜。水最好是白开水。

（2）可以给4～12个月的宝宝喝一些稀释过的果汁、菜汤、肉汤等，然后逐渐添加其他辅食，由于辅食中的一些成分需要额外的水分参与消化吸收，所以宝宝需要喝更多的水。

人工喂养或者混合喂养的宝宝

每天除了喂奶时给予的水分外，还要适当喂水。开始时每次可以给10～20毫升的水，逐渐增加到每次50毫升左右。

注意：给宝宝喂水时，还要灵活掌握饮水量，当气候炎热、吃热奶、哭闹、玩耍、生病发热及出汗较多时，更应注意及时喂水。

宝宝每天应喝多少水？

一般说来，每天应给宝宝喂水3～4次，参考每次喂水量是：

新生儿第1周：30毫升，

第2周：45毫升；

1个月：50～60毫升；

3个月：60～75毫升；

4个月：75～90毫升；

6个月：90～100毫升；

8个月：100～120毫升。

注意：新生儿的泌尿系统尚未发育完善，排泄代谢的能力差，虽对水的需求量大，但肾小管浓缩和稀释功能较差，大量水负荷易出现水肿。所以喂水也不要过量，以免给新生儿心脏、肾脏增加负担。所以，家长应该掌握宝宝的饮水量，以满足其生长的需要。

宝宝喝什么水好？

现在，市面上的饮用水很多，比如纯净水、矿泉水以及各种果汁饮料等。最适合宝宝的还是白开水。

注意：过夜的温开水、多次反复煮沸的开水等，不可给宝宝饮用。

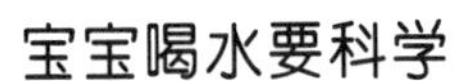

宝宝喝水要科学

随时补充水分

即使宝宝小便正常，没有渴意，也应该让宝宝少量多次地补水。频率以宝宝每20分钟撒一次清尿为佳。如果宝宝尿液偏黄，说明宝宝喝水量还不够。

饭前不喝水

饭前给宝宝喝水会稀释胃液，不利于食物消化，而且会影响食欲。恰当的方法是如果宝宝渴了，可先让宝宝喝少量开水，休息片刻后再吃饭或睡觉。

睡前不喝水

年龄较小的宝宝还不能完全控制排尿。若在睡前喝水多了，不仅影响睡眠质量，也让宝宝容易遗尿。

不能喂过甜的水

长期饮用不仅容易长蛀牙，还会增加宝宝肠胃负担。

不能用饮料替代白开水

一些饮料中含有的一些色素、添加剂等会对宝宝发育造成影响。

不要给宝宝喝冰水

大量喝冰水会影响宝宝的消化，刺激胃肠，甚至导致腹痛、腹泻。

教育宝宝养成良好的喝水习惯

喝水不要过快，不要一下子喝得过多，否则不利于吸收，还会造成急性胃扩张，出现上腹部不适症状。

补水征兆

如果宝宝出现嘴唇干燥、尿液呈深黄色、囟门下陷、尿少等症状，或6小时内没有尿，说明宝宝缺水程度已经比较重，家长要及时给宝宝补水；若情况仍无好转，则需要及时就医。一般婴幼儿饥饿或口渴时常会啼哭，表现为哭声洪亮，面色正常，在啼哭间隙中有吮指、啃拳的动作，哺乳喂食后哭声立即停止。

排尿篇

宝宝的泌尿系统功能不完善，如果不及时排尿会导致尿潴留，进而诱发泌尿道感染。

排尿次数

绝大多数新生儿在出生后第一天就开始排尿，少数在第二天排尿。最初几天，每天仅排尿4～5次，生后第一周每天可排20～25次，1岁时每日排尿15～16次。

排尿量

新生儿正常尿量每小时为1～3毫升/千克，正常婴儿每日排尿量为400～500毫升。

注意：若新生儿尿量每小时<1.0毫升/千克为少尿，每小时<0.5毫升/千克为无尿；婴幼儿<200毫升/日时为少尿，每日尿量<50毫升/日为无尿。

尿的特点

尿的颜色：出生后头2～3天尿色深，稍浑浊，正常婴幼儿尿色淡黄透明。

注意：若出生后48小时还未排尿，要检查原因，注意是否摄入水分不够。

排尿习惯

初生几个月的宝宝膀胱肌肉层较薄，弹力组织发育还不完善，储尿机能差，神经系统对排尿的控制与调节功能差，要等膀肤括约肌发育成熟后，才能开始让宝宝学习控制小便。 把尿可不可取?

在宝宝一出生或两三个月后就开始的把尿训练可能危及膀胱的发育，导致宝宝腹压增高，可能造成婴儿脱肛现象；所以过早把尿不可取。

注意：婴幼儿泌尿感染易被忽略。0～1岁期间至少进行一次尿常规检查，特别是遇到不明原因发热时，要检查是否婴儿泌尿系感染。

对钠的需求

婴幼儿泌尿系统功能较差，肾小管重吸收及排泄功能较低，所以排钠能力较差。如输入过多钠，容易发生钠潴留和水肿。特别是新生儿的泌尿系统尚未发育完善，排泄代谢的能力差，虽需水量大，但注意不要摄入钠盐，以免引起水肿。

对糖的需求

婴幼儿泌尿系统功能较差，肾小管重吸收及排泄功能较低，使得宝宝肾糖阈较低，所以不能摄入太多的糖和钠，否则会出现尿糖。所以，给宝宝喂水时不要加入糖。

注意：母乳不够或因特殊原因不能哺乳宝宝时，不要选用蛋白质、矿物质（磷）高的牛乳喂养新生儿。否则会加重新生儿泌尿系统的负担。

大家一定还记得小枣跟爸爸妈妈的脑重大PK。

那段时间，小枣的脑重虽然增加很快，但还是比不过爸爸妈妈。不过如果不比脑重，而是比血重，他就赢定了。

你知道小枣全身的血液总量占去他体重的多少吗?

你知道这么多的血量在全身流动会发生什么样的事?

看看小枣发飙你就知道了。

小枣本是个皮肤白皙、容貌清秀的男宝宝，可是一旦激动了、生气了、哭闹了、大喊大叫了，马上就会脸颊涨得通红，甚至连脖子、前胸的区域都红了。每当这个时候，外婆总是很担心：快别惹他了，你看他红得像只煮熟的虾，真吓人!

妈妈不以为然：红得像虾算什么！那么多血要是放在我身上，我能红成天后巨星Super Star……

血液循环，指血液在心脏和血管内周而复始地流动，该系统包括血液、心脏和血管。如果将血液循环比作一条条环形道路上不断流动的车辆，那么血液就是车辆上运输的货物，心脏则是一个不断自主搏动的动力系统，为这些车辆的流动提供能量，血管就是一条条环形道路了。

宝宝的循环系统同成人一样，是由血液循环和淋巴循环两部分组成。血液循环的作用是运输各种物质，比如生命不可或缺的氧气和营养物质，以维持体内环境的稳定，维持宝宝的免疫功能和体温的恒定。淋巴循环则将淋巴液运输进入静脉，辅助静脉回流，具有防御功能。

宝宝循环系统的生理需求

由于宝宝的循环系统发育的特殊性，我们要注意在婴儿期有针对性地对宝宝进行锻炼，在饮食、保暖等方面做出合理的安排，以预防感染性疾病，为宝宝的长期健康奠定基础。

适当添加辅食，合理营养，预防贫血

4～6个月即可添加辅食。可以为宝宝准备富含铁的米粉，并逐渐添加瘦肉、动物内脏、大豆等富含铁元素的食物，以预防缺铁性贫血。

小贴士

宝宝检查时常见的卵圆孔未闭合是什么意思？对宝宝影响大吗？

卵圆孔一般在出生后的第一年内闭合，若超过3岁卵圆孔仍未闭合，称为卵圆孔未闭，20%～25%成年人的卵圆孔不完全闭合。婴儿时期的卵圆孔未闭合属于正常生理现象，不是先天性心脏病，一般不需要做手术。但需注意跟中央型房间隔缺损区分开来，若有疑问应咨询医生并采取手术治疗。

合理安排一日活动，保证宝宝睡眠

正常情况下，应该让宝宝保持仰卧位，因为这种睡姿可以使宝宝全身肌肉放松，对宝宝的心脏压迫最少哦。

预防传染病

添加辅食以前，宝宝食用母乳，母乳中含有很多免疫因子，可帮助宝宝抵御疾病。添加辅食之后，宝宝的免疫因子来源变少，同时自己的免疫功能还没能完全建立，整体抵抗力较弱，因此6个月到2岁的宝宝的免疫力很弱，很容易受到感染。

正常的羊膜是无菌的，因此胎儿在未出生之前很少接触到微生物，此期间是最安全的。但是当宝宝暴露在外界环境中，与很多微生物接触，就有机会发生感染性疾病。人体对外来的东西有辨识并排除的能力，这就是免疫。

宝宝的免疫系统大致可以分为两道防线，第一道防线启动迅速但辨识能力比较差，比如黏膜、皮肤、白血球等。当第一道防线无法击退微生物入侵时，第二道防线就会自动启动，虽然所需时间较为缓慢，但作用非常明显，如T细胞、B细胞等免疫物质。

宝宝的免疫系统状况与成人明显不同，出生时由于没有建立免疫记忆导致功能低下，易受有害环境侵袭。新生儿体内仅有的IgG能通过胎盘从母体传递而来，其余免疫球蛋白如IgM、IgA需要依靠婴儿自身而成，所以婴儿易患各种感染性疾病。同时，新生儿的肠道屏障功能尚不健全，会增加异常病原的侵入，因此新生儿的免疫系统需要一个逐步发育成熟的过程。

肠道正常菌群是宿主在一定生理时期、特定解剖部位所定植的有益于宿主的微生物群落。所以家长们不用担心，正常的菌群结构其实是宝宝健康的标志，有促进他们生长发育、参与物质与能量代谢和作为保护屏障抵抗外来菌等作用。

不过家长们要注意啦！早产儿由于出生后长时间静脉补液、应用抗生素等可扰乱宝宝肠道正常菌群的平衡；同时早产儿肠道菌群定植时间较晚，肠道抵抗能力比较低下，所以早产儿容易发生肠道感染，更应该注意增强免疫力。

接种篇

什么是免疫接种？

免疫接种是预防和控制传染病最经济、有效的方法之一。我国疫苗分为两大类，计划内免疫和计划外疫苗。计划内免疫，又称一类疫苗，是国家免费提供的，所有适龄儿童都应按规定接种；计划外免疫，又称二类疫苗，是自费并自愿接种的。按照国家规定，孩子出生后1个月内，就要建立预防接种证，并要长期保

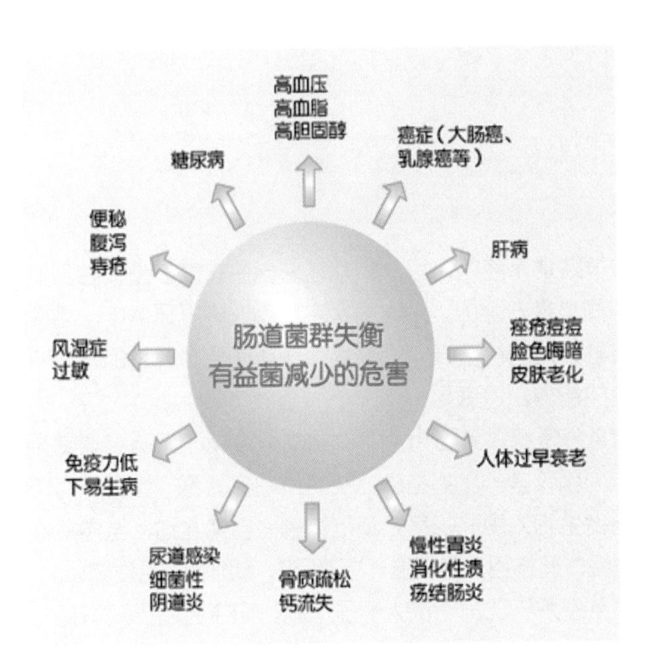

存。给孩子办理入托、入学手续时，都要检查预防接种证。注意，一定要到有当地卫生行政部门颁发合格资质的接种单位去接种疫苗。

计划内免疫

是国家规定纳入计划免疫，属于免费疫苗，是宝宝出生后必须进行接种的。包括两个程序：一是全程足量的基础免疫。即在1周岁内完成的初次接种。二是以后的加强免疫。即根据疫苗的免疫持久性及人群的免疫水平和疾病流行情况适时地进行复种。这样才能巩固免疫效果，达到预防疾病的目的。

0 ～ 1 岁宝宝接种时间表

接种时间	接种疫苗	次数	可预防的疾病
出生24小时内	乙型肝炎疫苗	第一针	乙型病毒性肝炎
	卡介苗	初种	结核病
1月龄	乙型肝炎疫苗	第二针	乙型病毒性肝炎
2月龄	脊髓灰质炎糖丸	第一次	脊髓灰质炎（小儿麻痹）
3月龄	脊髓灰质炎糖丸	第二次	脊髓灰质炎（小儿麻痹）
	百白破疫苗	第一次	百日咳、白喉、破伤风
4月龄	脊髓灰质炎糖丸	第三次	脊髓灰质炎（小儿麻痹）
	百白破疫苗	第二次	百日咳、白喉、破伤风
5月龄	百白破疫苗	第三次	百日咳、白喉、破伤风
6月龄	乙型肝炎疫苗	第三针	乙型病毒性肝炎
	A群流脑疫苗	第一针	流行性脑脊髓膜炎
8月龄	麻疹疫苗	第一针	麻疹
9月龄	A群流脑疫苗	第二针	流行性脑脊髓膜炎
1岁	乙脑疫苗	初免两针	流行性乙型脑炎

计划外免疫

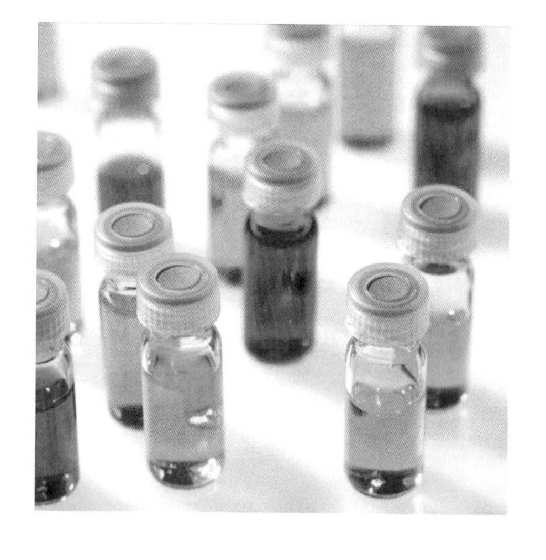

是自费疫苗。可以根据宝宝自身情况、各地区不同状况及家长经济状况而定。如果选择注射二类疫苗应在不影响一类疫苗情况下进行选择性注射。要注意接种过活疫苗（麻疹疫苗、乙脑疫苗、脊髓灰质炎糖丸）要间隔4周才能接种死疫苗(百白破疫苗、乙型肝炎疫苗、A群流脑疫苗及所有二类疫苗)。

0～1岁宝宝可考虑选择接种的二类疫苗

体质虚弱的宝宝可考虑接种的疫苗

流感疫苗	对7个月以上、患有哮喘、先天性心脏病、慢性肾炎、糖尿病等抵抗疾病能力差的宝宝，一旦流感流行，容易患病并诱发旧病发作或加重，家长应考虑接种。

流行高发区应接种的疫苗

B型流感嗜血杆菌混合疫苗（HIB疫苗）	世界上已有20多个国家将HIB疫苗列入常规计划免疫。5岁以下的宝宝容易感染B型流感嗜血杆菌。它不仅会引起小儿肺炎，还会引起小儿脑膜炎、败血症、脊髓炎、中耳炎、心包炎等严重疾病，是引起宝宝严重细菌感染的主要致病菌。
轮状病毒疫苗	轮状病毒是3～24个月的婴幼儿病毒性腹泻最常见的原因。接种轮状病毒疫苗能避免宝宝严重腹泻。
狂犬病疫苗	发病后的死亡率几乎100%，还未有一种有效的治疗狂犬病的方法，凡被病兽或带毒动物咬伤或抓伤后，应立即注射狂犬病疫苗。若被严重咬伤，如伤口在头面部、全身多部位咬伤、深度咬伤等，应联合用抗狂犬病毒血清。

接种疫苗的注意问题

接种前

（1）护理好宝宝保证身体没有不适，了解接种疫苗的名称。

（2）接种前一天给宝宝洗澡，换上干净柔软的衣服。

接种时

（1）阅读知情同意书并签字。

（2）如实告知医生宝宝的身体状况，不要隐瞒事实。

（3）注射疫苗时一定要配合护士，注意扶抱姿势。

接种后

（1）接种疫苗后应在接种地点留意观察30分钟。

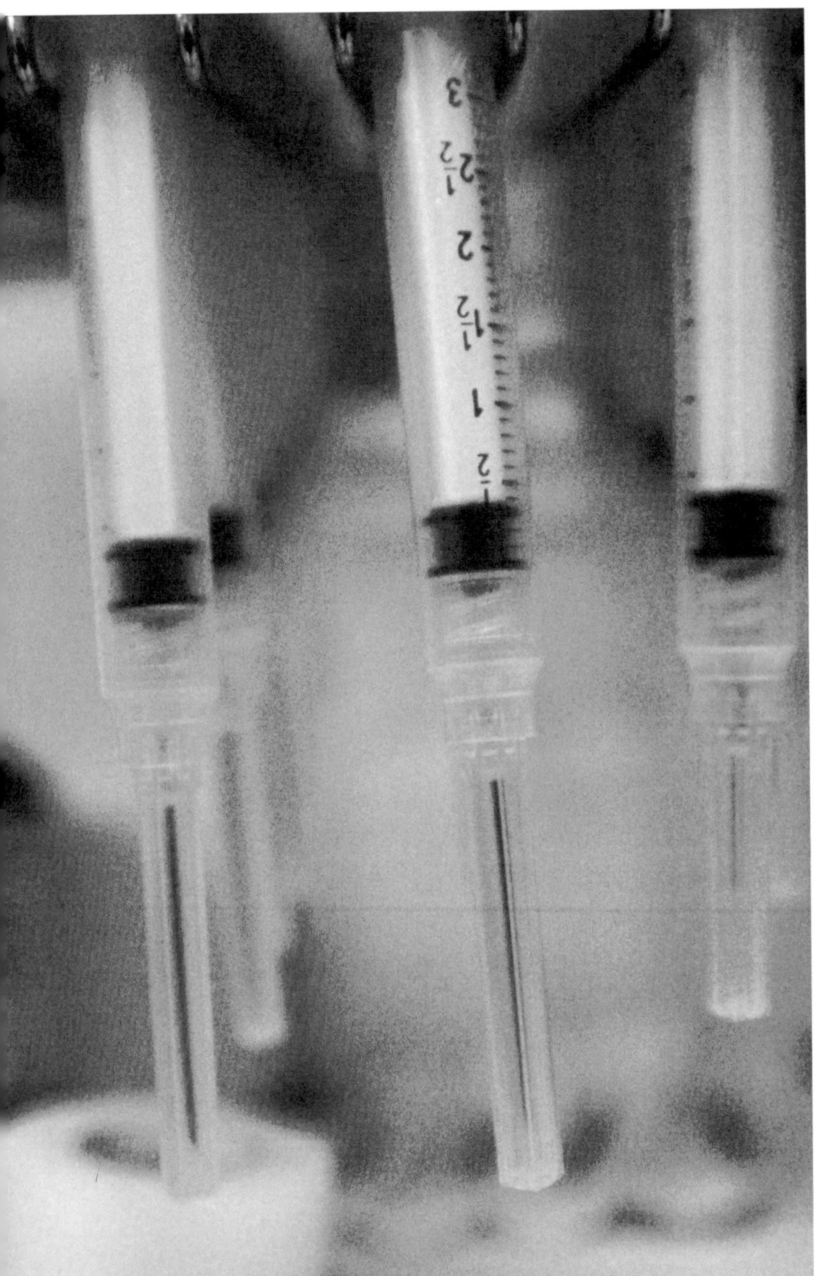

（2）24小时之内不宜给宝宝洗澡。

（3）保持接种局部皮肤的清洁卫生。

（4）尽可能让宝宝多饮水。

（5）让宝宝多休息，不做剧烈的活动。

（6）尽可能为宝宝提供清淡的饮食。

（7）若是口服的减毒活疫苗至少应在服苗的前后半小时之内不吃热的东西如热奶、热水、热食，也不宜喂母乳。

（8）密切观察宝宝，是否有发烧、精神不好、出皮疹等情况，若有请及时通知医生。

不良接种反应

绝大多数宝宝接种疫苗后不会发生任何不良反应，只有极少数因个体差异在接种后发生。下面列出常见的接种后不良反应和应对方式法。

麻疹接种反应：

如在接种麻疹疫苗后出现轻微红肿、轻度发热或皮疹，一般在1～2天就会自行消退，必要时对症处理就可以完全恢复。但发热超过37.5℃，或体温低于37.5℃并伴有其他全身症状，或出现超过30毫米的局部红肿，应及时到医院诊治。

卡介苗接种反应：

一般卡介苗接种后2～3天内，在接种部位上会有红肿，但消失很快。大约在2星期后，局部有产生红肿的皮疹样硬块，有时会软化成白色小脓包并自行溃破形成浅表溃疡，一般直径不超过0.5厘米，然后结痂，结痂脱落后会有疤痕。这些都是卡介苗接种的正常反应。家长们可以用热敷的方法促进肿块的消退。

但值得注意的是，若宝宝在接种卡介苗后有出现严重皮疹、紫癜和休克等异常反应，这个时候要及时就医和到相关医疗机构报告孩子的情况。

延迟接种情况

虽然疫苗接种很重要，但在接种前需要考虑到宝宝的情况。如果宝宝当时有些不适，可以暂缓或推迟疫苗的接种的时间。如果存在下面的情况，是不能立即接种疫苗的。

卡介苗：患有结核病、急性传染病、肾病、心脏病、湿疹、免疫缺陷或其他皮肤病者。

乙型肝炎疫苗：宝宝发热，患急性或慢性严重疾病，对酵母成分过敏。

脊髓灰质炎疫苗：宝宝正在发烧、患急性传染病、免疫缺陷症、接受免疫抑制剂治疗时。

百白破疫苗：有癫痫、神经系统疾病及惊厥者禁用。

麻疹疫苗：患严重疾病、急性或慢性感染、发热、有鸡蛋过敏史者。

免疫系统促进

详见日常护理中的免疫章节内容。

温馨提示

疫苗分为计划内疫苗和计划外疫苗，它们的差别是什么？家长应该如何针对性地选择计划外疫苗？

计划内疫苗又叫一类疫苗，所有新生儿都能按照计划程序免费接种。计划外疫苗又叫二类疫苗，指一些自费型的疫苗。在选择疫苗的时候，如果宝宝非常健康，两类疫苗都可以选用，但是体质较弱甚至是存在先天免疫缺陷的宝宝，建议选择预防同种疾病的计划外疫苗，因为它的适用人群更广，对宝宝来说更安全。

肺炎疫苗如何选择？打了肺炎疫苗能有效预防哪些肺炎？

肺炎疫苗现在在国内只有两种，一种是7价肺炎疫苗，适合2岁以下的孩子，只能预防7种细菌感染后所致肺炎。另一种是23价肺炎疫苗，能保护2岁以上的孩子远离23种不同血清型的肺炎球菌感染后所致的肺炎。肺炎的预防，家长可以根据孩子的健康状况以及家庭的经济能力自行选择疫苗进行接种。

若孩子因为生病原因而无法按时间去接种，那么补种的效果会有不同吗？

因孩子生病使接种间隔时间不应超过60天。由于疫苗的疗效会随着补种天数的延长而减弱，因此在补种的时候应询问医生疫苗的剂量。

爸爸告诉妈妈，他发现了一个怪现象——小枣是用肚子在呼吸。

爸爸的意思是，睡熟了的小枣，不是胸部一扩一收，而是肚皮一起一落。

其实这本来就是婴幼儿惯用的呼吸方式。妈妈早就见怪不怪了，陪着小枣睡了一年多，是白睡的吗？不过爸爸这份细心好学，妈妈还是大力表扬了一下，并且盛情邀请他晚上一起观察小枣睡觉的其他特征和规律。

小枣很快就睡着了。

爸爸先来了一通小枣的睡姿像熟睡的缪斯之类赞美，然后突然发现了新大陆，压低声音嚷嚷：“他怎么张着嘴睡觉？长期张嘴呼吸不但休息不好，睡眠质量下降，还会造成大脑缺氧，影响智力呢。严重的还会造成上颌向前突，甚至脸都会变形！”“很长期吗？很严重吗？”妈妈白他一眼，“孩子鼻子堵了就自然会张嘴呼吸啦！难道憋死吗？”

妈妈建议爸爸一起来数一数小枣的呼吸，看看是每分钟多少下。“1、2、3、4……44、45，时间到！”妈妈数够一分钟，回头看爸爸。

哼哼，刚才还对着儿子赞叹不已、陶醉不停的缪斯他爸，原来已经睡着了。

呼吸系统的功能是呼吸，也就是吸入氧气，排出二氧化碳。呼吸系统由呼吸道和肺所构成。呼吸道是气体进出的通道，肺是气体交换的场所。

（一）鼻腔

鼻子是呼吸道的开端，也是嗅觉器官。

保育方法

如何正确地给宝宝擦鼻涕？

用手指压住儿童一侧鼻孔，用力向外出气，另一侧鼻孔的鼻涕便会擤出来，用同样的方法再擤另外一侧。

小贴士

不要用两个手指捏住儿童两侧鼻孔，让儿童用力将鼻涕擤出，这种方法是错误的。

宝宝鼻子进了异物怎么办？

宝宝可能会将果核、豆子、纽扣或玩具附件放入鼻腔内造成鼻腔异物，或者是一些动物性异物如小昆虫进入小宝宝的鼻子，都会引起除出鼻血外的鼻内瘙痒感，同时引起喷嚏或咳嗽。异物长期存留会刺激鼻腔，使鼻腔常有大量分泌物，此时应由医生给宝宝实施麻醉后再用鼻钳取出。较大异物进入时,应立即送医院急救。

鼻子最容易出血的地方在哪里？

在鼻中隔的前下方，鼻黏膜柔嫩，血管紧密，表浅。

孩子鼻子出血怎么办？

安慰婴幼儿不要紧张，让婴幼儿安静坐下，用口呼吸，头略向前低，防止血液逆流进入口腔咽喉，并捏住鼻翼10分钟，然后用湿毛巾冷敷鼻部和前额。若不能止血，可用纱布卷、消毒药棉等塞鼻。止血后短时间内不可用力揉搓鼻腔，不可捏鼻，也不能剧烈运动，避免再出血。如无法止血或经常出血，应去医院检查治疗。

应避免的坏习惯：

（1）不要养成在脸上和鼻孔乱抠的习惯。

（2）面部、口、鼻周围的皮肤血管都很丰富，静脉与颅内静脉相通。面部长疖子一定不能挤压，以免细菌进入静脉，进入颅内，引起感染，危害生命。

张口呼吸的危害有哪些：

（1）影响婴幼儿的睡眠和进食。

（2）易给病菌造成入侵的条件，易引起鼻炎、扁桃体炎、喉炎等。

（3）长时间用口呼吸，会引起上唇翘起，开唇露齿。

（4）因呼吸浅，肺部扩张不全，可致“漏斗胸”。

（5）吃饭时忙于喘气，则不加咀嚼，日久会消化不良，易患贫血。

（6）造成氧气和营养供应不足，身心发育均受影响。

（二）咽

咽是呼吸系统和消化系统的共同通道。

保育方法

（1）吃饭时不要讲话。

（2）不要在吃饭时批评孩子，要营造温馨的吃饭气氛。

（3）淋巴组织丰富，易患扁桃体炎。要多观察，勤喝水。

小贴士

妈妈们应该时刻关注新生儿的呼吸状况，当婴幼儿呼吸过快或过慢都是不正常现象，应该去正规医院检查。

婴幼儿正常呼吸次数是多少？

新生儿正常呼吸次数为40～45次/分，如每分钟呼吸次数多于或等于60次，即新生儿呼吸增快，这个时候爸爸妈妈应该要再数一次呼吸，如每分钟呼吸次数还是大于或等于60次，即为呼吸增快。

婴幼儿的呼吸类型

婴幼儿的呼吸有两种类型：

（1）胸式呼吸。呼吸时表现为胸廓起伏的称胸式呼吸。

（2）腹式呼吸。呼吸时表现为腹部起伏的称腹式呼吸。成人以胸式呼吸为主，婴幼儿呈现腹式呼吸。

如何培养宝宝良好呼吸系统的卫生习惯？

（1）养成用鼻子呼吸的习惯，充分发挥鼻腔的保护作用。若宝宝白天张口呼吸，睡眠时打鼾，可能是由于鼻咽喉壁的增殖腺肥大所致，应去医院诊治。

（2）教育宝宝不要挖鼻孔，以防鼻腔感染或引起鼻出血 。

（3）教育宝宝咳嗽、打喷嚏时，不要面对他人，并用手捂住口鼻。

（4）教给宝宝正确的擤鼻涕的方法，防止鼻咽部炎症侵入眼睛和中耳。（按住一边擤完，再擤另一边。）

（5）不要让宝宝蒙头睡眠，以保证吸入新鲜空气。

（6）保持室内空气新鲜。不要让宝宝待在有烟的地方，在家里如果有人抽烟时，应该避开宝宝。

（7）科学组织宝宝进行体育锻炼和户外活动。经常参加体育锻炼和户外活动，可以加强呼吸肌的力量，促进胸廓和肺的正常发育，增加肺活量。户外活动还能提高呼吸系统对疾病的抵抗力，预防呼吸道感染。

（8）严防呼吸道异物。培养宝宝安静进餐的习惯，不要让宝宝玩玻璃球、硬币、扣子、豆类等小东西。教育他们不要把这些小物放入鼻孔，不要让他们玩塑料袋，以防套在头上。

（9）吃喝时不说笑，预防气管异物。

注意：保护幼儿的声带，如不唱成人歌曲，保持空气清洁和湿润，不大声喊叫等。

第二章 1～2岁婴儿生长发育与促进

第一节

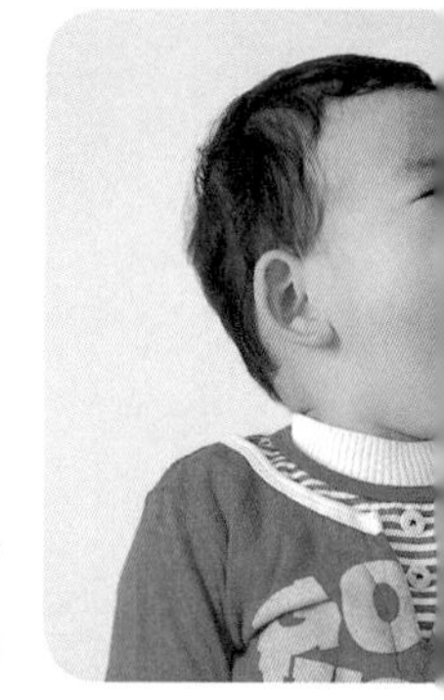

感官功能的发展与促进

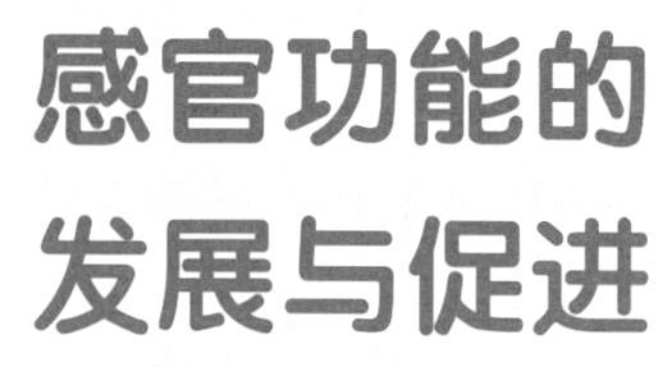

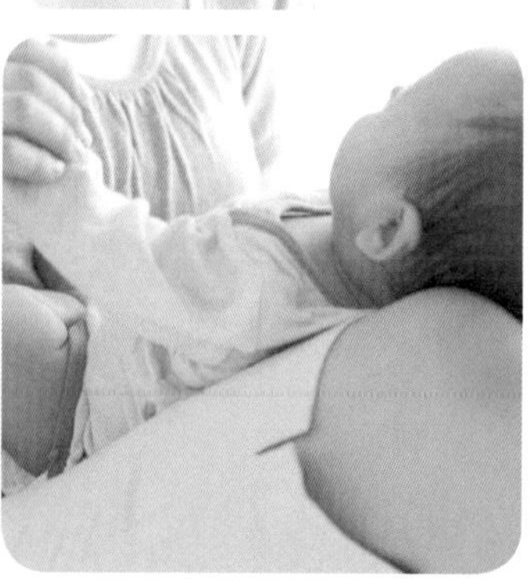

一 视觉

妈妈换了一台新手机。她知道小枣太小，不可以把手机给他玩。不过手机里有一个“颜色闯关”的游戏，她想试试小枣认识多少种颜色。

“这条小船是什么颜色？”妈妈问小枣。小枣不回答，只一个劲伸手去抢手机。

“别抢。让妈妈拿着，你光看就行了。这只羊是什么颜色？”小枣继续不回答，继续伸手抢，嘴里还喊叫着。“给！给！”

妈妈开始后悔让他看到手机了。爸爸赶紧过来抱起小枣，扭头对妈妈说：“不用问了，都是蓝色！”

妈妈有点理亏地低下头。她知道爸爸的意思：手机屏幕上的任何颜色，都是通过蓝光呈现的；这也是他一直反对孩子过早接触手机、电视、平板电脑的原因。蓝光对孩子到底有没有害处、有多大害处，网上有很多不同的声音，有人说有害，也有人说不构成太大伤害。可是按爸爸的话说，在这个问题上，应该做到“宁信有，莫信无”。

“小枣，番茄是什么颜色？”“这条青瓜呢？”父子俩在厨房里继续刚才的游戏。蓝光有没有害？我们可以不管它了；最起码厨房里的这番茄和青瓜上，一定不会有蓝光。

视力健康的维护需要从小培养良好的用眼习惯，并补充必要的营养素，否则很容易形成近视、远视、弱视、斜视等眼部疾病，下面来看看哪些食物有利于宝宝的视力发展，以及如何在日常生活中培养宝宝良好的用眼习惯。

补充利于视力发展的食物

宝宝未添加辅食的时候，可以摄入一定量的鱼肝油，里面富含维生素A，有利于宝宝的视力发展。

宝宝添加辅食后就可以根据实际情况添加一些动物性的食物如动物肝脏、深海鱼，植物性的食物如粗粮类，包括玉米、燕麦，以及坚果类的种子类食物，还有胡萝卜、白菜、豆芽、豆腐、红枣、橘子等，以上植物性的食物可以每天摄入，但是动物性的食物就以每周三次为宜。具体的食用方法可参照喂养篇。

养成良好的用眼习惯

宝宝良好的用眼习惯需要爸爸妈妈的督促与监督，发现不好的习惯立即予以纠正。

（1）尽量不要让宝宝看电视或液晶屏幕，这些屏幕上的亮点对宝宝的眼睛刺激太大，天气好时，可以多带宝宝到室外接触大自然，看看绿色的树和色彩鲜艳的花朵。

（2）带宝宝外出时，如果阳光过大，为了避免强烈的紫外线直射宝宝的眼睛造成伤害，记得把推车的斗篷拉上。

及时发现宝宝的视 力异常

通常情况下，宝宝视力正常，眼睛不痛、不红、不痒，能辨别颜色，在黑暗中能自由行动，是眼睛健康的表现。

眼睛有形觉、色觉、光觉和对比觉四大功能，只要缺一项就属于视力障碍。

具体来说，小宝宝对亮光、鲜艳的色彩会引起注意，用色泽鲜艳的东西逗引，宝宝的眼珠会随之灵活转动。如果双眼固定，不能跟着物体转动，或者双眼不能同时转动，或转动范围大小不一致，可能宝宝眼睛形觉功能有障碍。

宝宝到了2～3岁，可以教其分辨颜色了。色觉功能健康的宝宝能说出或取出简单的带颜色的物体，如红色、绿色、黄色。如果宝宝对颜色不感兴趣，或者看出去都是固定、统一的色调，有可能是色弱或者色盲。

宝宝在晚上或者较黑暗的环境中独自行走，如行动自如，则正常；若东碰西撞，常常跌倒，则可能光觉功能有障碍。

另外，从外观上看，宝宝眼睛不红、清亮，左右眼珠对称，瞳仁呈黑色，则基本健康。反之，眼泪多，可能是先天性泪道阻塞；眼屎多，说明眼睛有发炎症；瞳仁发白，则可能是白内障，多见于早产儿。若当宝宝盯住某物时，眼球震颤，说明宝宝有可能视力差，家长应注意，并带其到专业的医院就诊。

同时，家长要经常留心观察，发现宝宝视力和动作的一些异常现象。例如，宝宝看东西、写字、看书、看电视都歪着头；或者看东西喜欢拿到眼前，两眼眯成一条缝；对于掉在地上的东西，看不见、拾不着；看东西头常摆动；或者是看东西变形及眼斜、走路不稳等。

对于超过3岁的宝宝可以用视力表检查，3岁以前的宝宝可以用形象视力表查知；对于1岁左右的宝宝检查应耐心，可以用各种各样的玩具或食品。例如乒乓球、水果、糖豆等分别放在5米距离，让宝宝去辨认或者用手去拿，进行两眼对比检查。

多和宝宝做视觉游戏

亲子视觉认知游戏1：这是什么颜色？

适合年龄：

12～18个月的宝宝。

游戏作用：

可提高宝宝的语言理解能力、语言表达能力，帮助其建立颜色概念。

所需道具：红、黄、蓝、绿等颜色的卡片或者积木。

游戏步骤：

（1）妈妈让宝宝认识卡片（积木）的颜色："今天，我们来认识颜色，红色、黄色。"

（2）妈妈将准备好的各种颜色卡片（积木）藏在身后。

（3）妈妈任意取出一片卡片（积木），让宝宝说出其颜色。或者，妈妈说出颜色的名称，让宝宝在其中找出相应颜色的卡片（积木），并交给妈妈。

小贴士

（1）家里用完的面巾纸盒、鞋盒、大饼干盒、月饼盒都可以充当游戏中的纸盒。如果家里没有卡片、积木，可以用各种颜色的色纸、糖果纸、从各种广告宣传纸上剪下相应颜色的纸片、或直接用色笔在纸上涂出各种颜色的色块，剪成相应大小即可。

（2）游戏中多鼓励。如果宝宝可以正确地回答，你要立即表扬他："对了，宝宝真棒！”如果宝宝回答不出来，你就主动说出颜色：“这是红色的”，并鼓励他跟你学着说“红色”。

（3）需要重复进行。只有通过不断地重复游戏，宝宝才能把颜色和名称做相关性的连结。所以妈妈千万不要操之过急，不要因为宝宝表现得不好而责骂宝宝。

（4）刚开始玩游戏时，可以从两种颜色开始，然后适当增加难度，逐渐由两种颜色增加到四种颜色。另外，让宝宝认知颜色时，最好以红、黄、蓝、绿这四种基本颜色为主。

温馨提示

在游戏中，你也可以用仿真水果或水果玩具来替代。游戏过程中的注意事项同上一个游戏。

亲子视觉认知游戏2：认识各种颜色的水果

适合年龄：12～18个月的宝宝。

游戏作用：可提高宝宝的语言理解能力、语言表达能力，帮助其建立颜色概念。

所需道具：三种颜色的水果和盘子（如红色的苹果、草莓；黄色的香蕉、梨；绿色的西瓜、提子等）。

游戏步骤：

（1）引导宝宝在桌边坐下。取出不同的水果，分别让宝宝说出水果的颜色和名称。

（2）引导宝宝把水果按颜色分类，放入相应颜色的盘子中。

前几天带着小枣在楼下玩，妈妈看到几个五六岁的孩子在比赛背诗：“春眠不觉晓，处处闻啼鸟。夜来风雨声，花落知多少。”她觉得有趣，就拍了下来。现在正好有空，她轻轻按下“播放”键。

一抬头，小枣进来了。妈妈吓了一跳，赶紧把手机藏到屁股下面。

小枣没看到手机，就一脸困惑地看着妈妈，想找出那些背诗的声音从哪里传出来。

妈妈不敢动，怕他发现了又要抢手机，于是母子俩你看我，我看你。

孩子们背诗的声音还在继续播放，突然，小枣扔掉木槌，双手高高举起，随着诗歌的韵律，跳起了舞来——他所谓的舞姿不过是：到了“不觉晓”的“晓”字，就举一举手、翻一翻手腕；到了“闻啼鸟”的“鸟”字，就再举举手、再翻翻手腕。

动作虽然简单，但妈妈还是很愕然：那天那几个大孩子，确实是这样跳的。可是小枣不过看了一会儿，怎么就记住了呢?

原来小枣听到的、看到的，都已入了脑、入了心；而且凭借听觉的记忆，他已经能成功将音乐和动作整合在一起，驾轻就熟。

宝宝这个时候的听力已经逐渐发育成熟，慢慢接近成人的听力。此时语言能力发展也较快，应该注重宝宝音乐智能的培养，可同时促进听觉发育和身心发育。

19个月

用鼓敲节拍

(1)父母齐唱《小兔子乖乖》，一边唱一边拍手。

(2)给宝宝小鼓和两根小棍。

(3)看宝宝敲得是否合拍。

(4)父母可以记录宝宝能准确地自己主动打节拍的月龄，以估量宝宝的音乐能力。

跺脚摇动身体

当宝宝听到自己喜欢的乐曲时，会用跺脚和摇动身体的方式来表示高兴。平时可以多给宝宝听不同类型的音乐，通过宝宝的表现来判断宝宝喜欢的乐曲。

20个月

哼1～2句歌词

当宝宝听到电视上或录音中的歌曲时，能够哼出1～2句，且有表情和动作。这都表明宝宝具有良好的音乐记忆力，因此可以让宝宝多听，以强化这一能力。

为音乐配图

放不同的音乐给宝宝听，同时给宝宝看相应的图片，如舞曲——跳舞的图片；《摇篮曲》——妈妈哄宝宝睡觉的图片；《我是一个粉刷匠》——刷房子图片；《一分钱》——小朋友和警察叔叔的图片。

21个月

自己唱歌

这个阶段的宝宝会唱几句或者全首自己喜欢的歌曲。如果爸爸妈妈把宝宝哼唱的声音收录起来，再放给宝宝听，宝宝会十分高兴地重复哼唱。所以要不断地鼓励宝宝多听多唱。

敲打乐器

宝宝是天生的打击乐高手，喜欢把能拿在手里的东西都敲出声音，敲打乐器更是百玩不厌的游戏。可以充分利用家中的筷子、盘子、空罐头、空瓶子、空盒子以及木琴玩具等作为敲击乐器，同时进行录音，给宝宝反复听。

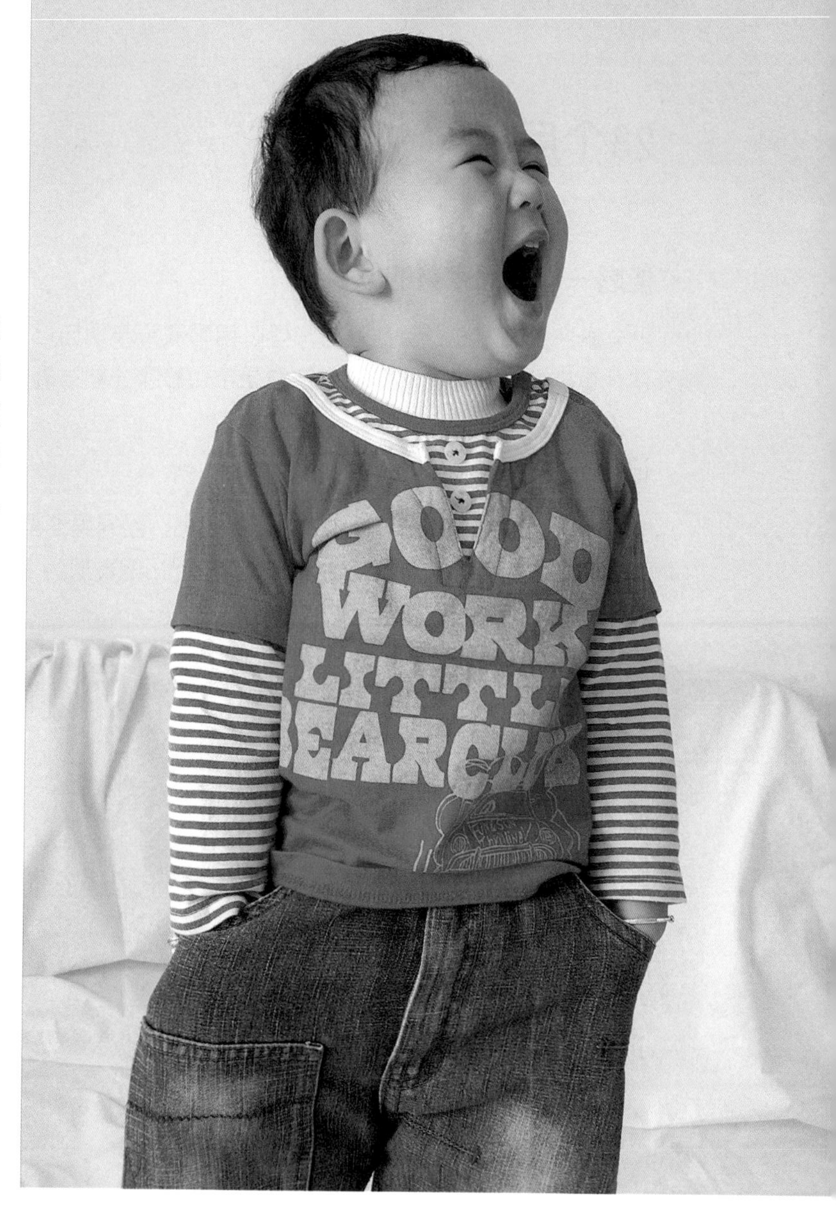

22个月

变换节拍的儿歌

宝宝们都喜欢背诵有固定节拍的儿歌，可以通过变换儿歌的节拍来观察宝宝对于不同音乐的听力适应状况。一般来说，适应得快的宝宝，音乐能力良好。

音乐欣赏

爸爸妈妈为宝宝播放一些世界名曲的录音。听录音前，可先为宝宝讲解乐曲的来历或让宝宝边听故事，边体会乐曲的意境和旋律。

23个月

能唱一首以上完整的歌

宝宝能把旋律唱准、节拍唱对，可以用唱歌来表现自己的音乐能力，让宝宝尝试唱其能力所及的儿童歌曲。但注意不要让宝宝勉强学用假嗓子唱太高的音，以免声带受损。

记得乐曲的名称

宝宝已能记住他喜欢听的乐曲的曲调和名称；当妈妈准备播放音乐时，宝宝会说出自己要听的曲子的名称。而且宝宝对各种曲风均有音乐记忆的表现。

24个月

听儿童音乐会

宝宝能听得懂短小的音乐，可以带宝宝参加由儿童表演的音乐会；还可以把音乐会的节目录下来，带回家让宝宝反复听，慢慢学。或者可以协助幼儿园安排音乐课互访，供宝宝欣赏和学习。

选出最好听的音乐

父母要经常让宝宝听音乐，哼出某一段音乐的旋律。但不同宝宝的欣赏水平差异很大，有喜欢世界名曲的，也有喜欢流行歌曲或一些简单儿歌的。实际上，宝宝能否受到好的音乐熏陶取决于父母。

如何对宝宝进行听觉训练？

（1）适当地训练孩子的听觉能力，对孩子以后的听觉敏锐性和感受能力有很好的促进作用。给孩子播放不同的音乐。弦乐转换成打击乐，器乐转换成声乐，男声转换成女声，注意观察孩子在转换时的表情变化。如果突然变得安静或不耐烦，说明他听出不同了。

（2）在一个纸盒子里放入适量黄豆，孩子醒着的时候，在其耳朵旁大约10厘米的地方轻轻晃动盒子，发出声响，看孩子会不会寻找发声源。

（3）在训练的基础上还要保护好孩子的原有听力，不要在孩子附近发出太大的响声，如鞭炮爆炸声，防止突然的爆炸声损害孩子听力。

（4）尽量不要给孩子掏耳朵，以免失手损伤耳膜。但可以经常帮他做耳部按摩，用揉搓、牵拉的方式按摩耳垂、耳廓，也能增强耳膜的弹性，增进听力。

又是一个周末。爸爸不用上班，决定带小枣去玩沙。

小区里有一个沙池，专门给孩子们嬉戏的，里面有秋千、有攀爬架。不过这些对小枣来说都太超前了，爸爸想，他恐怕只能在沙池里面走几步、转两圈。

可是爸爸想错了，小枣根本不肯下地。爸爸抱着他，他就紧紧抓着爸爸的衣服；爸爸弯腰放他下地，他就把两只小脚往回缩，好像飞机收起它的起落架。

小枣害怕是有道理的。沙子是一种多么奇怪的东西！那么多，又那么少；那么硬，又那么软。它们会咬我的脚趾吗？小枣很担忧。

爸爸想了个办法。他找了一块阴凉地，自己坐在沙地上，然后让小枣坐在自己的腿上，脱掉他的小鞋子，但不让他直接踩到沙子。然后，爸爸抓起一把沙，轻轻撒在小枣的小脚背上；又捧起一把沙，轻轻帮小枣“洗脚”……

“一步两步，一步两步……摩擦摩擦，摩擦摩擦。”接下来的画面让人想起庞麦郎这首“神曲”。沙砾的摩擦给小枣带来的体验看来很愉快，他相信自己不会被咬，开始在沙池中跑来跑去，乐不可支；一颗晶莹的汗珠越来越大，正从他鼻翼上渗出，但他已顾不上擦。

1岁以后，宝宝从爬行阶段进入了蹒跚学步的年龄，这是个很了不起的进步！伴随着宝宝活动范围的扩大，他们的好奇心也越来越大了，对周围很多事物都充满了探索的需求，这个时候家长可能要花更多的时间和精力来照顾宝宝了。

如前所述，宝宝的皮肤觉出生时已发育分化良好，当宝宝1～2岁时可根据其发育特点安排适当的游戏，使宝宝皮肤觉及各种感觉进一步统合，促进宝宝更全面健康的发展。

对宝宝的教育不仅要言传，更要身教

宝宝对这个世界的学习是通过身体感知去认识周围事物的，因而家长在进行早教时不宜停留在言传的层面，而更应该通过身教来感染宝宝，并且给充分的机会让宝宝自己去探索各种事物，使其身体活动与大脑运动相互结合。

从日常生活中的活动出发

日常生活的活动是让孩子学习的大好机会，因而在养育孩子时只要家长细心观察、用心体验，肯定能在很平常的活动中找到与孩子一起学习的机会。活动设计可根据宝宝的具体情况和家庭条件灵活处理，但重点是让宝宝自己去感知体验。 如要教宝宝有关大小、软硬、冷热等概念时可充分利用身边的事物进行。

1. 大小苹果对对碰

带宝宝去逛超市买水果时，可以给宝宝指出哪些是大苹果，哪些是小苹果，然后让宝宝闭上眼睛用手去感受两个大小不一的苹果，让其对大小的概念有一个感官的认识。

2. 软硬圆球是哪个

给宝宝同一形状、大小的铁球、木球、皮球，让其感受球的不同材质。然后尝试给宝宝示范对不同材质的圆球进行分类，这时可以坐在宝宝面前，拿着一个球告诉宝宝“这是铁球……”放在他面前让他去把弄一会儿。最后可让宝宝把圆球分类，先通过视觉辨认，再通过触觉辨别。

3. 冷热感觉哪个妙

在给宝宝准备洗澡水时，可以让宝宝一起参与调整水温。为避免冷热交替，洗澡前先关好门

窗，尽量不要有对流风。洗澡水初始水温可为45℃，把着宝宝的手轻轻碰一下并且说“洗澡水太热了，我们要加点冷水”，调好水温后可以让宝宝比较前后水温的区别。

融入自然，培养宝宝感觉统合能力

这时的小孩子对外界充满了好奇，自然里的任何事物都可能激起他们极大的兴趣。家长看到孩子在玩沙子或泥巴时，不要一味嫌脏，其实这过程不但刺激了他们的皮肤感觉，也能激发他们丰富的想象力。单粒的沙和整把的沙触觉感受是不一样的，干湿不同的沙子或泥巴给皮肤的感觉也是不一样的，这对孩子的皮肤感觉体验是一件奇妙的事情。

沙池玩够了，小枣又去草地上进行一轮疯踩。小枣的新鞋子，已经被染上了草绿和沙黄。

该回去吃饭了，他跟在爸爸屁股后面摇摇摆摆地回家，像只小鸭子。

进了门，爸爸要他自己脱掉新鞋并把鞋子放到鞋架上，小枣认真地一一执行。爸爸放心地走开喝水，结果一转身，糟了——

小枣站在鞋架前，正伸出小胖舌头，试探地舔着那双新鞋的鞋底。小鼻子还皱着，好像在判断：好吃吗？不好吃吗？好吃吗？不好吃吗？

妈妈看见吓坏了，赶紧扑过来准备制止；爸爸急了，在她扑过来之前先制止了她。“别凶！第一，这是在探索，不该骂；第二，要说错也是我错，我该把鞋子收好，不让他有机会舔到；第三，鞋子上面顶多有些草汁，并没有多么脏。”

爸爸一口气说了三大点，搞得妈妈嘴张得老大，却不知道说什么好，最后只悻悻地抱起小枣去冲凉了。

爸爸四顾无人，自己拿起那只小鞋子，认真地舔了一口——

没错，他的判断是准确的：不过是些沙土和青草，味道还蛮不错哦。

在此阶段可通过游戏帮助宝宝训练味觉并且认识事物。味觉的促进可以使用“寻找糖宝宝”的小游戏，而嗅觉的促进可以使用“分辨气味瓶”的游戏。

1. 寻找糖宝宝

步骤一：

准备好糖开水、盐开水和白开水三杯外形一模一样的水，分别标记上1、2、3号。

步骤二：

拿一根筷子，蘸一点液体给宝宝品尝。若尝到白开水，就问宝宝“是什么味道啊？”然后，告诉宝宝说“这是没有味道的。那么需要继续寻找糖宝宝”。

换一根筷子，指导宝宝尝下一杯水。尝到盐开水，则告诉宝宝“这杯水是咸的”，直至最后寻找到糖开水。通过并且将所有的水都品尝一遍，帮助宝宝认识这三种味道。

步骤三：

游戏结束以后，教宝宝把筷子、杯子放好，养成良好的习惯。

2. 分辨气味瓶

步骤一：

寻找五个塑料瓶子，或者其他口比较小的瓶子，里面分别装进白醋、白酒、植物油、酱油、醋五种液体。妈妈最好自己闻一闻，液体的浓度需要能够分辨气味。另准备令人愉悦的香味的香袋若干个，或者带有清香的花瓣等物品。

步骤二：

随机选取一个瓶子，打开瓶盖给宝宝闻闻气味，观察宝宝的表情。宝宝如果闻到自己不喜欢的味道，可能会皱眉或者出现回避的行为。

步骤三：

取出香袋或者花瓣，试着给宝宝闻闻，观察宝宝的表情。宝宝如果喜欢带香味的东西，可能会微笑，或出现伸手去取的行为。此刻可以教宝宝说：“香香”，宝宝会知道那个东西带有令人愉快的气味并学着妈妈说话。

小提示

（1）宝宝的嗅觉和味觉在此阶段已经非常灵敏，但是需要妈妈提供尽可能丰富的味道的物品和丰富的食物供宝宝食用。

（2）带宝宝去大自然，闻闻海风、泥土等味道。

（3）切忌给宝宝过咸、过于甜的饮食。

（4）选用安全，不刺激的洗衣材料和玩具等。

小枣最近爱上了一种玩法：先向爸爸跑两步，然后猛地转身向妈妈跑去。

为了保持平衡，跑动中他的两只小胖胳膊会一直半高地抬起，像个木偶似的，笨拙而可爱。

有时候转弯转得太急了，也会趔趄几步，就像赛道上的赛车有半边轮子高高离地，但又重重落下。他不会真正摔倒，摔倒了也不会真的疼。毕竟他的身高没有多高，由于落差不够大，所以孩子的摔倒，并没有大人那么严重。

不知道喊声是不是也能有助于平衡？他边跑还会边大喊、大叫、大笑，就算不能助平衡，起码也能助助威风——比起以前连爬几步都会跑偏的岁月，如今的疯跑，难道还不算成功？

宝宝 1 ~ 2 岁的时候，在学习翻身、坐、爬、走路、跳跃和跑动的过程中，他的平衡感会被训练得越来越好。但是刚开始学会走路的时候，平衡力还不是很好，有些小游戏家长可以用来进行亲子互动，一方面可以帮助提高宝宝的平衡能力；另一方面可以促进亲子间感情交流。

骑大马

骑大马可以加强宝宝平衡能力，家长四肢着地做马状，宝宝将脚跨在“马背”上，家长等宝宝准备好后，向前爬行，改变速度，做多次后，家长可以晃动身体和转圈来提升宝宝的平衡能力，但要防止宝宝摔伤。

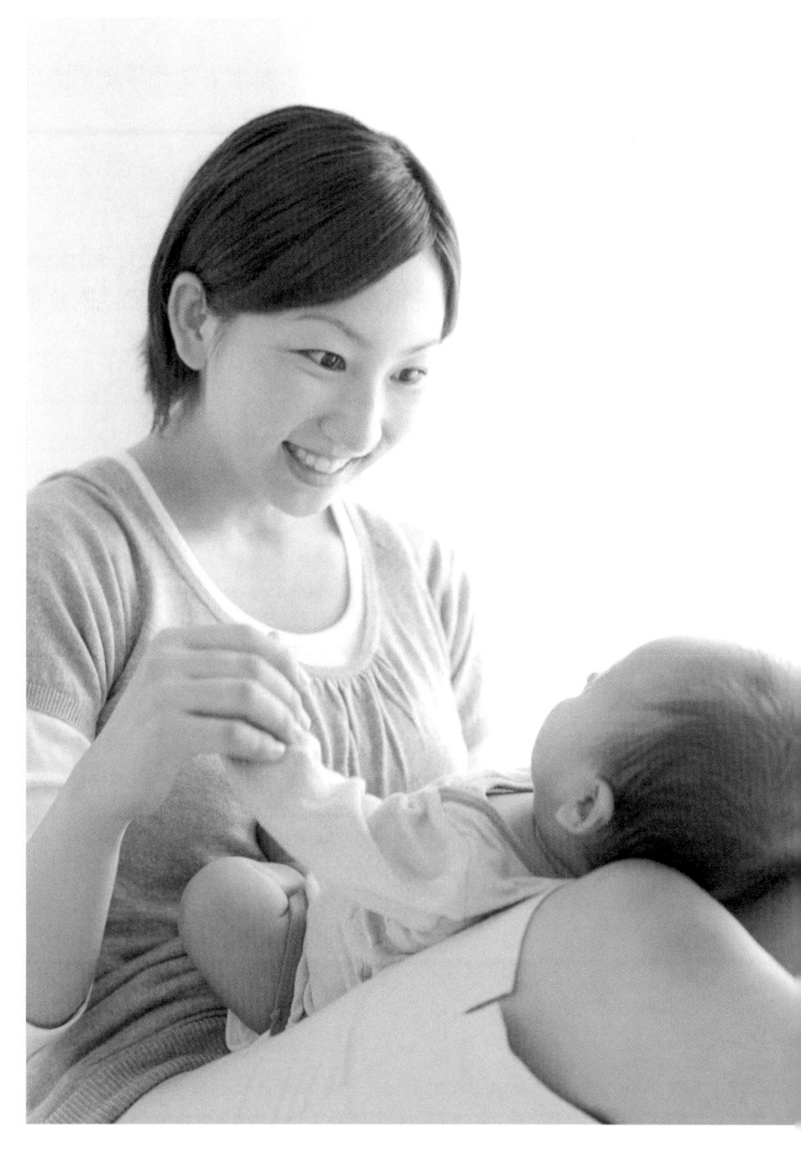

不倒翁

“不倒翁”游戏能够促进宝宝的平衡能力发展，还可以让宝宝体验亲子游戏的快乐。

具体做法是：让宝宝坐在妈妈分开的、两脚相对的腿间，妈妈双手握住他的双脚，边唱边左右摇晃，最后身体后倒让宝宝身体翻转90度坐起。

趴球保持平衡

这个游戏可以加强宝宝的平衡及协调能力。

让宝宝趴在球上，有需要的话，家长可以扶住宝宝臀部或下躯干，接着慢慢将球偏向一侧，等待宝宝自己调整身体。

这个时期还可以引导宝宝走直线、走曲线、上坡路和绕障碍，学习转弯和止步，多方面锻炼宝宝的平衡感。

绳子平衡

将跳绳或晾衣绳放在地上，让宝宝在绳子上走，保证不掉下来。如果宝宝还不能独立完成，家长可以牵着宝宝的手帮助他，等到可以控制好的时候让宝宝撑把小伞再走在上面，提高难度。

绕障碍走

玩这个游戏时，由于行走的方向不断变化，宝宝要学会不断找回失去的身体平衡，对于宝宝来说，这比走直线要难。这个游戏可以促进眼脚协调，帮助宝宝掌握好平衡。家长可以先牵着宝宝的手走，等宝宝掌握技巧后，就可以让他自己走，但要在他身边保护着，等他喜欢上这个游戏可以加大难度。

宝宝18～24个月时，得进一步发展协调和平衡能力，可以让宝宝多上下台阶，蹦蹦跳跳，多练习抛球、踢球和拉车行走。

抛球、踢球、拍球

给宝宝一个玩的小球，教他举手过肩用力将球抛出去，反复练习，可以锻炼宝宝的平衡和动作协调能力。另外，拍球和踢球不仅可以锻炼宝宝的平衡能力，还可以锻炼宝宝的手眼协调能力等。

走平衡木

这是一个关于平衡感的综合训练，它在训练大脑控制身体的平衡方面很有效。可以拉着宝宝的一只手，让他在15厘米宽的木板上走，渐渐放手让他自己走。

翻跟斗

翻跟斗不仅可以刺激宝宝的皮肤感觉，还可以刺激宝宝平衡能力的发展，多数宝宝很喜欢这个游戏。

翻跟斗要慢慢来，宝宝动作不应过快、过急，以免扭伤手脚，家长牵拉宝宝时要注意力度，一次循环的次数不要过多，2～3个就好，且饭后不宜运动。

第二节

运动能力的发展与促进

除了跑步转弯时不稳，小枣还有个特点：跑起来就收不住。

门铃响了，爸爸回来了。小枣就会不管不顾地跑过去。

“慢点，慢点！”爸爸一边喊，一边半蹲下来，准备迎接他。

噔噔噔，噔噔噔。小枣一点也慢不下来，直到扑进爸爸的怀里，迸发出一阵大笑。

爸爸想，这就是这个年龄段的特点吧，腿部肌肉成熟了，能跑了；但又没有完全成熟，所以无法收放自如。

小枣想，才不是呢！既然前方是爸爸妈妈的怀抱，我为什么要停下来?

既然我本来就是一颗幸福的炸弹，那我就一定要炸得你们幸福满怀。

宝宝行走篇

行走，对于宝宝的运动发育来说又是重要的一个里程碑；此时宝宝的主动活动范围在爬行范围基础上有了进一步的增加，能够扩大认知视野，促进四肢、手眼协调能力的增强，有利于宝宝的大脑发育。

前面我们说到宝宝在10~11月龄开始会借助扶椅或推车可以走几步，到12月龄时已经可以独自走几步。而在1岁以后，宝宝的行走能力继续发展并逐渐成熟，至15月龄时已经可以独自走得很稳，但还不会停步；18月龄时可以拉着玩具车走，且可以扶着扶手上楼梯。那为了能够让宝宝顺利地发展行走能力，家长应该注意些什么呢？

1. 光脚走路好处多

宝宝在刚开始学习行走的阶段，光脚情况下可以让宝宝的脚掌直接感觉地面的硬度、软度及斜度，增强各种感觉功能的刺激，并从中学会让脚趾互相配合，促进活动的灵敏度和平衡能力的增加。但前提是要保证地面的平整、光滑，避免使宝宝的脚底受到损伤；在冬天或者去室外的话，还是要给宝宝穿上鞋袜。

2. 学步时鞋子的选择

鞋子大小要合适，宽度应比脚宽一指的距离；鞋面要柔软透气，布面或软牛皮、羊皮面料较好；鞋底厚度要适宜，柔韧度要适中，最好是鞋子前1/3可以弯曲，后2/3则保持固定，鞋后跟略高；尽量选择有带扣或绑带的鞋子。并建议3个月更换一次鞋子。

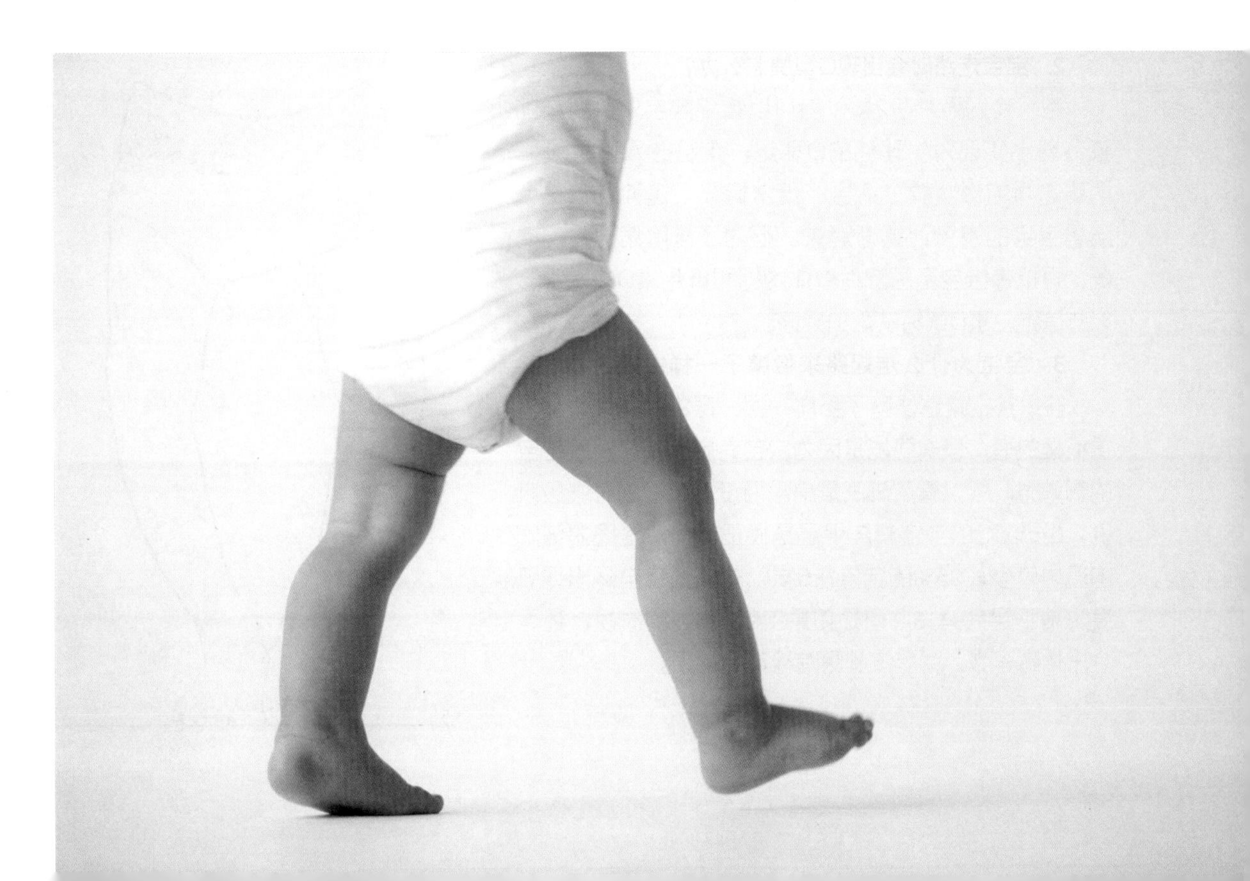

3. 安全环境的保证

为了防止宝宝摔伤，可以在宝宝活动的地方铺上塑料垫，把家具的棱角用海绵或其他软性材料包裹起来；另外平时要注意把玻璃杯、花瓶等易碎品，剪刀等锐器以及药物等危险品放在宝宝无法接触的地方；并避免在容易拉下的桌布上放置重物。还要注意不让宝宝进入厨房或独立走出阳台等比较危险的家庭场所。

4. 巧用手推玩具

为了帮助宝宝更好地学会行走，可以为宝宝准备各种手推玩具，不仅可以减轻宝宝学步的恐惧，还可以增加学步的乐趣。

5. 家长的鼓励和陪伴

宝宝在开始学走时难免会害怕、不敢迈步，而我们的鼓励和陪伴对宝宝来说就显得尤其重要了。建议可以一个人在宝宝身后陪伴，另一个人在前面微笑地说话、拍掌或张开双臂等鼓励宝宝往前走；当宝宝走到目的地时，要及时给予语言、拥抱或亲吻等鼓励。另外，还要注意当宝宝摔倒时不要表现得过分紧张、担忧，避免加剧宝宝对行走的恐惧。

一问一答

1. 宝宝已经一周岁了，可是还不会自己走路，甚至还不会扶着东西走，怎么办?

答：每个宝宝开始学走的时间并不一致，学走路没有所谓的最适当时机，而是要根据自身的身体发育情况而定。一般来说，宝宝在11～14个月时开始学走路，但只要宝宝在18个月以前可以独立行走都是正常的。如果超过18个月还是不会行走的话，则建议带宝宝到专科医院进行检查。

2. 宝宝走路时会出现O型腿怎么办?

答：我们通常在2岁以前可以看到宝宝两侧对称的膝外翻，变现为生理性的O型腿；走路时双腿叉开，两腿之间的形状像个括号；正常情况下这种现象是会随着宝宝的发育而逐渐消失。但为了排除病理性的情况，可以带宝宝至医院检查体内钙和维生素D的水平，以排除维生素D或钙缺乏的疑惑。

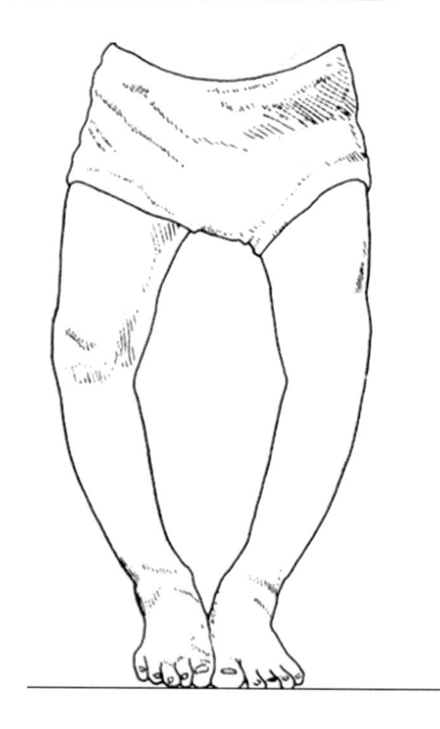

3. 宝宝为什么走起路来像鸭子一样左摇右摆?

答：宝宝走路像鸭子那样一摆一摆的，两条腿移动得很慢的话，很有可能是因为宝宝有扁平足。观察宝宝的脚掌时，可以看到脚底是扁平而没有弧度的。一般来说，6岁以前的宝宝有扁平足是很正常的，是因为脚底的肌肉较少；95%的宝宝在5岁以前脚底会自然出现弧度，扁平足会消失。但是如果宝宝在6岁的时候，还是会出现鸭子步，就应该到医院检查治疗了。

主被动竹竿操篇

竹竿操是一种借用竹竿来进行的幼儿体操，适用于12～18个月的宝宝。由于这个年龄段的宝宝自控能力比较差，所以需要在家长的带动下进行体操训练。一般对于不会走路或刚走还不稳的宝宝，主要是练习炼走、前进、后退、平衡、扶物过障碍等动作，培养幼儿走路稳和保护自身不受外伤的能力。对走路较稳，有一定主动活动能力的孩子，重点练习炼跑、攀登和跳跃等动作。

下面就给大家介绍一下竹竿操的八节基本动作：

第1节　双臂摆动

预备姿势：让宝宝站在两竹竿中间，两手握竿，两脚分开与肩同宽。

做操动作：第1节拍左手臂向前，右手臂向后；第2节拍动作相反。两臂随竹竿前后轮流摆动。

第2节　上肢运动

预备姿势：同第1节。

做操动作：第1节拍两臂侧平举；第2节拍两臂上举；第3节拍两臂平举；第4节拍两臂还原。

第3节　体侧运动

预备姿势：同第1节。

做操动作：第1节拍两臂侧平举；第2节拍左臂上举；身体向右侧屈曲；第3节拍两臂侧平举；第4节拍还原。第5～8节拍动作相反。

第4节　下蹲运动

预备姿势：同第1节。

做操动作：第1节拍两手握住竹竿侧平举；第2节拍轻轻下降竹竿，使宝宝扶着竹竿全蹲；第3、第4节拍站起还原。

第5节　前走后退运动

预备姿势：同第1节。

做操动作：第1～3节拍随竹竿牵引向前走3步；第4节拍两脚并拢；第5～7节拍随竹竿牵引向后退3步；第8节拍两脚并拢。注意退时要慢一些。

第6节　单臂上举运动

预备姿势：同第1节。

做操动作：第1节拍左手下垂扶竿，右臂随竹竿牵引上举；第2节拍还原；第3节拍右手下垂扶竿，左臂随竹竿牵引上举；第4节拍还原。

第7节　跳跃运动

预备姿势：同第1节。

做操动作：第1、第2节拍宝宝两手扶竿原地准备；第3、第4节拍成人把竹竿抬起放下，使宝宝两手握竿两脚离地跳跃两次。

第8节　划船运动

预备姿势：同第1节。

做操动作：第1、第2节拍随竹竿牵引两臂向前；第3、第4节拍两臂向后，做划船动作。

妈妈在阳台晾衣服，一不小心，装夹子的塑料打篮翻了，夹子撒了满地。

小枣欢呼着蹲下来，庆贺这新发现的宝物。

小枣以前也见过五颜六色的它们，经由妈妈的手指，在衣服上，在手帕上，在床单上，开出美丽的花骨朵。如今他捡起一个，努力模仿着妈妈的动作。

力气不够大，夹子张得不够大；

捏错了地方，夹子根本张不开；

位置没有捏准，啪的一声，夹子弹到了地上……

小枣小心地调整着力度和方向，最终，一朵夹子花在他自己胖嘟嘟的手指上绽放。

被夹着的指头有一点点小痛，不过花总算是开了；小枣举着手指，一边吹着气止痛，一边向全世界炫耀。

注意

1．笔的大小适合宝宝抓握。2．这年龄段的宝宝喜欢随便乱画，不要生硬地制止宝宝，多鼓励宝宝模仿画出一些笔画。3．学会拿勺子及杯子：多给机会让宝宝学会用勺子取食物放在嘴里；用杯子喝水也是一样，开始杯中可少放些水，叫宝宝自己端着往嘴里送，家长可适当地给予帮助，直到宝宝能自己完成。

提示：要保证喂饱宝宝，家长不要因为怕食物或水撒得满地，或怕弄脏（湿）衣服而不让宝宝学习。

13～15个月

训练内容：训练宝宝手指的灵活性和准确性，教宝宝学着做事。

训练方法：

（1）动手游戏：和宝宝玩多种动手游戏。如叠积木。

可先给宝宝做示范。告诉宝宝“我们来搭一个高楼”，然后让宝宝模仿做，以后让宝宝自己搭着玩，从搭两块开始，逐渐增加。

（2）自发涂画：鼓励宝宝自己拿笔涂画，可先教宝宝怎么拿笔。主要是先教会宝宝握住笔，笔尖向下画，使宝宝能够主动画出笔画。

16～18个月

训练内容：训练宝宝手指的灵巧性，锻炼宝宝自己动手能力，学会自我服务。

训练方法：

（1）看书、翻书：多给宝宝看图画书，在看书时让宝宝学会自己翻书，教宝宝灵巧地、一页一页地翻书，让宝宝找一些图画。

（2）锻炼宝宝戴帽、脱袜、脱鞋，家长可先给宝宝做示范后引导宝宝，再让宝宝自己独立完成。

注意：戴帽子时，家长可让宝宝在镜中看自己戴的效果，并不断纠正，直至他戴正帽子为止。

19～21个月

训练内容：训练宝宝的模仿能力和控制手的能力，锻炼宝宝的动手能力，学会自我服务。

训练方法：

（1）握笔活动：家长在让宝宝学画中教会他正确的握笔姿势，让她在纸上模仿画出一定的笔画。

注意：刚开始宝宝控制笔的能力还较差，还不能画出一定的图形，可先教宝宝画各种笔画。

（2）折纸活动：跟宝宝玩折纸的游戏时，家长可多次示范，让宝宝模仿。

注意：折纸不要折得太复杂，一般只折出横线、竖线、斜线即可。

（3）继续让宝宝练习使用勺子和杯子，达到熟练程度，会用勺子把碗里的食物吃干净。

注意：用勺子吃饭时要确保宝宝吃饱。给宝宝选择合适的杯子，不要太重。

22～24个月

训练内容：锻炼宝宝双手的灵活性，并进行一些有目的的操作。

训练方法：

（1）继续玩积木，家长可先示范，让宝宝搭起多块积木不倒下。

（2）玩珠子游戏：家长跟宝宝玩串珠子的游戏，教宝宝用带子把它一个一个串起来。当宝宝已经会用粗一点的麻线穿粗孔的大珠子后，可以提供细小的珠子和细线让宝宝玩。

注意：在宝宝玩的时候，一定要看紧宝宝，防止他将珠子误塞入鼻腔或口腔内。

（3）继续让宝宝做简单的事，培养宝宝独立生活自理能力，如自己吃饭、喝水。

注意：在这过程中，家长不要嫌弃宝宝笨，做得不好，一切由家长代劳，而是要创造机会让宝宝自己尝试着做，做不好时家长再给予帮助。

第三节

语言发育与促进

爸爸和小枣之间已经形成了一个默契，或者说一个暗号。

爸爸只要坐在地板上，两腿分开，留出中间的位置，小枣就会颠颠儿地跑去找出他的绘本书，颠颠儿地回来站到爸爸面前，然后转身，慢慢用他的小屁股瞄准爸爸的腿窝，扑通一坐下——

把绘本摊开，再拍拍爸爸的腿，小枣的意思是：可以开讲啦！

他到底能不能听懂爸爸讲的故事呢？大家都不确定。应该能听懂一些，大部分还是不懂。不过没关系，这丝毫不会影响他享受这件事。

而且，你知道吗？要命的是，爸爸自己也很享受：

享受那怀里有个小生命动来动去的感觉。

享受那带着汗味和乳香的小脑袋，在爸爸下巴颏的下面摇晃。

享受那乳香，再增添一缕书香。

发育进程篇

了解宝宝的语言发育特点

（1）1岁至1岁半，是宝宝语言理解能力快速发展时期。他/她开始喜欢上看电视了，并且可以按指示连续地办三件事情。他对声音的反应越来越强烈，并且喜欢这些声音的重复，比如喜欢一遍又一遍地听一首歌、读一本书等。虽然一岁半左右的宝宝注意力持续不会太久，可能只有五分钟左右，但宝宝明显对身边的谈话感兴趣，有时候会偷听几句。开始真正听懂妈妈的指令，对于坐便盆之类的指令都能很好地理解，并且做出回应。

（2）1岁半至2岁之间，是宝宝词汇表达发展的爆发期，这个时期的宝宝已经会尽量表达自己的需要了，比如说“尿尿”“吃饭”等。这个时候宝宝开始用名字称呼自己，如说自己的事情时，使用平常别人呼叫他的名字，比如“宝宝吃完饭了”“宝宝要尿尿”等。慢慢地宝宝开始会说三至五个字的句子，会用“我”，如想要东西时，会说“给我”“我要”等。他能够看图书，说出认识的50个左右的东西名称和用途了，也会用手指出他们认识的东西。

听完故事后能说出里面讲的是什么人、什么事，或者随大人念几句儿歌。他会回答最简单的问题，能主动说出30个左右的词。

促进宝宝语言能力的小技巧

父母是宝宝最好的老师，在日常生活中注意与宝宝的相处，这对宝宝的语言能力发展至关重要。父母应该注意以下几点：

（1）耐心和宝宝说话，话题尽量与宝宝的经历和兴趣相结合。

（2）尽量每天给宝宝讲故事，尽量满足宝宝要求反复讲同一个故事的要求。

（3）每天选固定的时候和宝宝训练说话，做到每天坚持，每次持续的时间不一定很长。

（4）尽量带宝宝去各种不同的公共场所，增加宝宝的见识。

（5）表现得很有兴趣去耐心听宝宝的说话，不论宝宝说得多慢或多不清楚都没关系。

（6）教宝宝一些表达自己想法的技巧。

（7）与宝宝相处时，尽量少用手势来表达，多用语言。

（8）如果宝宝因为情绪困扰而产生语言迟缓，父母首先应该做的就是改善家庭环境氛围，其次才是发展宝宝的语言。

（9）尽量不要让宝宝在电脑、网络、电视等陪伴的环境下成长，让宝宝多和其他小朋友交往。

注意宝宝的语言发展迟缓现象

在日常生活中，我们经常会听到别人家的宝宝两三岁就口齿伶俐，会叫人，会说客气话，而自己家的则一个字也不说，不禁怀疑自己家的宝宝是不是有语言发展迟缓。的确，当宝宝到了一定的年龄，无法达到同龄宝宝的语言发展水平，比如无法理解或会说同龄宝宝所说的话，那么家长就有必要怀疑这个宝宝可能存在语言发展迟缓。

一般来说，语言发展迟缓可能会出现以下一种或多种情形：

1. 语言发展的起步年龄较晚

一般正常宝宝1岁左右开始说话，喊“爸爸”“妈妈”，但有的宝宝可能要到二三岁才开始“开口”说话，有的甚至到了四五岁还一句话都不会说。有的父母会觉得宝宝语言发展迟缓，有些父母可能会认为自己的宝宝只是开口晚。的确，语言的学习需要良好的注意力，而一些活泼好动的宝宝较难在一件事上保持较长时间的注意，所以开口较晚，这是一种正常的现象。但如果到了两三岁还不会说话，父母最好还是带宝宝去专门的机构做一些检查。

2. 语言发展的速度缓慢

正常的宝宝在学习语言的年龄，一年里能够掌握的词汇很多，特别是在3～5岁这一年龄段，掌握的词汇量是呈几何数增加的。但语言发展迟缓的宝宝可能在一年里只能掌握四五个词，且需要很大的努力。

3. 语言发展的程度比正常宝宝的水平要低，常出现各种错误

一些常见的语言发展迟缓现象，比如：宝宝不会说话或者说话令人费解；只说一个音，如语首音或语尾音；说话有前后颠倒、混淆或省略的现象；词汇少，说话很幼稚、没有组织、没有头绪；常常使用娃娃语或拟声语，如用“汪汪”代替“狗”，用“喵喵”代替“猫”等；说话断断续续，语句不连贯，只有单字，不成句子；或者从某一时候开始不再开始学习说话；发音含糊不清，令人难以理解；说话不合语法，没有助词、连词、形容词、副词等修饰词；没有时间概念，无法区分句子中的昨天、今天、明天的含义等。

但是判断宝宝是否存在语言发展迟缓还必须结合其生理年龄，并进行详细的检查与评估。对于学龄前的宝宝，即使存在上述一些语言症状，父母也不要盲目地认定宝宝存在语言发展迟缓，最好送到专门机构进行检查。

通常语言发展迟缓是与其他问题相伴出现的，宝宝可能会存在脑部损伤、智力障碍、听觉系

统障碍或情绪障碍等，这些也可能是造成宝宝语言发展迟缓的重要因素，故当你觉得宝宝存在语言发展迟缓的时候，一定要在专业医生的指导下进行科学的检查，确定原因，也有助于针对性地改善宝宝的语言发展。

不管哪类原因造成宝宝的语言发展迟缓，父母一定要记住，你们是宝宝最好的老师，有了你们的陪伴和鼓励，宝宝才可以有战胜困难的信心。

阻碍宝宝语言发育的因素

刚刚了解了语言发展迟缓的一些表现及处理办法，那么哪那些因素会阻碍宝宝的语言发育呢，父母又应该怎样正确引导宝宝说话呢？

1. 认为宝宝听不懂

很多父母会认为没开始说话的宝宝是听不懂大人说话的，所以不对他说话。的确，刚出生的宝宝是听不懂大人说话，但是随着父母不断重复一些话，比如“我是妈妈，宝宝要吃奶吗？”宝宝就知道经常抱自己的是妈妈，后来就会开始叫“爸爸”“妈妈”，也逐渐听得懂大人说话了。所以，父母不要以为宝宝听不懂而不对宝宝说话。

2. 语言环境复杂

有些家庭中父母、爷爷、奶奶、保姆各有各的方言，语言环境复杂，这会使正处于模仿成人学习语言的宝宝产生困惑，其结果是阻碍了其语言发育。

3. 过分满足宝宝的要求

当宝宝已经懂大人说的话但是还不会讲的时候，他想喝水的时候指着杯子，还没说出话，家长就马上把水给他，那么宝宝就可以不说话就达到自己的目的了，这样就断送了宝宝说话的机会。父母可以这样做：当宝宝想喝水时，给他一个空水瓶，他拿着空水瓶，想要得到水时，会努力去说“水”，当他说出一个水字以后，你就应该鼓励他，因为这是不小的进步——他懂得用语言表达自己的要求了。

4. 重复宝宝的错误语音

刚学会说话的宝宝虽然基本上能用语言表达自己的愿望和要求，但是由于发音系统的不完善，还存在着发音不准的现象，如把“吃”说成“七”，“狮子”说成“希几”，“苹果”说成“苹朵”，等等。对于这种情况，父母不要学宝宝的发音，而应当用正确的语言来与宝宝说话，时间一长，在正确语音的指导下，发音就会逐渐得以纠正。

5. 用儿语和宝宝说话

宝宝刚学习说话的时候，因为发音系统发育还没完善，自己还不会用大人的话来说话，经常会说一些儿语，比如说“吃饭饭”“睡觉觉”，有些父母因此以为宝宝只能听懂这些儿语或觉得有趣，也用同样的语言与宝宝讲话，这样做就很可能拖延了宝宝过渡到说完整话的阶段。父母应该用正常的语言与宝宝说话，这样才可以帮助宝宝成功过渡。

总之，宝宝在语言学习期，家长应该用正确的语言来教育宝宝，不让别的外来因素影响宝宝的语言发育。

语言促进与亲子阅读篇

宝宝在1岁以后开始进入语言的发展阶段；其中12至18月龄为语言初期。这段时期内宝宝的语言理解能力发展快速，而语言表达能力发展相对较慢。家长会发现宝宝在这一段时间内基本上会出现“沉默期”，就是相对较少主动说话，听大人讲话时也比较少重复模仿。但要注意，实际上宝宝在这段时间内就像海绵一样在快速地吸收语言。所以，家长们不能跟着沉默下来，而是要继续不停地跟宝宝说话，给宝宝语言理解能力的发展创造机会，其中亲子阅读就是一个很好的途径。

亲子阅读好处多

（1）能有效地培养宝宝的注意力，提高倾听能力和语言理解能力。

（2）可以增强宝宝的语言能力，发展想象力；喜爱阅读的宝宝的语言能力特强，在听、说、读、写方面能力都比不爱阅读的宝宝高。

（3）可以培养宝宝阅读的兴趣和习惯，提高阅读能力。兴趣是最好的老师，而良好的读书习惯是提高阅读能力的前提。

（4）可以培养宝宝的独立思考的能力，开发智力，发展创造性思维。

（5）能增进父母与宝宝之间的情感交流，可以让宝宝深切地体验到父爱、母爱的温暖，促进宝宝的身心健康。

阅读材料的选择

（1）色彩鲜明、对比强烈：不仅可以激发宝宝的兴趣，还有利于宝宝视力的发育。

（2）贴近宝宝的生活经验：对于这个年龄段的宝宝来说，故事内容的熟悉性是很关键的，书本里面的情节最好能与他们的日常生活和感兴趣的事物相关。

（3）画面背景单纯，主角突出：这一点可能会决定宝宝会保持耐心听下去。因为宝宝在一边听着父母朗读的时候，一边会用眼睛捕捉书本画面的各个角落，如果画面太过复杂的话会影响宝宝对故事情节的理解，还会分散其注意力。

（4）合适的材质和规格：这个年龄段的宝宝会习惯去撕、扯或咬书，所以要尽量选择撕不坏的书本，如纸版书、有质感的小布书等；图书开本最好是大16开，方便拿握。

如何阅读

亲子阅读不是单纯地给宝宝讲故事，而是运用多样的阅读方法，让孩子在听、看和玩的阅读过程中感受和理解阅读内容，以更好地唤起宝宝的创造力、想象力。

1. 家长读，宝宝看

抱着宝宝或坐在宝宝旁边，一边翻书一边指着书中的图片读给宝宝听。例如动物卡片类的，

家长可以边指着小动物边告诉宝宝“这是小猫，小猫喵喵喵地叫，你也学学小猫叫。”同时可以配以可爱的动作。

2. 读与演结合

先准备一些头饰，读到一些有趣的情节时，可以让宝宝带上头饰与家长一起来表演。通过动与静的配合让阅读更加生动有趣，同时能让宝宝加深对故事的印象，锻炼宝宝的语言表达能力和表演能力。

3. 含有感情的朗读

在给宝宝读书的时候，不能只是单调地念书上的文字；而是要用富含感情的音调，配以生动的动作，进行绘声绘色地朗读，以便更好地调动宝宝的兴趣和积极性。

4. 固定的阅读时间

为了帮助宝宝更快地养成良好的阅读习惯，要注意固定亲子阅读时间；睡觉前一小时就是一个非常适合的时间段。

第四节 社会适应性发育与促进

外婆给小枣买了一双鞋子，是枣红色的。他特别喜欢这双鞋，决定自己穿上它们。

他先蹲下去，把鞋子摆正。然后站起身，把脚丫往里面塞。可是鞋子很轻，被脚丫稍微一碰就歪了。

小枣不懂得调整脚丫的角度去迎合这双被碰歪的鞋子，于是只好不厌其烦地再次蹲下去摆正它们。

爸爸走了过来。小枣担心他替自己穿，马上用大叫来威胁他走开："自己！自己！"

爸爸笑了一下，弯下腰用手帮小枣把鞋子摁住。"来，你自己来！"

自己来就自己来。这回小枣扶着墙，可以更稳地控制身体。

穿进去了！另一只脚丫还光着，他就一脚高一脚低、一脚深一脚浅地向厨房跑去。

妈妈在厨房呢！小枣这是要向妈妈报喜，跟妈妈邀功呢！

12～17月龄

从1岁开始，宝宝进入幼儿期，从爬行到直立行走，宝宝活动范围不断扩大，他的好奇心也越来越大了，这个时候家长可能要花更多的精力来照顾宝宝了。除了日常的照顾，家长应关注如何为宝宝断奶，如何培养宝宝的生活自理能力，尽早让宝宝大小便自理。

1. 尽量让宝宝自己吃饭

随着宝宝手部等精细动作能力的发展，从14个月开始宝宝会用勺子自己喂饭，家长应给予宝宝足够的空间、耐心与鼓励，培养他的生活自理能力。在做家务时也可让宝宝模仿着做一些简单的，如给妈妈递毛巾、捡起地上较大件的垃圾等。

2. 从游戏中学会分类、整理的习惯

为从小养成收拾的习惯，可在客厅或房间里挂一些袋子，里面放置各种物品。经常和宝宝一起玩“整理物品”的游戏，让宝宝把一些小的毛绒玩具归类后放进各个袋子里，例如可以按照玩具的种类、大小、颜色等归类。这个活动可以让他们养成分类、整理的概念。

3. 能用学习杯喝水

吸吮是一种天生的反射动作，但是如果练习机会不足，依然可能出现障碍，所以在从吸吮奶嘴过渡到用杯子喝水时，也需要让宝宝多多练习，学会用杯子喝水是其自理能力发展的重要标志。此外，为增加嘴部肌肉的张力，可让宝宝玩“吹乒乓球”的游戏，或多咀嚼一些比较硬的食物，如牙饼。

4. 学会用吸管喝水

从用学习杯过渡到用吸管喝水，又是宝宝吸吮能力的一大进步。因其口腔能力与日后的构音、发音密切相关，所以家长应该密切关注并多给宝宝训练的机会。

因为细、短的吸管更容易让宝宝的口腔肌肉发力，刚开始可用较细的吸管来练习；若宝宝已经能熟练地用细吸管喝水之后，可更换为长一点、粗一点的吸管，进一步锻炼他的口腔肌肉。

5. 学会表示尿湿了或已经排便

18个月时，大部分宝宝囟门已经闭合，他的神经和膀胱都发育得很好，因而白天能控制大小便，当宝宝来不及尿湿了裤子他也会主动示意。家长应仔细观察宝宝的排泄状况，比较准确地掌握宝宝的排便规律之后，在宝宝要大小便前，引导他坐到坐便器上解决大小便，为日后的如厕训练做准备。

18～24月龄

此时不但可以走路，还有各种“花样走法”——横着走、倒退着走等，这些都反映了宝宝的平衡能力和肌肉力量在不断进步。其自主意识也不断增强，以自我为中心，不乐意与别的小伙伴分享玩具的表现也出现。

这个时期的宝宝自我探索欲望较强，可能存在一些危险的行为，家长要格外注意。此外，自理能力有了一定的表现（如能自己喂食），但是父母还要继续努力培养其生活自理能力。

1. 独立洗手

宝宝早日养成勤洗手的习惯，不但对其良好生活习惯有重要意义，还可以降低肠道疾病的发生概率，因而家长应早日协助宝宝学会自己洗手，使他形成“饭前、便后、摸过脏东西后要洗手”的概念。

家长引导宝宝学习洗手，应先分解洗手的步骤，一步步教会宝宝。比如先踩在椅子上够到洗手台→拉起衣服袖子→湿手、打肥皂、搓手→打开水龙头冲水→擦干手。在教导洗手时，可顺便教宝宝认识手心、手背、各个手指。

2. 用毛巾擦嘴

用毛巾擦嘴并养成良好的卫生习惯，也是宝宝需要掌握的生活习惯。在吃完东西后，可引导宝宝主动用毛巾擦嘴，逐渐养成保持自身清洁的好习惯。

给宝宝准备一块有卡通人物或动物的小毛巾。开始使用毛巾时，可轻拉宝宝拿毛巾的手，做出擦拭动作，让宝宝了解擦嘴巴的意义，慢慢熟练这一动作。并可以在宝宝练习的时候配上《擦嘴歌》：“小嘴巴，动一动，吃饭喝水都靠它；小宝贝，爱干净，嘴巴脏了要擦擦。”提高宝宝的学习兴趣。

3. 听儿歌、阅读图画书

第18个月是宝宝语言的爆发期，基本上掌握有50～100个词汇量，能说一些简单的断句，喜欢自言自语；同时宝宝节奏感较好，会跟着音乐挥动手脚，还能跟着熟悉的歌曲、童谣哼唱。这个时期也可给宝宝准备合适的读物，注意读物画面要简单、色彩要鲜艳。图画书里的儿歌要有重复的句子，最好能押韵，使宝宝较容易听与学。

4. 咀嚼固体食物

此时宝宝的口腔肌肉越来越灵活，牙齿的咀嚼能力也越来越好，因而能吃的食物种类越来越丰富，对于均衡摄取各种营养素大有帮助。家长要培养宝宝细嚼慢咽的习惯。

食物不要切得太细，给宝宝吃切成片的苹果或稍微硬一点的饼干，让他练习用门牙咬断、用舌头往后送并且吞咽的动作。进食环境宜在饭厅，家长不要催促宝宝快点吃完，要随时提醒他慢慢吃，使他养成先吞下一口、再吃一口的习惯。

5. 在大人协助下学习刷牙

宝宝的大运动、精细运动、体能在此年龄段飞速发展，因而培养自己刷牙、穿衣等生活能力也可以开始了。家长要有耐心，最好与宝宝一起刷牙，让他模仿父母的动作。因刷牙需要手、嘴、眼的协调，家长要以让宝宝接受刷牙为重点，而不强求他能很快学会。让宝宝对着镜子练习是一个不错的选择。

6. 在大人协助下穿、脱衣服

给宝宝准备一个玩偶，先让他给玩偶进行练习穿、脱衣服，然后指导他给自己穿、脱衣服。建议从短裤、短袖衣服开始练习，一开始只需宝宝学会做简单的几步动作就好。如脱裤子时，先协助他把裤子往下拉至大腿处，然后让他坐下来，自己把裤子拉到脚踝处，再把脚伸出裤管外。

小枣经常玩一个小把戏：伸手递一块吃的东西给你，你要真的去接了，他又会缩回手去，脸上满是促狭。

可这次他递了一块陈皮过来给爸爸，却不再缩手。

这次他是认真的。可爸爸不爱吃陈皮，作为北方人，爸爸不大习惯那股味道。

见爸爸有点犹豫，妈妈用鼓励的眼光看着爸爸。

“哇！给我吃？这么好啊！”爸爸把心一横，换上感激不尽的语调和表情，“谢谢小枣！真是爸爸的好儿子！”然后，接过陈皮，一口吞下。

小枣受了鼓励，马上又递过来一块，这次是从嘴里直接掏出来。

爸爸有点轻度洁癖：眼看着那块陈皮已经在小枣嘴里被咬烂、泡软，上面还带着一丝亮晶晶的口水，他傻眼了。怎么办？怎么办？

还能怎么办！最后的结果是，爸爸把小枣嘴里、手中的陈皮都吃了个精光，而且感激涕零、谢恩不止。

只因为在这予得之间，他要让小枣体验到分享的快乐。

照料布娃娃

不论男孩还是女孩，都喜欢布娃娃等玩具，他们会像妈妈关怀自己一样去关怀布娃娃，抱着它，哄它不哭，让它睡下，给它盖上毛巾等。应鼓励宝宝关心小伙伴，让他学会关心别人、照顾别人，尤其是独生子女。

挑哭、笑脸

用纸画两张脸，一张是笑脸，另一张是哭脸。妈妈问宝宝："谁在哭？"让宝宝找出哭脸；又问"谁在笑？"让宝宝找出笑脸。让宝宝装一个哭脸，看宝宝装得像不像。如果宝宝装得不像，妈妈装一个哭脸给宝宝看，让宝宝照着做一次。再让宝宝装一个笑脸，宝宝可以装得很像，因为宝宝也觉得很好笑。学会装不同表情的脸，是让宝宝学会看人的表情，通过面部的表情推测别人在想什么，是高兴还是不高兴，从而纠正自己的行为，这是与人相处所必须的学习。

玩水

宝宝可以随时玩水，在家里可以利用洗澡时玩水。妈妈把塑料碗、空瓶子、玩具鸭等放在澡盆里，让宝宝一边洗澡一边玩水，宝宝可以用瓶子倒水，把水从瓶子里倒进碗里，再将碗里的水倒入瓶中。在澡盆里，不怕把水洒出来，还可以用手把水浇到鸭子身上，用肥皂帮鸭子洗澡，用毛巾把鸭子擦干等。如果天气温暖，宝宝可以洗半个小时，如果害怕水凉了，妈妈可以先用毛巾把宝宝包裹着抱到杯里，然后添加热水，水的温度适合了，再让宝宝一面玩一面同妈妈说话。有些爸爸喜欢同宝宝一起洗澡，互相浇水，互相打打闹闹可使宝宝很快活。冬天洗澡时最好不要玩水，以避免着凉。

捉迷藏

妈妈同宝宝玩捉迷藏的游戏，妈妈藏到门背后，让宝宝寻找。如果宝宝找不着妈妈，妈妈可以在门后面叫宝宝，宝宝听到声音就会走到门后找到妈妈。轮到宝宝藏起来时，许多宝宝都会选择妈妈曾经藏过的地方。玩过多次之后，宝宝就会躲在自己新发现的好地方，如床底下、桌子底下、长的布帘里等。妈妈要告诉宝宝，千万不可藏在柜子里和厕所里，以防自己打不开门而发生危险。亲子一起活动，能让妈妈进一步了解宝宝，为以后指导宝宝同他人交往打下基础。

学会体谅别人

父母带宝宝上街时，宝宝总是缠着要爸爸妈妈抱，不肯自己走路。这时要用游戏的办法让宝宝自己走，例如，同宝宝讲条件，答应宝宝如能自己走到前面一棵树就让爸爸抱一会儿。爸爸可以先走到那棵树旁边，让宝宝明确目标，当宝宝走到树下时，抱起宝宝并亲亲他说：“宝宝你真棒！”鼓励宝宝替爷爷奶奶拿东西，为老人服务。有了体谅别人的想法，宝宝就不会再缠着大人要抱了。

好吃的要和大家一起分享

家里经常会有一些好吃的东西，父母要订立一个大家“分享”的规则，无论东西多还是少都要分享。例如盘子里只有一只虾，家里有三个人就要分三份，每人一份。这种习惯很重要，一般父母都认为孩子小，正是长身体的时候，好吃的都留给宝宝吃。这种好意很容易成为习惯，以后宝宝认为好的东西理所当然是自己的，就会心中无人，只顾自己，成为自私自利的人。而从小习惯分享的孩子心目中总有他人，当然也会关心长辈。

多向早教老师要“情报”

通过和老师的交谈，了解宝宝在早教中心的情况，如果老师认为宝宝确实不合群，那么试着向老师建议：是不是能让宝宝在学习或是课外游戏时间，和其他小朋友结成对子，有意识地多安排他们一起活动？游戏是培养宝宝合作交往能力最有效的手段，父母要多鼓励自己的宝宝参加游戏活动，让宝宝走进别的小朋友中间去玩。通过游戏，帮助宝宝逐步摆脱自我中心，融入到群体之中。

邀请宝宝的朋友来家做客

一旦宝宝有了朋友，哪怕只是一个，马上邀请他到家里来玩。趁着这个机会可以教宝宝学习待客，学习帮助别人，学习分享玩具。如果宝宝将好吃的食品与小朋友一起分享，父母要及时给予表扬和鼓励，这样会大大激发宝宝与同伴长期友好相处的愿望。同时，父母还可以在家里开辟出一个“游乐场”，让宝宝和他的小朋友一起在里面玩。要注意的是：游戏过程中，一定要密切注意宝宝的反应和心情，一旦他们发生摩擦、发脾气开始吵闹时，父母要给予制止和正确的引导，告诉宝宝在交友中什么是应该的，什么是不应该的。

给宝宝做好个好榜样

父母的态度和行为对宝宝社交能力的培养也非常重要。在日常生活里，家长应该言传身教，在潜移默化中让宝宝学习一些待人接物、交流合作的交际技能。有了父母良好的榜样，宝宝也会“依样画葫芦”，也会学着用同样的态度对待他的同伴。比如在全家人去超市时，让他买自己喜欢的小玩具、小卡片、文具、零食等。孩子在与售货员交流的时候，也学习了与人沟通的技巧。如果孩子一开始有困难的话，妈妈可以在一边鼓励，并教孩子说“请售货员阿姨拿一下那个玩具狗”“请问要付多少钱”“谢谢”等话，渐渐地让孩子自己能开口说。

有的父母认为宝宝还小，没有自己的思想，事事都为宝宝拿主意、做决定，其实不然。父母一定要尊重宝宝的意见和看法，让他从小就感觉到被尊重，这样，他自然而然会学着尊重他人，而这恰恰是交朋友的前提条件。

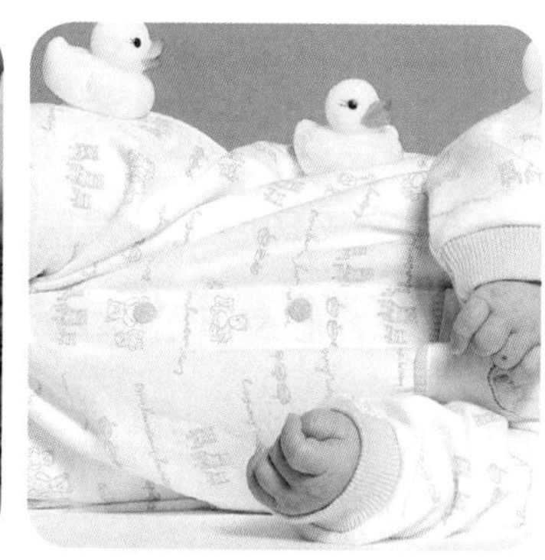
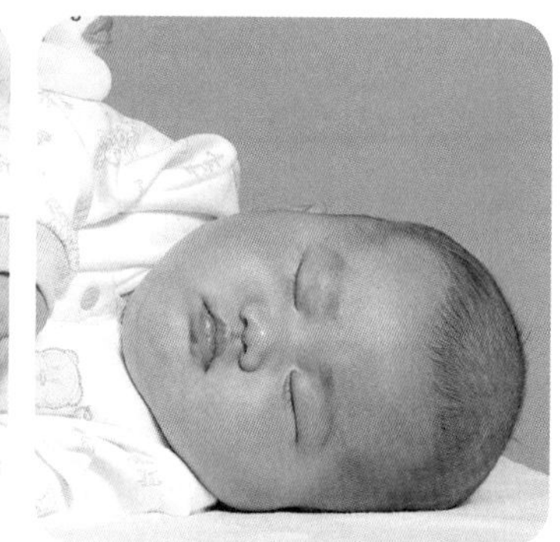

第五节

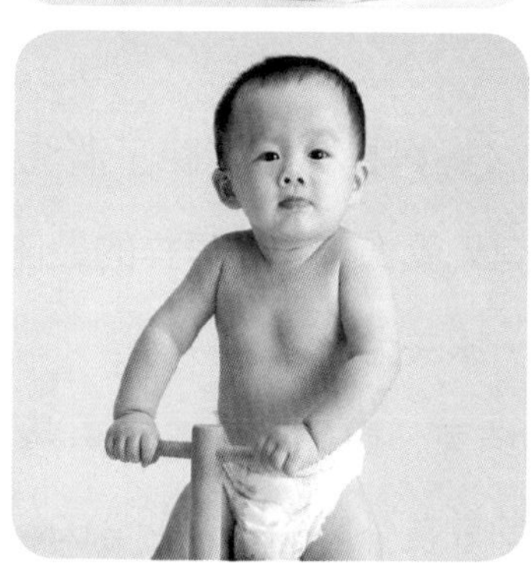
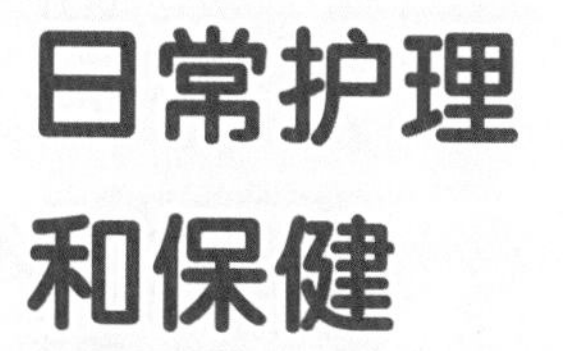

日常护理和保健

小枣长大了一些，给他洗澡就没那么麻烦了。

妈妈不用再像对待新生儿那样担心他着凉，不用怕他会滑倒，也不用再怕他哭哭啼啼不肯下水。

与其怕他不肯下水，不如担心他不肯离开水里。

小枣把洗澡当作每天最后一场娱乐活动：他会在水里玩玩具小鸭、翻斗车，假装自己很忙；他会用小铲子铲浴盆里的水——因为铲不上来，所以会铲很久；他还会趁妈妈不注意偷偷玩自己的肚脐，动作要快，不然妈妈会骂……

他是假忙，妈妈是真忙。除了清洗身体，这也是她检查小枣身体有无受伤、有无异样的最佳时机，用广东话说，简直要“一眼关七”。

差不多要结束，妈妈就会不动声色地反手敲敲卫生间的门——早早守在外面的爸爸就会闪耀登场，装作不小心唱着歌、跳着舞地闯进来，然后华丽丽地一个熊抱抱起小枣，再唱着歌、跳着舞地撤退。

如果不想这样，而是想让小枣自己离开浴盆，那你就搬好一张小凳子，准备坐上两小时吧。

便后护理篇

当宝宝不需要尿布或者纸尿裤，可以自主坐在便器或者在厕所大小便时，父母只需在宝宝便完后帮助他把小屁屁擦干净。

下面介绍宝宝便后小屁屁的清洁护理步骤：

男宝宝便后护理

（1）用干净纱布或者柔软的消毒纸巾从前向后清洁肛门及屁股。

（2）如果有溅到他处，需要从大腿根部到阴茎部的皮肤褶皱，由里往外顺着擦拭。

（3）用手指轻轻将睾丸往上托住，用干净纱布清洁婴儿睾丸各处，包括阴茎下面。

（4）清洁阴茎时，顺着离开他身体的方向擦拭，不要把包皮往上推去清洁包皮下面，只需清洁阴茎本身。

女宝宝便后护理

（1）用干净的纱布或者柔软的消毒纸巾清洁她的肛门、屁股及大腿处。

（2）用干净纱布擦洗她大腿根部的皮肤褶皱，由上向下、由内向外擦。

（3）清洁其外阴部，注意要由前往后擦洗，防止肛门内的细菌进入阴道。

（4）阴唇里面不用清洗。

小贴士

女宝宝的阴唇内侧容易积留大便，应先轻轻将其撑开，用柔软的湿巾擦拭干净；一定要要将湿巾由前向后擦，避免引起尿道炎或膀胱炎。

洗澡篇

培养洗澡好习惯

随着宝宝渐渐长大，开始有能力协调身体的各个部位，他也许会把洗澡看成是玩耍的时间。大多数宝宝喜欢玩水，而洗澡时是他们玩水最方便的时候，所以要给他们准备好塑料杯子、量杯、船和鸭子，让他们多玩一会儿，充分放松，让洗澡成为一种游戏。夏季，让宝宝渐渐养成天天洗澡的习惯，一是为清洁皮肤，二是让宝宝养成爱清洁、讲卫生、有规律的生活习惯。

洗澡要求

1. 为宝宝的洗澡准备“伙伴”

水中游戏对宝宝来说其实是相当有意思的，因为在他洗澡的时候，不仅最亲最爱的家人会陪伴着他，还有喜爱的玩具小鸭、五彩小皮球等都会和他一起在水里玩耍，这让宝宝对洗澡的期待更为强烈。

2. 准备合适的浴具，水温

根据宝宝的年龄阶段来选择洗澡的浴具，选择幼儿洗澡沐浴乳。水温不能太热也不能太凉，当宝宝身体进入水中后，千万不要再次把他抱起，这样会使宝宝觉得寒冷不适而对洗澡产生抗拒。冬天给宝宝洗澡要注意室内温度，洗澡时间不宜过长，避免洗澡中着凉感冒。

3. 和宝宝保持交流

给宝宝洗澡的时候，爸爸妈妈要和宝宝面对面，不间断地和他有眼神的接触，跟宝宝说话，亲切地叫他的名字等，宝宝在洗澡的时候更乐意投入到父母为他营造的乐趣中，父母可以唱歌，可以教孩子认识自己的身体，也可以教孩子说话，甚至可以教孩子怎么洗澡。

4. 让宝宝自己洗澡

尽量鼓励孩子自己洗澡。宝宝在为自己洗澡的过程中，爸爸妈妈可以坐在孩子身边，耐心指导，不时提醒“洗过小手了，小脚要洗吗？”在冬季或者气温较低的时节里，爸爸妈妈要注意掌握宝宝洗澡的时间，不要因为他的“自由发挥”而导致着凉感冒。

5. 固定洗澡时间

为宝宝定下一个适当的洗澡时间，让宝宝有意识地接受安排。父母定下洗澡时间后，最好可以每天坚持，让洗澡成为一个亲子共守的约定，让宝宝知道这是值得期待的时刻，从而摆脱抗拒的心理。

宝宝对洗头恐惧怎么办？

孩子们不喜欢洗头的主要原因之一是他们不喜欢让水流过面颊。要想消除这种厌恶感，爸爸妈妈得鼓励孩子相信洗头并不疼，而且相信从脸上流过的水也不脏。

解决方法：

（1）为宝宝选择合适的洗发水，温和不刺激皮肤和眼睛，便于清洗，不能出现久洗不净的现象，使头发易于梳理、不打结。

（2）使用宝宝洗头帽，这样冲洗头发时，水就不会经过面部。或者用盛满水的水壶喷壶为宝宝冲洗头发。如此一来，出水量相对柔和，宝宝们比较容易适应。

（3）把洗头变成游戏，用讲故事、唱儿歌、聊天等方式来分散他的注意力。不要选择在宝宝玩得正高兴时突然打断，要求给他洗头，这样做很少有宝宝愿意乖乖配合的。

（4）先用湿水的毛巾或手掌，轻轻地将宝宝的头发浸湿；然后，取少量洗发水用手掌为宝宝涂抹均匀，注意耳后和脖颈处不要漏掉；接下来用清水将洗发泡沫冲洗干净；最后用毛巾将宝宝头发上的水吸干，切忌用力擦拭。

小贴士

如果宝宝的头上长有头垢，妈妈们千万不要用指甲去抠，可以用橄榄油或宝宝按摩油涂抹到头垢部位，待24小时后用水冲洗，即可去除干净。不要给宝宝使用吹风机吹干头发，因为过大的噪音可能会损伤宝宝的耳朵。为宝宝洗头不必每次都用洗发水，洗发水的使用建议一周不要超过3次。

皮肤护理篇

夏季皮肤护理

1. 痱子

痱子是宝宝们在夏季极易患的皮肤病之一。

护理方案：①注意室内环境保持通风，避免温度过高、环境过湿。②给宝宝选择宽松、透气的衣服，这样出汗后汗液易于蒸发。③已经起了痱子的宝宝，妈妈需要坚持每天用温水替宝宝洗澡，然后在患处扑上适量的婴儿专用痱子粉。④为宝宝选择纯棉衣物。⑤清洁宝宝的小手十分重要，别让他抓破了皮肤而发生感染。

2. 红屁股

使用纸尿裤的小宝宝常常会出现红屁股的症状，即医学上所说的“尿布皮炎症”。

护理方案：①时刻保持小屁屁的干燥，尿布要勤换。②宝宝大小便后，要用温水为宝宝洗净屁股，切忌使用肥皂，然后涂上宝宝专用的爽身粉。③舍弃一次性的纸尿裤，使用传统的棉布尿布。

3. 蚊子包

夏季宝宝容易被蚊子叮出粉红色的蚊子包。

护理方案：①注意房间防蚊驱蚊。②不要让宝宝搔抓蚊咬处，止痒可用止痒膏。

4. 晒伤

宝宝皮肤细嫩，在夏季烈日下容易被晒伤。

护理方案：①注意防晒，中午尽量不要出门。②若出现皮肤晒伤，可用冰牛奶冷敷10～15分钟，再在晒伤处抹些清凉的润肤油。如果晒伤严重，应去医院处理。

冬季皮肤护理

1. 给宝宝稚嫩的肌肤涂上一层“保护膜”

使用含有天然滋润成分的护肤产品可以形成一层保护膜，有效地保护宝宝的肌肤。相比之下，润肤露、润肤霜一般含有保湿因子，能有效滋润皮肤；而润肤油一般含有天然矿物油，能够预防干裂，滋润效果更强一些。

2. 呵护宝宝稚嫩的小嘴唇，以免干裂

秋天很干，宝宝的小嘴唇比成人的更娇嫩，在宝宝嘴唇干裂时，先用湿热的小毛巾敷在嘴唇上，让嘴唇充分吸收水分，然后涂抹润唇油。注意让宝宝多喝水。

3. 给宝宝擦洗千万不要用粗糙的毛巾

在给宝宝擦身或洗脸时应用质地柔软的毛巾，这一点在干燥的秋冬季尤其应引起注意。

4. 选择适合自己宝宝的护肤品

一定要选用宝宝专用的护肤品，如不含香料、酒精，无刺激，能很好保持皮肤水分平衡的润肤霜。此外，妈妈和宝宝使用同一种润肤霜是更好的选择。不宜经常更换宝宝护肤品的牌子。

5. 选择透气内衣

全棉质地的穿脱方便的衣服是上选，宽松的衣物可以保持宝宝的皮肤呼吸通畅，而过紧的内衣则会让宝宝感觉很难受，也阻碍了体肤的健康呼吸。

纸尿裤选择篇

1岁后宝宝进入学步期，这时选择纸尿裤要求弹力舒适，穿脱自如。

舒适、活动自如

当宝宝向世界迈出第一步，便预示着他的独立性和自我意识在逐渐成熟。臃肿肥大的纸尿裤会严重影响宝宝的活动，而太小紧绷的纸尿裤又很可能磨损他大腿内侧的肌肤。因此，选购时妈妈更多要考虑的是纸尿裤的弹性设计是否能满足宝宝活动自如的需要。在这个时期，宝宝更换纸尿裤时开始变得不听话，动来动去，选择穿脱自如的裤型纸尿裤，能够帮助妈妈迅速给宝宝更换，不用再把宝宝放在床上和宝宝“斗智斗勇”了！

小贴士

通常每个厂商都有自己个性化的设计，长短宽窄都不同，妈妈可以根据宝宝的实际情况和自己喜好来选择，到底适不适合自己的宝宝还要勇敢地尝试。所以最实用的方法是刚开始的时候少量购买，看看效果再决定最终购买的品牌及产品。

自由穿脱

好的纸尿裤会根据宝宝这一时期的生理特点进行设计，让宝宝穿上后既贴身又能轻松活动。目前流行的裤型纸尿裤，像小内裤的设计，让宝宝穿脱更自如，整个腰部是弹性材料，宝宝可以自由扭动、翻滚。好的裤型纸尿裤还特别设计了可以打开的腰贴，方便妈妈更换，又可以帮助孩子学习自己更换。而纸尿裤还可以分男女不同颜色，有漂亮卡通图案，让宝宝有如穿上了不同花色的小短裤，神气极了！

婴儿睡眠篇

婴幼儿睡眠规律

年龄	全日睡眠时间	白天小睡	睡眠特点
1岁以上	11～13小时	1次	1. 1岁半以后白天只需小睡一次 2. 晚上能够连续睡10小时

宝宝睡眠指导手册

1岁

宝宝新学会了走路、说话和自己吃饭，这些都让他十分兴奋，在这个时候要让他平静下来上床睡觉就会变得越来越难。他可能会逗弄你，想让你过来抱他；但还是要坚持你制定的就寝时间，因为这将在未来的几个月时间里对你们两个人都有好处。

许多宝宝会选择一个他们的“最爱”、一张毯子或者一个软毛填塞的动物玩具来帮助他们平静入睡。这是他们步入独立睡眠的一步。使用安抚奶嘴是个不好的习惯，到了这个年龄的宝宝应该戒掉了。

1岁半

对于1岁半的宝宝来说，生活实在是太有趣，也太紧张了；睡觉，那是他最不愿意做的一件事

小贴士

你也许会注意到孩子下午的小睡时间缩短了一点，不过他醒后会自己在小床里玩一会儿再叫你过来。在小床里放几个小玩具，鼓励他继续这么做。不过一定不要给太大的玩具，否则他很快就会学会怎样踩着它们从小床围栏里爬出来的。

小贴士

让宝宝在床上用奶瓶吃奶是一个坏习惯，这对学步幼儿的牙齿和耳朵都不好。此外，一旦他养成了这个习惯，那么他会一直需要奶瓶才能入睡，即使是在半夜醒来后也是这样。如果在此之前没有很坚决的话，现在是改掉这个习惯的时候了。

情。晚上，他需要妈妈来帮助他平静下来，这样他才能得到需要的休息。

- 你的宝宝很快在白天只睡一觉就够了，不过他在一天当中还是需要有两个休息时间段，虽然其中的1个稍微短了一点。
- 虽然他们不再需要这样，可许多被送去托管所的宝宝在白天会被安排睡眠两次。这就意味着妈妈在晚上要少睡一会儿了。如果不想在晚上睡得太晚或在早上起得太早的话，可以同白天照看宝宝的人讨论一下这个问题，让宝宝在白天的时候少睡一点。
- 如果还有一个大一点的宝宝，这个孩子晚上需要比18个月的孩子要早上床；这是因为多数年龄大一点的宝宝在白天没有小睡，到了晚上就自然要早睡一些。当小宝宝白天睡觉的时候，妈妈正好可以利用这段时间和其他的宝宝好好相处一下。

餐桌已经支了起来，所有人的碗筷都已准备好、摆放整齐，小枣还在满地跑来跑去。

妈妈指挥着外公、外婆和爸爸一个一个往座位上坐好，给小枣示范该怎样准备吃饭。小枣看是看了一眼，可依然跑来跑去。

外婆提议由她来喂，被妈妈否决了。以前见到别家的孩子被追来追去地喂饭，妈妈就发誓自己绝不这么做。不仅自己不追喂，也不允许老人家这么干。吃饭就要坐上餐椅，这是她为小枣定的规矩，也希望家里的每个人都能配合执行。

“坐坐，吃饭。”妈妈一遍又一遍地重复着这同样一句话，一字一顿，并不生气或愤怒，语气平和但坚定。

第25遍，小枣自己爬上了餐椅。

事后外婆说，餐餐都这样等法，你要等到什么时候?

妈妈答，不会餐餐都这样的，用不了多久他就会改。

妈妈是这样说的，也是这样信的。

1～2岁婴幼儿，有条件的可以母乳喂养持续到2岁，没有条件的可以用配方奶替代母乳。宝宝在这个时期乳牙逐渐出齐，咀嚼和消化的能力增强，饮食逐渐从以乳类为主过渡到以混合食物为主。但牙齿还未长齐，消化系统未完全成熟，应注意饮食搭配适当，以免影响宝宝的消化吸收，进而影响到生长发育。

中国营养学会推荐1～2岁婴幼儿每天食物摄入量：

乳汁或配方奶　300～400毫升
谷类　100～150克
蔬菜　150～200克
水果　150～200克
蛋类、鱼虾肉、瘦畜禽肉等　约100克
动、植物油　20～25克

每天三餐二点，食物应以碎、烂、软为主，避免吃辛辣、油炸和粗硬的食物。

预防营养不良

原因：运动技能的锻炼过程消耗大量体力；辅食添加不合理；宝宝仍会过分依赖母乳，使得1岁左右的宝宝容易发生营养不良。

表现：不活泼、皮下脂肪薄、食欲不佳、骨骼畸形、抵抗力弱、运动发育落后等。

注意：出现以下几点时，可认为是成长过程的正常现象，无须多虑：

（1）消瘦但体重持续增加。

（2）食量少，但大便规律，无经常性腹泻。

（3）无微量营养素缺乏的情况，却出现如皮肤苍白、头发稀黄、骨骼畸形等。

（4）乐于探索和学习，精力旺盛。

预防缺锌

预防缺锌，从食物开始，如瘦肉、蛋、肝、奶、乳制品、花生、芝麻、虾、海鱼、杏仁、红豆等，动物性食物比植物性食物含锌量高。怀疑宝宝缺锌时，要去医院做检查。宝宝缺锌，骨骼细胞将无法增生，会引起生长发育障碍，甚至引发某些疾病。

何时补锌？

宝宝发烧、腹泻时间较长时，要注意补充含锌的食品。

服药治疗则需要医院检查确认缺锌才进行；一旦症状改善就应停止服用，不能将补锌药物当补品给宝宝吃，防止锌中毒。

添加“硬食”的咀嚼

咀嚼较硬的食物能够促进宝宝的牙齿、舌头、颌骨的发育。

宝宝吃饭要细嚼慢咽

好处：

（1）食物与唾液充分混合，消化酶能初步消化食物，吃下去的食物更好消化，更易吸收。

（2）可以促进肠道分泌各种消化液，有利于充分消化和吸收食物。

（3）充分咀嚼食物，可以促进颌骨的发育，并能感觉食物香味，增加宝宝食欲。

注意不要让宝宝积食

宝宝到18个月左右可以独立进食，但缺乏自我控制能力，对于喜欢吃的东西没有节制，吃个不停；当食入过多的冷、甜、油腻食物时会造成消化不良、食欲减退，产生积食。

原因：宝宝的消化系统未发育完全，胃酸和消化酶分泌较少，消化酶活性相对较低，十分容易引起胃肠道疾病。

调节：稍微减少进食；选择易消化的食物；清淡饮食，少食多餐；增加户外活动，促进消化吸收。

不要让宝宝食用太多肥肉

因为肥肉口感好，宝宝好咀嚼和吞咽，所以宝宝很喜欢吃，但食用过多会对生长造成不利影响。

危害：

（1）肥肉脂肪含量高，易产生饱食感，影响其他营养素的摄入。

（2）高脂肪会影响钙的吸收。

（3）脂肪摄入过多会使血液中胆固醇和甘油三酯增高，不利于健康。

（4）会造成肥胖，影响健康。

正确断奶

母乳喂养到2岁，应给宝宝断奶。对于叛逆心理较重的2岁儿童来说是难上加难的事，方法不正确不仅会让断奶期的宝宝大闹，还会影响食欲，所以断奶要讲究方法。

（1）多数宝宝对母乳的依赖性较强，如果快速断奶会造成很强的失落感，因此最好采取逐渐断奶的方法，逐渐减少母乳喂养的次数。

（2）开始断奶的时候，每天给宝宝喝适量的配方奶，最好饿的时候喝。

（3）尽量先戒掉夜里的奶和临睡前的奶，这个也是最难戒的，宝宝要喝奶时难免哭闹，妈妈最好先避开，这样慢慢是可以戒掉的。

（4）断奶期减少宝宝对妈妈的依赖，可以让爸爸或其他家长增加照料的时间，让宝宝有一个心理适应的过程。

培养良好的饮食习惯

注意饮食卫生。饭前便后洗手，饭后漱口，不喝生水。

定时定量进餐。宝宝进餐时不宜饮水，不然会影响食物的消化和吸收；宝宝饭后不宜马上喝碳酸饮料，否则会因产生大量气体而引起腹胀。

思想集中，保持心情愉快。吃饭要专心，不谈论与吃饭无关的话题，不要让宝宝边吃边玩。

不偏食、不挑食。1~2岁宝宝营养要均衡，可以变化烹饪的方式，不能养成偏食挑食的习惯。

独立进食，进食不仅能满足生长发育的需求，更能满足宝宝心理需求，

饭前饭后避免剧烈运动，否则，会不利于消化吸收。

选择合适的零食

让这个时期的宝宝一点零食都不吃是很难做到的，但妈妈在选择零食要掌握几个小原则：

（1）在两正餐中间合适时间给宝宝吃零食，不能影响正餐的摄入。

（2）少吃或最好不吃高糖、高盐、高脂肪、高热量的零食，如薯条等。

（3）不吃含色素、添加剂、油炸、调味料过多的零食。

（4）容易发生意外的零食也不要给宝宝吃，如瓜子、花生、豆子等。

（5）给宝宝买零食时要注意零食的保质期、包装是否完好，吃的时候也要看看食品是否变质。

改善宝宝偏食的小妙招

（1）如果宝宝偶尔不吃某些事物，可以换个方式烹调，或换个外形，如将蔬菜和肉剁碎包成饺子给宝宝吃。

（2）加装饰，做成不同形状，比如宝宝喜欢的玩具造型，给宝宝新奇的感受。

（3）一些食物有强烈的气味，比如鱼腥味可以加柠檬去除，妈妈可花点心思烹调，去除特殊气味。

（4）选择色彩鲜艳有图案的餐具，吸引宝宝的注意力，增加宝宝吃的意愿。

（5）控制零食和点心的量，妈妈要注意选择有营养的热量低的点心和零食，在两餐中间给宝宝吃，不要影响宝宝的食欲。

（6）爸爸妈妈自身要均衡饮食，不要在宝宝面前评论食物的好坏和自己的喜恶。

“家长，您好！您的小孩有计划内疫苗尚未接种，为了孩子的身体健康，并避免影响入托入学验证，请带小孩及接种证到本中心核对，并补种疫苗。时间为周二、四、六上午8:00～11:30。”

社区卫生服务中心发来的短信收到好几天了，妈妈干着急就是没办法。疫苗接种要求宝宝没有生病，可是每次到了要打疫苗的时候，小枣不是头痛就是脑热，肯定要生出点事情来，都在不知道是不是他故意的。

这几天看着他没啥事了，妈妈想第二天带他去社区医院接种，就给爸爸使眼色。“明天去那个哦！”“哪个？”“那个！”“嗯，懂了。早上我送你们。”爸爸心领神会。大家都不敢让小枣听出来是要打针。谁知道他会不会又“发功”呢？

第二天到了社区中心，没进门小枣就开始紧张；进了门更是被一个正在号啕的小哥哥吓得大哭起来。大家都是2岁，真是自己人吓自己人！好在护士手法熟练，小枣还没反应过来，疫苗已经打好了。

出了门，妈妈准备让爸爸去买点山楂卷过来安慰小枣。谁知道人家小枣泪都还没干，已经在指着中心门口的木马要坐了。2岁的恐惧和悲伤，来得快，去得更快。

宝宝断奶后，他们就不能从母乳中得到免疫保护和营养因子，此时很容易患上传染病。孩子免疫系统能得到最佳发展最终得益于良好充足的营养物质。

健康的饮食行为

食物多样：1岁以后的宝宝逐渐和成人一样，必须从食物中得到需要的营养物质，家长应选择多样化的饮食，尽可能为宝宝提供足够的营养成分。

进食规律：1岁以后的宝宝的一日饮食可分为三餐，其间加点心两次。规律饮食既是健康饮食行为的要求，也对宝宝的智力和心理发育有益。

避免食用加工食品：加工食品色彩鲜艳，容易刺激宝宝的食欲，但这些产品在加工过程中常引入少量重金属、食物添加剂等不良物质。宝宝肝脏的解毒功能和肾脏的排泄功能都比较脆弱，错误摄入后除了影响到免疫功能，还可能诱发肿瘤、内分泌系统紊乱等，因此应尽量避免食用。

能量的补充

宝宝能通过食物获取他们一天所需的能量，让它们成为身体的“建筑材料”，若能量摄入不足，会造成所谓的“能量营养不良”，不能及时修补脆弱的免疫系统，很容易成为细菌、病毒等目标。

乳酸菌

1岁内的宝宝以母乳和配方奶为主，而到了1岁以后，宝宝可以适当喝些酸牛奶或优酸乳，乳酸菌可以增加肠道内的益生菌，调节肠道内菌群的结构，对预防腹泻有明显的作用。

维生素A

皮肤、呼吸道和胃肠道黏膜是免疫系统的第一道防线，维生素A能够促进皮肤和黏膜的增生和保持完整性，增强人体免疫力。缺乏维生素A的宝宝常常会流泪、皮肤粗糙，并且容易患呼吸道感染和腹泻。在调整饮食结构时，可适当增加动物性食物（蛋类、乳类和动物内脏）和深色蔬菜，也可给予维生素A制剂补充干预。切记不能过量喂食，不然容易引起肝脏负担和过敏反应。

维生素E

维生素E，又称生育酚，能促进人体新陈代谢，提高免疫力。此外，维生素E是一种高效抗氧化剂，能保护生物膜免于遭受过氧化物的损害。若宝宝的皮肤容易干燥，同时有脱发，那么有可能是缺乏维生素E了。及时给宝宝多吃富含维生素E的食物，果蔬（菠菜、卷心菜、猕猴桃）、瘦肉、小麦胚芽、鱼肝油等。必要时，还可以用维生素片剂加以补充。

钙元素

钙是人体内所含矿物质最多的一种，是构成骨骼和牙齿的主要成分；同时，钙也参与了神经系统、造血系统和循环系统等代谢。宝宝的骨骼和牙齿正处于生长发育的关键时期，所需的钙量比成人要多。因此要及时而适当地给婴儿补充钙质，并多增加户外活动时间。平常可在宝宝的膳食中多添加鱼、虾和豆腐等食材。 以下是宝宝缺钙的常见表

现：①睡觉、喝奶时汗多；②易惊醒、惊厥；③白天常常烦躁不安；④枕秃；⑤出牙迟；⑥学步迟；⑦经常出现抽筋现象；⑧指甲发白。

铁元素

铁元素作为人体血红蛋白和大脑神经纤维髓鞘的物质基础，为脑细胞提供充足的营养素和氧并能影响神经传导。宝宝缺铁会导致贫血，主要表现为面色苍白、指甲颜色变淡、精神不振和注意力不集中等。宝宝可适当食用含铁的配方奶、动物肝脏，也应及时补充维生素C（西红柿、菜泥），增进铁的吸收。

硒元素

硒是维持人体正常生理功能的重要微量元素，缺硒的宝宝表现为智力低下、易患假白化病，临床症状为牙床泛白、皮肤和头发无色素沉着。平常可多食用富含硒的食物，如蘑菇、芝麻、南瓜等。同时由于硒和维生素E两种营养素之间有相互的作用，所以多吃水果和蔬菜等富含维生素A、C、E的食物有助于硒的吸收。

合理的运动

可多带孩子到附近公园或花园和其他宝宝一起玩耍，活动强度应从小到大，比如从普通的散步到游戏、跑步等。每天运动的时间最好也相对固定，以便宝宝形成良好的条件反射。

充分的睡眠

建议一周岁以后的宝宝一觉睡到天亮。作为家长，不要让宝宝跟着大人熬夜看电视，睡前也不要让宝宝过于兴奋，日间与其他孩子们的游戏玩耍会让宝宝在晚上睡得更好。

接种疫苗

1岁以后的宝宝需要接种的疫苗种类减少，但还是不能忽略接种程序和时间。小儿常见四病（小儿呼吸道感染，佝偻病、腹泻、贫血）目前还是处于高发阶段，家长应密切关注孩子的生长发育，适当地补充营养以增强其抵抗力。

以前很怕小枣发烧，最近妈妈竟然有点盼他发烧。

“宝宝长牙一定要发烧，发完烧牙尖就冒出来了。”

这话也不知道谁说的，反正小枣妈妈十分坚信。结果每次小枣烧起来，妈妈都一个劲往他的嘴里看，希望看到那“小荷尖尖角”。

不过看来看去，还是那小猫三两只——该萌出大牙的地方，依然还是一个鼓包。

我家宝贝这次又白烧了！妈妈恨恨地想。

其实她这样想不对。在婴幼儿疾病防治方面，也许妈妈更应该有一个观念：从来没有白得的病，从来没有白发的烧。

比如小枣，虽然没有长出牙来，但长了本事，长了抵抗力。

感冒

感冒是一种常见病、多发病，对于免疫力相对较低的婴幼儿来说更是如此。感冒多由病毒引起，某些细菌和支原体也会引起感冒症状。因感冒病毒变异性极强，所以较难通过注射疫苗来预防感冒的发生，但是日常生活中可通过加强锻炼、提高自身免疫力来预防。

表现：宝宝感冒主要会出现以下一种或几种症状：流鼻涕、咳嗽、发热，有时会出现呕吐、腹泻，发热时还有可能伴有皮疹和眼屎的出现。

原因：感冒多由病毒引起，全年均可发生，其中冬季及春季为多发时期。当宝宝免疫力降低或者所处的环境温差较大时容易受病毒感染而导致急性上呼吸道感染，即感冒症状。

日常护理：

（1）使宝宝养成良好的生活习惯：日常生活中帮助宝宝形成良好的作息习惯，每天至少保证9小时的睡眠时间。充足的睡眠是宝宝健康成长的关键。

（2）让宝宝形成良好的饮食习惯：从宝宝8个月开始就要有意识锻炼宝宝形成定时定量的饮食习惯，饮食以清淡为主，不吃刺激性强的食物，少吃零食。家长可以把食物做得有吸引力一点。

（3）让宝宝进行适当的体能锻炼：随着宝宝独自行走能力的增强，其活动范围也越来越大，这时可以跟宝宝玩皮球、让宝宝模仿视频学跳舞等适合宝宝体能素质的简单的活动。

（4）根据具体情况补充水分：当感冒伴咳嗽、发热时，要注意及时给宝宝补充水分。天气干燥时，也要注意提高室内湿度，如用加湿器产生水汽，没有加湿器的也可以在室内晾几件湿衣服。

（5）根据宝宝年龄特征：6个月以内的宝宝因其体内有母体供给的免疫物质，得感冒的机会相对来说小很多，因而如果出现高热（体温高于39℃），家长要非常警惕，因为这有可能是重大疾病所引起的。而当宝宝1～3岁时，其体内抵抗力相对薄弱，是感冒的多发年龄段。要注意及时就医，否则有可能诱发肺炎、中耳炎等合并症。

（6）感冒时的饮食：宝宝感冒发热时适宜吃一些水分充足、容易消化的美味食物，5个月以上的宝宝均可食用藕粉汤，最好再加点苹果汁或新鲜的橙汁。另外，宝宝在退烧时食欲稍好，此时要让宝宝多摄入富含营养的食物，以使宝宝尽快恢复体能，增强免疫力。

呕吐

呕吐是小儿常见病之一，是由于食管、胃或肠管逆蠕动迫使胃内溶物从口、鼻涌出，可见于多种疾病，如乳糖不耐受、食物过敏、中耳炎等，应及早明确病因。另外，家长要警惕宝宝将呕吐物吸入而造成气道堵塞，这是呕吐发生时最大的危险。

表现：呕吐时腹部肌肉收缩、腹压升高，幼儿会出现心悸、冒汗、烦躁、面色苍白等情况，某些情况下呕吐物会同时从口、鼻喷出，特别是新生儿神经系统未发育成熟的情况下可能在呕吐前无任何前兆。

原因：对于幼儿来说，任何身体不适或情绪不适都有可能引起呕吐，多数情况下是由于消化道感染导致的急性胃肠炎所致，如喂食不当或吃了生冷食物。但要注意的是，呕吐可能是某些严重疾病的病症，如阑尾炎、肠梗阻、头部严重损伤等，这些情况下需及时寻求救治。

日常护理：

（1）尽量不要让宝宝吃生冷食物：幼儿消化系统还不是很完善，较容易受到外因的作用而导致消化功能失调，因而要尽量避免让宝宝吃雪糕、冷饮、凉拌等。确保宝宝吃的食物是彻底煮熟的、干净卫生的。同时要注意让宝宝养成饭前洗手的习惯。

（2）避免呕吐物吸入：发现宝宝想呕吐时要立刻让宝宝的脸朝下，这样宝宝比较容易吐出呕吐物，也避免吸入的危险。宝宝睡觉时可让其侧卧，如果宝宝没有侧卧的习惯，可在其两边加上固定姿势的垫子。

（3）根据情况适当补充水分：腹泻、呕吐都会引起体内水分大量丢失，因而为了预防呕吐后出现缺水、脱水情况，要及时补充水分。因呕吐后立刻喂水可能会诱发再次呕吐，所以建议在呕吐30分钟后再给宝宝喝水或米汤，每次大概10毫升，1小时后再增加水量。如果呕吐后不愿喝水，要迅速到儿科就诊。

（4）留意其他症状：如果幼儿呕吐的同时出现以下症状，要立刻到医院救治：有3小时以上持续性腹痛的；呕吐物是黄绿色的；幼儿出现嗜睡或精神紊乱的；呕吐后阵发性咳嗽的；呕吐伴腹泻等。总而言之，当幼儿出现异常情况时要及时与医生取得联系。

（5）呕吐时饮食：宝宝呕吐时原则上要求禁食，特别是不能让宝宝吃西柚、橙子、酸奶等，否则可能再次诱发呕吐，但是要注意的是，呕吐使机体流失大量水分、严重消耗体能，因而在宝宝呕吐症状缓解半小时后可喂食牛奶、果汁，等宝宝食欲好转后要及时喂食有营养、易消化的食物。

便秘

表现：宝宝长达3天或更长时间才大便一次，大便质感硬，有时为小球状大便，以致宝宝排便时过分用力，出现啼哭或明显的不适感。

原因：大便习惯的微小改变是正常的，饮食结构的变化、膳食中纤维素或水分不够、小毛病、情绪紧张等均有可能改变宝宝的大便习惯。另外，某些疾病如发热、呕吐等使机体水分消耗的疾病也有可能导致便秘的发生。

日常护理：

（1）调整食物结构及食物量：断奶期饮食—因为膳食结构的改变（特别是水分摄入减少的情况下）很容易引起便秘，因而刚刚断奶的宝宝最易出现。此时宝宝除了吃点奶类制品外，还可以适当增加蔬菜汤、新榨果汁的摄入。另外，宝宝的饭菜应该软烂一点。

断奶期后，宝宝身体所需营养都得从食物中获取，因而营养搭配均衡对于宝宝的健康成长至关重要。此时可让宝宝喝适量的酸奶或低聚糖；在膳食中应多给宝宝吃一些水果和蔬菜（如菠菜、豆芽菜、海藻类等），增加膳食纤维的摄入。

（2）锻炼宝宝形成定时排便的习惯：宝宝大概1岁半时可开始训练宝宝自行排便，可用儿童大便座椅进行。首先向宝宝说清楚这个座椅的作用，并在宝宝有便意时引导其使用大便座椅。如宝宝意外失控也不要斥责他，而要耐心引导，使其树立信心并最终养成定时自我解决大小便的习惯。

（3）通过按摩或增加宝宝运动量来促进排便：在宝宝进食1个小时后可顺时针给宝宝按摩腹部，增进肠蠕动，促进排便。日常生活中多让宝宝进行适量的运动。

（4）必要情况下使用灌肠或肛塞方法促排便：如果在尝试了很多方法后还是解决不了宝宝的便秘问题，可在医生的指导下通过甘油灌肠或使用开塞露等方法促进排便。

支气管哮喘

小儿支气管哮喘多发于工业国家，是属于一种过敏性疾病，特异性体质的孩子多见。因为1岁内的婴儿很难根据其症状诊断为支气管哮喘，要到了1～2岁才能根据情况确诊。小儿支气管哮喘有相应的预防措施，家长应注意在日常生活中减少小儿接触过敏源及其他诱发因素，从而达到预防效果。

表现及原因：支气管哮喘是过敏性疾病，哮喘患儿通常有反复性咳嗽、喘息、呼吸困难症状，表现非常难受；部分患儿在哮喘发作时会出现明显的“抬肩呼吸”，多在接触诱发因素（如接触过敏源、香烟，剧烈运动或情绪反应）后出现，夜间症状常见。

日常护理：

（1）清除室内灰尘和虱子：支气管哮喘多由灰尘和虱子引起，因而孩子经常待的地方要保持清洁，定期擦洗室内易积尘的家具；床上用品要保持干燥，经常拿到太阳底下晾晒以杀死螨虫或虱子。

（2）尽量避免接触香烟、过浓的气味：香烟、浓气味易造成气道高反应，禁止在宝宝所处的室内环境中吸烟，同时注意保持室内空气流通。

（3）避免饲养易掉毛的动物：毛屑也容易刺激呼吸道，引起过敏反应，因而应该尽量避免在家中饲养猫、狗、豚鼠、鸟类等易掉毛的动物。

（4）增强体质、抵抗能力。

（5）制定长期的监控方案，进行定期随访保健及教育：治疗、控制哮喘疾病需要一个长期、规范的治疗，因而对家长适当的教育是非常必要的，而家长也要积极配合儿童保健部门的工作，提高积极治疗的主动性，提高用药的依从性，才能保证儿童哮喘治疗、控制的效果。

中耳炎

中耳炎是中耳腔被细菌或病毒感染而导致的化脓性炎症，多见于6～15月龄的小儿。当上呼吸道感染时开放的咽鼓管被堵塞，细菌易进入中耳，同时中耳腔内形成负压，使鼻咽部细菌反流中耳，诱发炎症反应。炎症分泌物造成中耳与鼻咽部的通路堵塞，从而产生耳膜破裂并有脓性渗液从耳朵流出。

表现：患儿常表现为耳区胀痛、听力下降以及伴有发烧、头痛、乏力、食欲减退等全身症状，其中高热是其典型症状之一，正所谓“高热持续不断，需要怀疑中耳炎”。一旦鼓膜穿孔，可见脓液从耳中流出。由于鼻涕和积聚的脓液对鼓膜产生压迫，患儿耳部有较强烈的疼痛感，因而伴有情绪较差、有哭闹不安、抓耳挠腮的表现。

原因：中耳炎主要继发于感冒，小于3岁的婴幼儿的咽鼓管比成人的短且直，因而感冒时细菌或病毒很容易从咽喉进入中耳，导致中耳腔感染发炎而致中耳炎。

日常护理：

（1）根据宝宝年龄阶段来给予相应的关注：1岁以内的婴幼儿不能准确表达疼痛及疼痛部位，家长在宝宝感冒时要仔细观察、密切留意，以期及时发现病变部位，争取尽快处理、治疗中耳炎。1～3岁是感冒高发期，鼻涕很容易倒流进中耳诱发中耳炎。注意，此时即使感冒不严重，也要密切留意。因为稍有发热也可能会迅速出现一些儿童症状。

（2）感冒时注意特别护理：感冒是中耳炎的诱发因素，因而在宝宝感冒期间要注意精心护理。当宝宝鼻涕很多时，不要大力帮宝宝拧鼻涕，也避免用棉签帮宝宝掏鼻涕，因为这样很容易弄伤鼻黏膜。可用小儿专用吸鼻器小心地帮宝宝去除鼻涕。

（3）及时处理中耳炎渗出液：无论什么情况之下，若宝宝出现耳朵流脓的现象都要及时就诊，尽早明确病因。确诊是中耳炎后，要严格遵循医嘱，不可擅自停药，以降低中耳炎再度复发概率。耳朵流出脓液时可用棉纱仔细清除，或者用干净的脱脂棉擦去，如果脓液粘在皮肤上，用湿棉纱会较易擦去。

（4）处理耳痛现象：患儿中耳炎炎症较严重时耳朵会出现肿胀疼痛，此时可让宝宝侧卧，然后用较柔软的毛巾包住一个放有冰块的塑料瓶置于宝宝耳朵上，即“冷敷”耳朵肿胀处有助于缓解疼痛。注意，千万不要往耳朵里放入任何东西如棉球，因为这会加重疼痛。

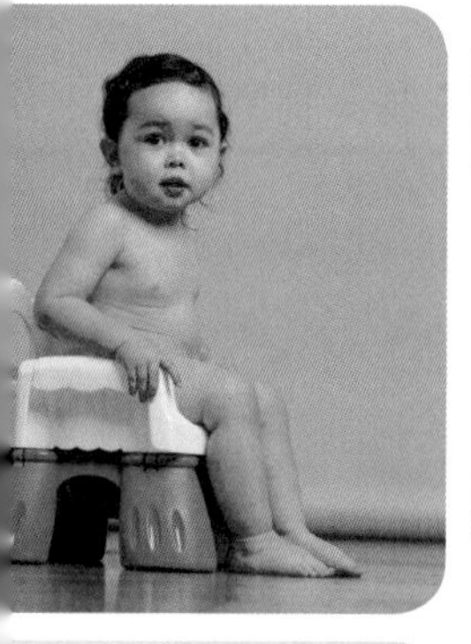
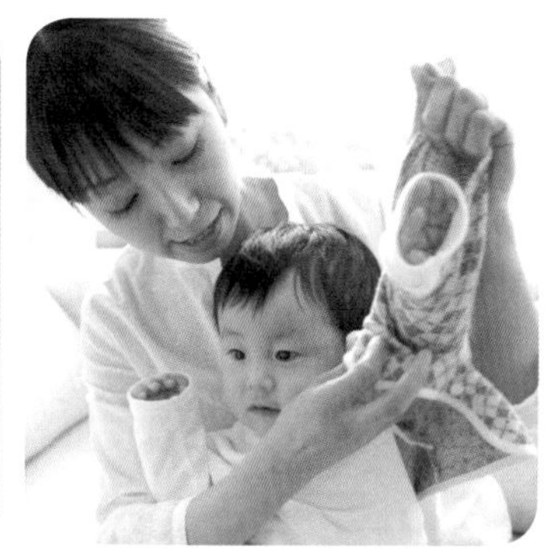

第六节

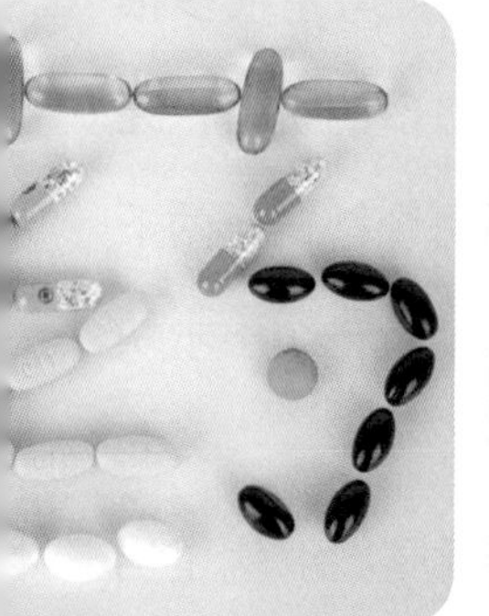

各系统发育与生理需求

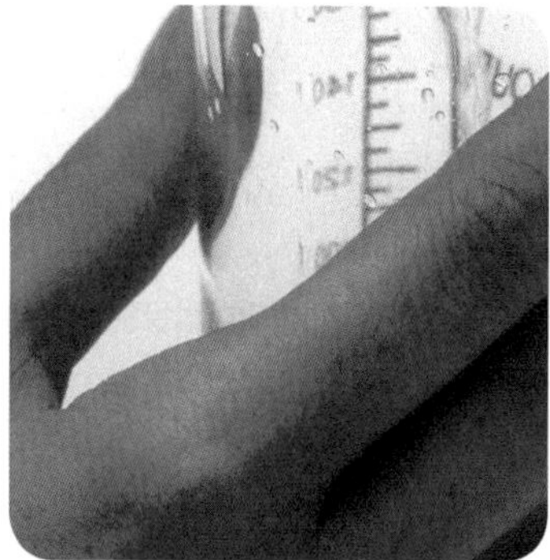

一 神经系统

刺激，促进；再刺激；再促进；很多很多刺激，很多很多促进。

这大概就是神经系统发育的原理了。

妈妈不喜欢这个原理，不喜欢为此给小枣太多刺激，刺激个不停。

比如玩具，确实可以给小枣带来刺激；可是很多很多玩具就不一定了：她觉得小枣每次面对过多的玩具，经常一下子就失去了焦点，无所适从，然后每个都摆弄两下又丢开，满眼茫然，一脸落寞，反而不如就玩一个小木块那么开心，那么专注，那么持久。

只有一种情况下，妈妈会给他增加玩具：那就是当他只有一个手抓着木块闲逛的时候，妈妈会在他另一只手里也放一个木块。

这样一来，两个木块很快就在小枣的“统筹”下互动起来，然后就有了故事，就有了游戏。

两只手都忙起来，协调配合、各司其职、统筹作战，也是对神经系统的一种绝佳训练，不是吗？

游戏训练宝宝神经系统的发展

游戏可以使宝宝接触到不同的刺激，运用多个系统的器官，对宝宝的神经系统发育有一定的促进作用，下面简单介绍两种方法。

1. 冷水擦脸操

用两个手掌蘸凉水，用手指分别从宝宝的嘴角处开始向上推到鼻根，再到额头，然后从耳前按摩下来。给宝宝进行脸部按摩3次后，可以再蘸一次凉水；每天早晚洗脸时，各擦5次，按摩15次。

益处：不仅可以预防感冒，还可以增强宝宝面部皮肤对寒冷的抵抗力。

提示：用凉水擦脸时，为避免水太凉，只要把手蘸湿就行了。冬天的时候谨慎感冒。

2. 独立行走

1～2岁这个阶段是宝宝学走路进展迅速的时期，要多给宝宝一些锻炼机会。比如和宝宝一起玩扔球、捡球、找东西的游戏，训练宝宝独自在地上玩，独立蹲下捡东西，独立站起，并独自稳定地行走。

益处：不仅可以使宝宝的行走技能逐渐成熟，还可以促进运动系统和神经系统的发展。

提示：在训练行走时，要注意保护好宝宝。

创造环境要素刺激宝宝神经系统发育

如果家长能够及时地给孩子丰富的视听、触觉、运动和平衡等环境刺激，就可以有效地促进宝宝大脑的发育。如果缺乏环境刺激，宝宝的大脑发育就会受到一定程度的阻碍。家长应该积极为宝宝创造良好的成长环境：

（1）胎儿时及出生后摄取所需的足够营养素。

（2）要给孩子养成良好的生活习惯。

（3）要为宝宝按摩皮肤——抚触。

（4）营造良好的亲子关系及和谐的家庭气氛。

（5）提供多元的感官刺激，双手常工作，双脚常走路。

（6）要帮助宝宝练习独立能力，学会自己照顾自己。

你知道吗？

玩具太多不利于宝宝神经系统发育

很多年轻的爸爸妈妈认为，给予宝宝越多刺激，就越有利于宝宝的大脑发育。所以，爸爸妈妈们会给宝宝买各式各样的玩具，恨不得宝宝一玩玩具就瞬间变聪明。其实玩具太多反而不利于神经系统的发育。因为宝宝的脑部神经尚未发育健全，选择能力和控制能力不够成熟，如果

刺激过度，信息过杂，很容易使大脑形成的各种兴奋灶之间互相影响、干扰和制约，反而阻碍神经系统的发育。所以爸爸妈妈们应该根据宝宝不同年龄段的特点给予适合的玩具，有力地促进宝宝的神经系统发育。

声光玩具影响宝宝的神经系统发育

现在，许多玩具融进了声、光、电等现代科学技术，用来启迪教育、开发智力。但随着新奇玩具的大量出现，噪声大的玩具对婴幼儿的听力和神经系统的危害也越来越大。有研究报告表明，尽管目前还不能准确地测出婴幼儿对声音的灵敏度，但宝宝们对声音的感应要比成年人灵敏。如果儿童玩具发出很大声响、闪光很耀眼，就可能严重影响宝宝的听力、视力和神经系统的发育。

爸爸多关爱宝宝有助于宝宝的智力发展

与妈妈相比较，爸爸对宝宝的智力影响更大。有较多机会与爸爸接触的宝宝在精细动作能力、外界刺激的敏感性、生活独立感和学习自信心方面具有优势。因此，作为宝宝的爸爸绝不要将抚育宝宝的责任全部推给妈妈，爸爸、妈妈在开发宝宝智力时担当同样重要的角色；宝宝无法获得父爱时，其心灵、智力受到的打击是无法估量的。所以，多陪宝宝做一些亲子活动，是一个父亲的重要职责和明智的选择。

小枣放了一个很响的屁。

他被自己吓到了，不知发生什么事。

妈妈看着他不知所措的样子，忍不住大笑起来。谁知这一来，小枣竟然哭了。不知道是吓哭的，还是因为恼羞，最后成怒。

妈妈赶紧止住笑。是跟上午吃的小豆稀饭有关吗？她试着找出原因。妈妈没再嘲笑小枣，而是一边哼着即兴而作的歌谣，一边给他揉着小肚子做抚触——这可是小枣从小就最爱的妈妈牌服务啦！

而歌谣，妈妈是这么唱的：

咚咚咚，谁打雷？

小枣，拿大锤！

打完雷，下大雨，

小枣，对不起……

为什么说“对不起”呢？因为妈妈觉得，她不应该让小枣觉得放屁或者排便是一件难为情的事。这本来就很正常，对于消化系统来说，没有屎尿屁的话，岂不更让人担心！

宝宝独自排便篇

在这一年龄段，家长们需要继续给宝宝进行咀嚼能力锻炼以及给宝宝进行腹部按摩，促进消化和吸收。除此之外，锻炼宝宝独立排便能力，养成良好的排便习惯也需要得到家长们的重视。

何时开始独立排便训练？

1. 生理准备

宝宝的直肠括约肌在18～24个月时发育比较成熟，可以开始自己控制排便；肌肉运动能力也发育到一定程度，能够比较灵活地走、蹲、起立；而且宝宝开始懂得用力挤压腹部肌肉，帮助排便。

2. 心理准备

宝宝的认知能力发展到一定程度，能够理解“便便”“去厕所”的意思和动作，并能听懂家长的指示；能及时意识到自己的便意并会自己说“便便”等或用动作来表达；或者在排便后会表示自己的裤子脏了。

排便训练

（1）便器：宝宝腿部力量发育不足，还没办法使用蹲厕排便，而家里的坐厕也不适合宝宝。所以要特意为宝宝准备一个大小适合的专属便器，最好是选用宝宝喜欢的卡通形象的便器。

（2）训练时间：根据宝宝平时的排便时间，或发现宝宝有便意时，提醒宝宝走到便器旁。

（3）帮助宝宝拉下裤子，如果宝宝有能力的话可鼓励他自己拉下裤子，并坐在便器上。

（4）在宝宝顺利排便后要及时给予鼓励和表扬，增强宝宝的信心和兴趣。

注意事项

（1）如果宝宝不愿意配合，或者超过5分钟不肯排便的话，不要勉强。下一次继续训练，让宝宝逐渐适应在便器上排便。

（2）尽量在固定地点放置便器，让宝宝理解为要在特定的地点进行排便，避免出现随地排便行为。

（3）养成良好的坐便习惯，不能让宝宝在排便时玩玩具或吃东西等。

（4）注意避免宝宝长时间坐在便器上，以免形成习惯性便秘。

（5）家长的态度对宝宝的排便训练非常重要。在宝宝进行排便训练时要充分尊重宝宝，有耐心，不能给予宝宝太大压力，更要避免打骂情况；还要理解、控制排便对宝宝来说不是一件容易的事情。所以当宝宝顺利完成这些过程时要及时给予鼓励，让宝宝觉得排便是一件快乐的事情，而不是一个令人难受的任务。

粗粮篇

面对“宝宝经常便秘怎么办”的问题，很多家长或许会支招“多吃点粗粮就好了”。确实，这是我们饮食观点的一个进步，越来越多的人懂得了粗细搭配的原则，并逐渐在宝宝的饮食中加入了粗粮。但是，对于宝宝来说是不是什么时候都可以吃？是不是吃得越多越好呢？下面就解开这些疑问。

何为粗粮？

粗粮通常是指大米、白面以外的粮食，包括有谷类中的玉米、小米、黑米、高粱、燕麦、荞麦、麦麸以及各种干豆类，如黄豆、青豆、赤豆等。

粗粮的营养和好处

（1）富含多种维生素（如维生素B_1、E）、矿物质等，有利于维护宝宝的健康，并促进宝宝生长发育。

（2）有更高含量的膳食纤维，有利于维护肠道微生态环境的稳定，提高宝宝的机体免疫力等。

（3）高含量的膳食纤维还可促进肠道蠕动，预防宝宝便秘。

（4）含有丰富的微量元素，进一步满足宝宝对钙、铁等的需求。

如何吃粗粮？

对于如何给宝宝添加粗粮，儿童营养专家王如文给家长提出了这样的一些建议：

（1）1岁以下的宝宝因处于换乳期而存在营养需求矛盾，且自身消化吸收功能还不成熟。但是粗粮中蛋白质的质量较低又不容易消化；所以不建议在这一阶段给宝宝添加粗粮作为辅食。

（2）粗粮中含有较多的植物酸、草酸等，会影响肠道对钙、铁、锌等重要元素的吸收利用；因此建议在接受辅食比较稳定的1岁以后才开始适量添加粗粮，避免提高宝宝患缺铁性贫血、锌缺乏等营养性疾病的风险。

（3）可以将粗粮在发酵后制成辅食（如小麦馒头等）或做成软烂食品（如小米粥等），可以减少植物酸等的不良作用。

（4）注意要逐渐添加粗粮的进食量，且分次喂养；一般1～2岁的宝宝一日的进食量不要超过主食总量的20%；2～3岁的宝宝一日的进食量不要超过25%。

（5）进食粗粮后要及时让宝宝多喝水，这样才能保障肠道的正常工作。

和爸爸商量了一下，为了配合妈妈的“屎尿屁”理论，他们去买了两个便盆回来给小枣：一个鞍式，一个桶式。

小枣玩了它们快一个小时。

时而顶在头上，时而压在肚子下，时而往里面养小猴子和考拉……就是不往上坐。

爸爸在一旁耐心地等，没有强迫，也没有过早示范。一直到小枣不动了，脸上也出现了熟悉的放空表情——

Bingo！爸爸一个箭步冲过去，轻轻端起小枣，稳稳放在便盆上，同时示意妈妈。

妈妈会意地坐上小枣对面的另一个便盆。

尽管还穿着尿不湿，小枣还是完成了他人生中第一次的盆中排尿。

有了这第一次，还愁没有第二次、第三次吗?

需水篇

1～2岁的宝宝的泌尿系统仍未发育完善，需要的水量仍比成人高，但是，并不是饮水越多越好，所以，家长应该掌握宝宝的饮水量，以满足其生长的需要。

1～2岁宝宝怎样喝水？

要随时地给宝宝喝水，喝水应该少量多次，每次一杯左右。如1～2岁的宝宝每日喝白开水4～5次，每次150～200毫升，

注意：当宝宝活动过多时要多喝点水。不可一次性大量饮水，这样会加重胃肠负担，使胃液稀释，既降低了胃酸的杀菌作用，又影响食物的消化吸收。

宝宝该喝多少水？

一般体重10千克的1～3岁宝宝每天需要1升水量。以上供水量是指经口饮水、食物中所含有的水及食物在体内代谢所产生的水的总和，而不是单指饮水量。照此推算，1～2岁的宝宝每天需水量为1200～1600毫升，除去饮食摄入的水分外，还应该每天直接饮水至少600毫升。

1～2岁宝宝该喝什么样的水？

饮用水包括煮沸的开水、矿泉水、水煮的水果水与蔬菜水、鲜榨果汁和较大儿童饮用的清淡绿茶水等。对1～2岁的宝宝来说，各种饮料中应首选白开水。不同年龄段宝宝对水的需求量不同，1岁以上的宝宝，由于每天都会从饮食中摄取一定量的水分，如水果、米饭、汤等，所以这个年龄段的宝宝每天的额外补水量应控制在1200毫升左右。

如何养成让宝宝多饮水的习惯？

（1）时常提醒宝宝喝水，积少成多，完全可以达到补充水分的目的。

（2）经常给宝宝变换补水方式。如让宝宝喝新鲜果汁、多喝肉汤以及吃富含水分的食物等。

（3）跟宝宝玩干杯游戏，每次干杯后把杯子里的水喝完。

（4）给宝宝买个漂亮可爱的杯子喝水，提高宝宝对饮水的兴趣。

注意：给宝宝喂水时，还要灵活掌握饮水量，当气候炎热、吃热奶、哭闹、玩耍、生病发热及出汗较多时，更应注意及时喂水。

排尿篇

排尿次数与尿量

新生儿排尿次数（日）为20～25次，尿量（毫升/日）为80～200；1～3岁宝宝排尿次数（日）为6～7次，尿量（毫升/日）为500～600。

注意：0～3岁宝宝的每日尿量<200毫升/日时为少尿，每日尿量<50毫升/日为无尿。

排尿训练

1. 训练时机

18～21个月时，宝宝的小便较有规律。根据婴幼儿以下发出的这些身体信号，家长可以开始给宝宝进行如厕训练。

（1）宝宝在便后能感觉到尿布或者纸尿裤湿了，通过声音或者动作表达不舒服的感觉，例如大声叫或者不安地拉扯着裤子。

（2）宝宝在有了便意时能通过语言、动作或者其他方式表示，例如突然不说话并两腿夹住不动。

（3）在一到两个小时的时间里能坚持住不尿床，例如午睡时。

（4）想学着成人的样子上厕所等。

所以一般来说，1岁左右大的宝宝要尿尿时，会表现为坐立不安，整个脸部的表情发生变化。所以家长要经常观察自己的宝宝，再为宝宝换尿布或纸尿裤的时候，要经常地和宝宝说“下次尿尿时要告诉妈妈哦”“现在舒服多了吧”等，慢慢培养宝宝排尿的习惯。

2. 训练过程

(1) 训练内容：以声音或手势来表示要小便。

训练方法：①给宝宝看一幅表示孩子上厕所情况的画画，问宝宝：“这个小朋友在干吗？”鼓励宝宝用声音或手势表示。

②在定时带宝宝上厕所前，先对他说：“要不要上厕所？”引导宝宝他说：“嘘嘘”或“不、不”或用手势表示，然后带他去厕所时再说一次，引导宝宝做出反应。

③以后再带宝宝去厕所时，就问宝宝，“现在**（宝宝名）要去上厕所——**现在要去哪

里？”鼓励宝宝作出表示。

④以后宝宝要小便了，会用声音或手势表示时，就要赞扬他。

注意：要定时给宝宝上厕所，使他养成习惯。在初步训练时，可给宝宝喝较多的水。

（2）**训练内容：**坐在痰盂或抽水马桶上完成小便过程，即会正确使用马桶。

训练方法：①陪着并鼓励宝宝坐到痰盂或马桶上，当他坐上时，即时表扬。男宝宝可以站着尿。

②当宝宝需要小便时，提示他去上厕所，但需慢慢减少提示，直至他自己去上厕所。

注意：

①痰盂的大小应适合宝宝，若是抽水马桶，则大小和高度要适合宝宝。

②当宝宝正确地使用马桶后，要及时给予表扬。

③当宝宝有排尿的习惯，但常常会在跑到厕所或小马桶前，就忍不住拉了出来。这时家长要忍耐，绝不能骂宝宝。

不仅小枣爱听妈妈的心跳声，其实妈妈也爱听小枣的心跳声。

还在妈妈肚子里的时候，医生就捕捉到小枣的心跳，让妈妈和爸爸听。回到家里，爸爸还专门买了一个听诊器，趴在妈妈的肚子上找啊找啊，找到了就特别兴奋，找不到则特别沮丧。

后来小枣出世了，妈妈感觉他的心跳跟胎音时不一样了，就像是打击乐演奏，一开场就如暴风雨一般密集。

再后来，又慢了一些，不过依然是嗵嗵、嗵嗵地，像是在一溜小跑。

妈妈明知道心跳快是由于幼儿心脏小的缘故，可还是免不了心疼。想着想着，她又哼起自己改编的歌谣来。这次改的是马玉涛老师的《马儿啊你慢些走》，是这样改的：

小枣啊，你慢些走喂慢些走哎，

我要把你迷人的模样看个够……

妈妈是真的不想小枣跑得太快、长得太快、离开得太快，她怕太快了，自己就撵不上儿子了。

宝宝的循环系统主要包括心血管系统和淋巴系统。先天性心血管系统疾病的预防应在围产期进行。如果围产期的保健预防工作没有做到位，再加上遗传因素，宝宝可能罹患先天性心脏病。

循环系统发育的变化

· 心脏重量继续增加。
· 心脏容积增大。
· 动静脉口径相对变窄。
· 心率80～130次/分。

预防缺铁性贫血和获得性心脏病

由于宝宝特殊的血液情况，以及生长发育迅速，宝宝对铁的需求增多，相应地容易发生缺铁性贫血。预防此类贫血的方法有：

· 6个月左右：开始添加富含铁的辅食。
· 1岁以下：坚持母乳喂养。母乳内铁含量不高，但利用率极高。
· 1～2岁：合理膳食，视情况增加补铁制剂。

宝宝的身体防御机能不够完善，当病毒细菌来袭，容易感染到获得性心脏病。预防获得性心脏病的方法是要保持口腔卫生，避免病毒性感染。

一问一答

1. 宝宝做定期检查时，医生说宝宝心脏有杂音，这对健康有什么影响，是不是心脏病啊？

妈妈们带宝宝做检查时，可能会听到医生说宝宝心脏可闻及杂音。这可吓坏了各位妈妈，心脏有杂音，该不会是心脏病吧？确实，罹患心脏方面疾病的宝宝的确会出现心脏可闻及杂音这一临床表现，叫病理性心脏杂音。但是并非所有的杂音都表示宝宝有心脏病，很多宝宝的心脏杂音属于生理性的，随着年岁的增长会慢慢地消失，并不会对宝宝的健康造成影响。

2. 宝宝的皮肤有些发紫，究竟是什么引起的呀？要怎么处理？

宝宝的皮肤发紫，医学上称青紫，是指小儿的皮肤略呈绿色或蓝色。青紫可能是宝宝保暖不足或者先天性心脏病等问题的具有指示意义的指征，家长们应学会如何观察青紫，不要作胡乱猜疑。检查青紫应在自然光下进行。日光灯、白炽灯下检查容易造成误差。一般来说，在皮肤薄、色素沉着少和毛细血管丰富的地方，如耳郭、鼻尖、嘴唇、颊黏膜、舌处，青紫易于出现，也易于观察到。如果小孩肤色较深，则只有在舌和颊黏膜处能见到青紫。发现青紫后要明确青紫的缘由，要注意宝宝的保暖，若出现持续性的青紫，则应及时送医院进行专科诊治。

3. 宝宝怎么一运动就感觉心跳加快，呼吸困难呢？

有些孩子可能平时没有异常，但是一运动或者特别激动就出现呼吸困难、心跳过快的情况，这可能是心功能不全的患者。一般患者有心悸怔忡、气短乏力、呼吸困难、静脉怒张、肝脏肿大、尿少浮肿等症状。左心功能不全临床表现为肺瘀血、不能平卧和呼吸困难，四肢无力、头晕、活动后心慌、气促等；右心功能不全临床表现为双下肢肿胀、腹胀、肝脾瘀血肿大，甚至出现胸腔积液和腹水。这类宝宝应及时去专科就诊。

抗生素篇

什么是抗生素呢？它是抗菌消炎药中的一大类，主要针对细菌感染引发的疾病，因此用抗生素去治疗其他原因引起的疾病就是对抗生素的滥用，不但不能治疗疾病，还会给身体带来额外的伤害。因此，在日常生活中应该学会正确使用抗生素。

1. 抗生素不是消炎药

引起宝宝疾病的有很多种因素，包括细菌、病毒、衣原体等，而抗生素只作用于由细菌引起的疾病，对其他原因引起的疾病没有任何疗效。若宝宝一患病就服用抗生素，有可能达不到治

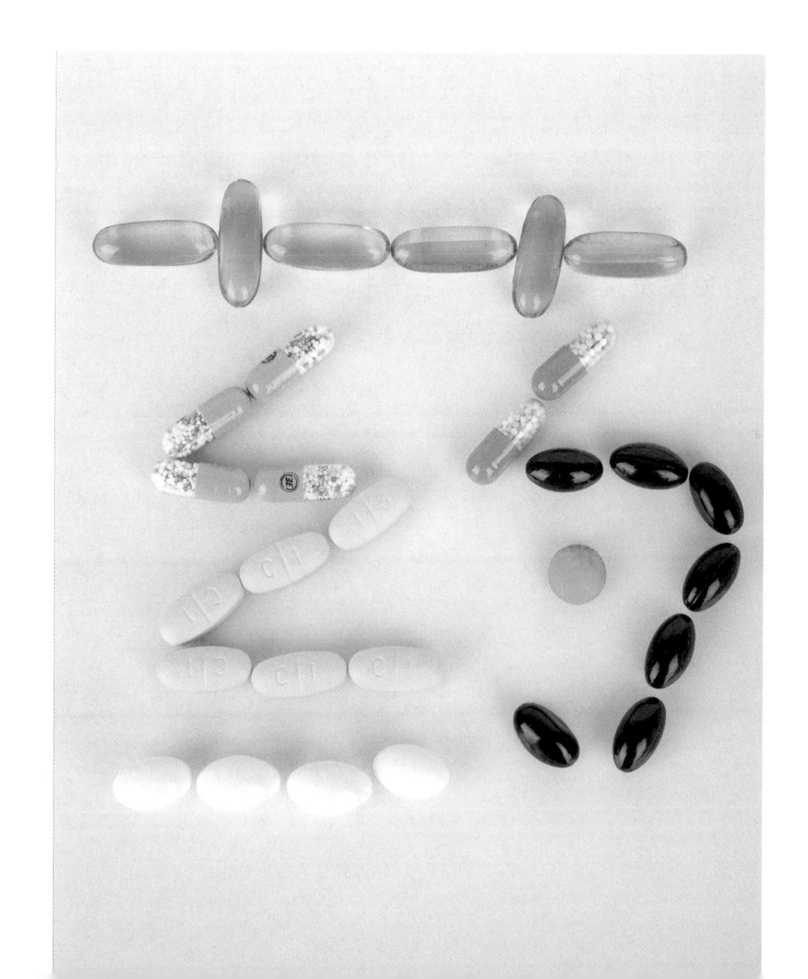

疗的结果的同时，会引起宝宝肠道内有益菌群的失调，导致宝宝的免疫力下降。

2. 抗生素不是越贵越好

抗生素不是万能药，不同抗生素对每种细菌的杀伤程度是有所不同。当药力较弱的抗生素疗效不够理想或者宝宝对其产生耐药性的，才可以合理地选择更高一级的抗生素。不能错误地认为抗生素的价钱与疗效呈正比。

3. 抗生素不是速效药

有些妈妈看到自己的宝宝服用抗生素后病情并没有好转，就急忙换药。其实任何药物起效都需要一个过程的，一般抗生素在服用后3天左右起效。同时因给药途径和孩子自身免疫情况而异。若宝宝的症状在3天后还没有减轻，或者出现持续加重的情况，此时家长们可考虑更换药物。

4. 抗生素不能联合服用

有些家长由于非常担心宝宝的病情，同时使用几种抗生素，其实这样反而会产生一些副作用和增加细菌对药物产生耐药性的发生率。一般来说，尽量用单一抗生素去治疗疾病。

5. 服用抗生素应遵循医嘱

某些家长觉得某些抗生素的疗效不好，或者看到自己的宝宝逐渐痊愈，就擅自给宝宝停药。抗生素治疗是有周期性的，应该在医生的嘱咐下服用足够的疗程天数。任何错误的做法都会使宝宝体内的细菌残留，无法全面清除，很可能导致病情反复。还有些家长觉得吃得越多疗效越快，擅自给宝宝加大药量。其实抗生素的使用剂量是根据每位宝宝的生长发育情况和病情程度计算的，服用过量会造成对宝宝身体的伤害。

免疫系统促进

详见日常护理中的免疫章节内容。

小枣停下手里的勺子，张大嘴，用力喘了几口气，又开始往嘴里塞饭。说是往嘴里喂，嘴也就能吃到三成，剩下的七成都喂给了脸蛋、脖子甚至肩膀。

外婆和外公早就习惯了妈妈对小枣的这种“纵容”：吃得再邋遢都好，只要他愿意自己来，都会给他试。

外婆紧张的是那几次喘大气。“不会是心肺有啥问题吧？咋喘不过气来呢？”

心肺系统有问题，就不是喘大气这么简单了！妈妈心想。她还不了解自己的儿子吗？明明就是鼻子里面有鼻垢，又不肯让人掏，又舍不得碗里的饭，不就只能扒两口、喘几下咯！没出息的小吃货……

“可这样很容易呛到哦！”外婆还是不放心。“趁着咱们都在旁边，真呛到一次也许还是好事呢，起码让他吃点苦头！”妈妈说，“要不然，他一个人的时候才呛到，那才叫危险！”

小枣看看外婆，看看妈妈。算了，听不懂她们说啥，我继续——吃完喘，喘完吃，那酸爽，啧啧啧。

婴幼儿呼吸系统结构及发育特点

1.喉

呼吸的通道，也是发音器官。

保育方法

（1）让宝宝安静地进食。

（2）玩耍时，嘴里不能含有食物。

2.声带

保育方法

（1）不要让婴幼儿长时间大声哭喊。如不注意，久而久之，会影响声带的发育。

（2）制止幼儿大声喧哗。

（3）不要让幼儿迎风唱歌和喝歌后喝冷饮。

（4）幼儿唱歌和朗诵的音量都不应该过大，时间也不应该过长。

（5）注意饮食卫生，尽量不食用对发声器官有刺激性的食物。

如何预防幼儿呼吸道传染病？

（1）养成良好的卫生习惯。

呼吸道传染病患者的鼻涕、痰液等呼吸道分泌物中含有大量的病原体，有可能通过手接触传染。因此特别强调要注意手的卫生，出入公共场所后回到家中，最好要洗手、换衣物再去接触婴幼儿，以保护宝宝免受感染。

（2）让宝宝多饮水。

多饮水有利于排尿和发汗，使体内的毒素和热量尽快排出，帮助宝宝预防发热。

（3）注意宝宝的保暖。

一定要根据天气变化，适时增减衣服，切不可一下子减得太多，也不可穿得太多，这样会压迫孩子的身体，使其活动受限，影响消化。

（4）注意宝宝皮肤的清洁：勤洗勤换衣裤，尤其注意保持宝宝鼻周皮肤的清洁。

宝宝的呼吸道被感染后，会常常流鼻涕，时间长了，鼻子周围，尤其是鼻子下面的皮肤会发红，孩子会感到很疼。这时可以用温湿的毛巾给宝宝敷一敷，然后涂一些消炎药，比如金霉素眼药膏。

（5）远离患者。

远离患有呼吸道疾病的人群，这是避免受到感染的最直接的方式。外出时，不带宝宝到人群密集、通风不良的影剧院、百货公司、超市等地方。

（6）按时进行户外锻炼。

坚持每日户外锻炼，可以充分利用日光浴、空气浴提高宝宝对周围环境冷热变化的适应力。

温馨提示

如何让宝宝安静地进食？

1)让宝宝的食谱变化多一点，宝宝可选择的余地多一些。

2)每顿饭要定时，超过这个时间，就算他喊饿，也不要再给他吃的东西。

3)不要在正餐前 1 小时内吃零食。零食应以干鲜水果为主，不给油腻食物和甜食，以免影响正餐。

4)创造安静、宽松的进餐环境，不要在进餐时批评宝宝，不要边看电视边吃饭。

5)当宝宝偶然有几顿饭不想吃时，说明宝宝不饿，因此不要强迫，更不要大声训斥，以免宝宝产生逆反心理，这时可将饭菜端走，直到下顿饭之前不要给宝宝任何食物。

小贴士

大雾天不要出门，因为浓雾中含有大量有害物质。

第三章 2～3岁婴儿生长发育与促进

第一节

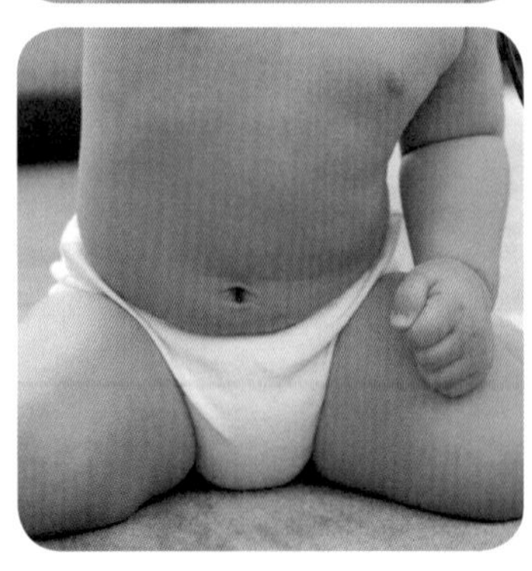

感官功能的发展与促进

一 视觉

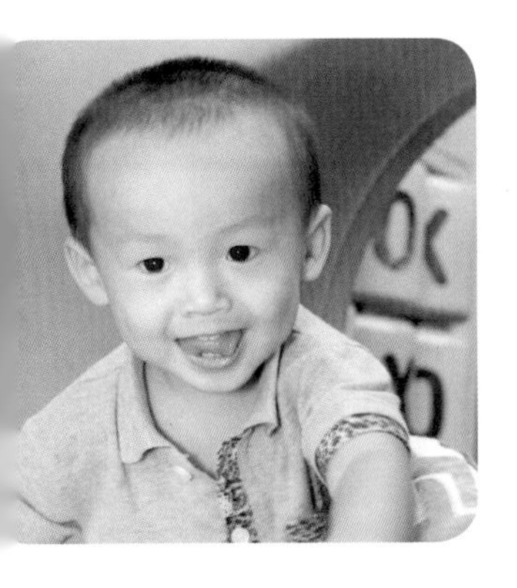

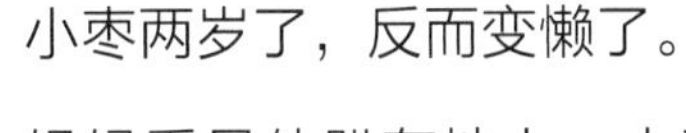

小枣两岁了，反而变懒了。

妈妈看见他趴在地上，小手、小脚都贴着地面，连脸蛋都贴着，眼睛却滴溜溜地转。

“像一堆泥！快起来！”妈妈训斥。

小枣一动不动：大人根本理解不了，这样有多好玩！

这样看过去，世界全变了：竖着的妈妈，躺了下来；躺着的阿旺，竖了起来；高高的桌子，不再高了；矮矮的木马，像座大山。

视角的主动转换，带来了视觉效果的变幻。这变幻给小枣无穷的欢乐。因为对他来说，视觉之快乐不在于看到多少，而在于不断变幻。

2～3岁的宝宝要注意发展其视觉空间感，视觉空间智能是指人敏感而准确地感觉到眼睛所看到的事物和空间，并加以表现的能力。它对于宝宝的成长是非常重要的，平时爸爸妈妈可以通过想象类游戏和视觉类游戏来刺激、提高宝宝的视觉空间智能发展。

五大游戏发展空间视觉

游戏1：绕来绕去的S路线

准备工具：大小合适的玩具若干，作为障碍物。

步骤：（1）把玩具放在地上，玩具之间相隔一定的距离；

（2）带着宝宝一起在家里走S形路线。

提示：

刚刚学会走路的1岁左右的宝宝，就可以玩这个游戏了。

游戏2：美丽的地方

准备工具：颜色鲜艳的图片或玩具。

步骤：（1）在墙上贴一些形象生动的图片，床头可悬挂一些色彩鲜艳（如红色）的玩具；

（2）通过变换环境的布置，给宝宝建立新鲜的感觉。

提示：

宝宝喜欢主动观察周围的环境，美的环境能给宝宝美的享受。

游戏3：妈妈不见了？

准备工作：小手帕，让宝宝靠坐在婴儿车里或者爸爸的怀里。

步骤：（1）和宝宝面对面；

（2）一边手拿着手帕，一边念着儿歌：“花手帕，真好看，宝宝盖一盖，妈妈不见喽！”

（3）说到“不见喽”的时候将手帕盖在宝宝的头上，遮住宝宝的视线，然后迅速拿下，再凑近宝宝的脸说：“哈！”逗宝宝笑。

提示：

用手帕蒙住宝宝眼睛的时间不能过长，以免引起宝宝不安。

游戏4：好宝宝

准备工具：常见餐具若干，软垫。

步骤：（1）地上先铺好一层软垫，把餐具摆放在软垫上，家长和宝宝面对面坐好；

（2）开始游戏，要宝宝按照口令来做。

（3）可以这样说："来，宝宝先把盖子放在杯子上。""再把杯子放在盘子里吧！"

提示：

在游戏中，家长可以多说一些指示的话，让宝宝由易到难地完成指令。

游戏5：照镜子的小熊

步骤：（1）家长和宝宝面对面站好；

（2）宝宝做"镜子"，家长做"照镜子的小熊"；

（3）"镜子"要跟着"照镜子的小熊"做相应的动作；

（4）宝宝熟悉后，家长可以和他互换角色。

十大妙招学习空间概念

（1）和宝宝玩滚皮球的游戏，随着和宝宝距离的不断调整，宝宝可以学着了解自己和家长之间的空间距离感。

（2）让宝宝在家里找出三件放在下面的东西，三件藏在里面的东西和三件放在上面的东西。

（3）在家里设置一个翻越障碍的训练，将椅子、桌子和一些纸箱摆放好，然后让宝宝进行钻、绕、爬等肢体活动。

小贴士

在游戏中，家长尽可能做由易到难的动作，在宝宝遇到困难时，家长要多给宝宝鼓励。

（4）在和宝宝的日常交谈中多使用一些方位名词，或多给孩子一些带方位名词的指示，比如上面、下面、左边、右边。

（5）带宝宝去超市时，让宝宝多留心观察家长的举动，例如把苹果放进纸袋里；把狗粮放在购物车的下面；把麦片粥放在面包的旁边等。

（6）在游戏场所玩的时候，家长可以不时提醒宝宝："看，你头顶上有一架飞机开过。"或告诉他："从滑梯上走下来，到左边的台阶那里去。"

（7）给宝宝穿衣服的时候，也可以一边穿一边说："看，我把鞋子穿到你的小脚上，然后把你的小胳膊套进衣服里。"

（8）给宝宝洗澡时，可以给孩子一些简单的指令，如把头往后仰、把双手放进水里面。

（9）在厨房准备晚饭时，可以让宝宝帮忙。例如让他把调羹从抽屉里拿出来，然后放到桌子上。这些小家务活可以让宝宝学着听从指示并且学会表明方位的单词。

（10）宝宝看图画书时，可以指出书中人物和物体的位置："看，树后面躲着一只老鼠。"

星期天，爸爸妈妈不用上班，带着小枣逛了一天的街。

下午回到家，爸爸取出一张叫作《城市回响》的CD，然后问小枣说："小枣，今天咱们都去了哪些地方？"

"好多好多地方。"

"慢慢想，咱们一个一个数。"爸爸开始播放CD。

小枣觉得好奇怪，这张CD里面播出来的不是音乐，而是乱七八糟的声音。比如有一阵汽车开过的声音，小枣想起今天在大街上等红绿灯的情景。还有人在吆喝着卖菜，对了，今天还去过菜市场。接着听到有人在聊天，有人在喊加水，有人在埋单，还有杯杯碟碟的声音。"是茶楼！"小枣大叫。

只是一段录音，就让小枣的口水又流了下来，肚子也咕噜噜地叫了起来。虽然爸爸并没有拍照，只是播放声音，可那些好吃的、好玩的，统统又回到了他眼前。

25个月的宝宝

1. 唱歌游戏

随着节拍边做动作边唱歌，既是游戏，又是音乐的启蒙教育。

游戏例子：找朋友

让宝宝们排成双行，二人相对。唱第一句时，先相互招手，唱“找到一个好朋友”时，可以互相碰碰头。然后互相敬礼、握手，先指着对方再指自己，握握手，招手说“再见”。

接着，第一排第一个人跑到第一排的后面，第一排其他人向前迈一步，面向另一个小朋友，再开始唱歌。如果小朋友是单数，由家长补上。

温馨提示

如果在3岁前宝宝从来没有听过带有半音的音乐，宝宝对半音的分辨率会下降，难以识辨音乐何时变了调，何时又变回来了，以后学习乐器就会有困难。对半音的分辨最敏感的时期是2～3岁，如果到7岁都未听过半音，宝宝分辨半音的能力会基本消失，难以学习高难度的乐器演奏。

2. 听有半音的音乐

给宝宝选择容易听懂且有半音的短小音乐，如《F调旋律》《天鹅》或《梦幻曲》等。鼓励宝宝随着节拍晃动身体，或轻轻地跟着旋律哼唱。听音乐时可用图画作陪衬，例如：听《F调旋律》时，可以让宝宝看优美的乡村风景；听《天鹅》时，让宝宝看天鹅飞翔的画面；听《梦幻曲》时，让宝宝看睡着的布娃娃正在做美丽的天国之梦的画等。

26个月的宝宝

1. 家庭齐唱

爸爸妈妈同宝宝齐声唱一首歌。可以利用全家在一起时教宝宝唱新歌。也可以选择大家都熟悉的儿歌，为了活跃气氛可以配合一些动作表演或用玩具敲击节拍。

温馨提示：宝宝学唱歌大都从家庭里学起，爸爸妈妈要关心宝宝音乐智能的发展，尽量让宝宝唱适合其年龄的歌曲。

2. 参观并认识乐器

带宝宝参观乐器行，认识多种乐器。宝宝参观过乐器后，在电视中看到大型的乐队表演时，父母可以介绍乐队中的乐器给宝宝。

温馨提示：26个月的宝宝不可能记住所有乐器的名称，参观乐器行主要为了让他对乐器有一个感性认识。

27个月的宝宝

1. 唱歌表演

如唱《小兔子乖乖》时，鼓励宝宝与小朋友合作表演。尝试情景模拟，边唱边跳，体会歌曲的同时培养宝宝和他人合作的能力。或者与爸爸妈妈合作表演，让爸爸扮演大灰狼，在妈妈的配合下完成表演。

2. 听一种乐器独奏

钢琴独奏

如果宝宝喜欢可以多带他去有钢琴演奏的场合，不一定是音乐会，小区里如果有练钢琴的家庭，可以带宝宝过去听。

小提琴独奏

因为小提琴有较强的表现力，所以最好让宝宝多听小提琴独奏的乐曲。如果没有条件听现场的演奏，也可以为宝宝播放CD或录音。

温馨提示：等记住乐器特点后，再次播放音乐，争取宝宝可以辨认出。

28个月的宝宝

1. 对歌

家里的人都可以参加对歌。大家围成一个圈，一个人问，其他人轮流回答。如果问不出来或答不出来都要罚表演一个节目。宝宝一般会很喜欢玩这类游戏，因为他既要记住大家的答案又要想自己的答案，充分调动了积极性。

温馨提示：可以编成曲调唱出来。

2. 哪里发出的声音

准备多种能发出声响的物品，如空玻璃瓶子、空塑料瓶子、瓷碗、纸盒等，依次摆放在桌子上，用一根木棒或筷子敲击。

先示范让宝宝记住每种物品所发出的声音，后让宝宝背对着桌子，妈妈或爸爸敲一种物品，让宝宝辨认是哪种物品发出的声音。

温馨提示：这类分辨声音的游戏，如果宝宝每次都猜对了，那么就表明他有学乐器的天分。如果宝宝能猜对几次，也可以学习乐器。

29个月的宝宝

1. 听音乐做运动

《天鹅》

可以让宝宝在开头只是双手按节拍做飞的动作；听到第二乐句最后小跑两步，然后第三、第四乐句只提起上身用双手去飞但不跑动；在最后两乐句从提起上身到坐下来，最后趴在地上飞翔停止。

《海娃娃的歌》

首先播放“美丽的大海”投影片，创设活动情景，可以带宝宝去海边旅游的方式引入活动。调动他原有的经验，并试着让他说出在海边玩的各种想法。然后请宝宝在《蓝色的海洋》的音乐声中，赤脚自编海边玩耍的动作。同时让宝宝欣赏歌曲《海娃娃》，感受乐曲的旋律及节奏。

2. 妈妈先练琴

如果要让宝宝准备学琴，2岁半时，妈妈应先去学琴，并把琴买回家，可以激发宝宝的学习兴趣和热情，有利于宝宝3岁半时开始学琴。

30个月的宝宝

1. 听二部合唱

父母可以通过二部合唱让宝宝体会和声的和谐。鼓励宝宝慢慢学习，感受配合的乐趣；可以提高宝宝音乐鉴赏能力。如果没有条件，可以播放视频或录音。

2. 讲故事看芭蕾

父母可以选用以童话故事为题材的芭蕾舞，如《睡美人》《胡桃夹子》《天鹅湖》等。先给宝宝讲故事，然后跟宝宝一起欣赏芭蕾舞视频。

31个月的宝宝

1. 听音乐跳舞

妈妈和宝宝打开音乐播放器一起自由地跳舞。二人按着节拍随意跳动，抒发心中的快乐情绪。让宝宝在有节律的全身运动中受到音乐美的熏陶。

2. 敲击木琴

木琴是最简单的乐器。先让宝宝学习弹奏自己会唱的歌曲；后面逐渐增加难度。在宝宝认真学习后，父母要及时给予鼓励。

32个月的宝宝

1. 边唱边画

妈妈和宝宝各拿一支笔，在大纸上画画，妈妈和宝宝边画画边唱歌，如儿歌《丁老头》。

2. 轮唱

如选用《两只老虎》。开始时爸爸和宝宝一起学唱："两只老虎，两只老虎，跑得快，跑得快。一只没有眼睛，一只没有尾巴，真奇怪，真奇怪！"。等到宝宝学会后，爸爸同宝宝唱到第二句"两只老虎"时，妈妈或者其他小朋友从头插入，爸爸陪着宝宝一直唱完。让宝宝体会什么是轮唱。

33个月的宝宝

1. 名曲欣赏

准备好音乐的录音，并在播放之前对要播放的音乐做一个简要的介绍。

宝宝们都是爱听故事的，所以选择有故事情节的乐曲，例如拉威尔的《鹅妈妈组曲》。

在听每一段之前，先讲解该段的情节，让宝宝只听这一段，反复听熟，听到能自己哼唱出主题调，或每次一播放就能马上说出这段的内容，才可再放另一段。

2. 模仿哼唱名曲

爸爸、妈妈同宝宝一起，哼唱名曲当中的段落。音乐欣赏是一个积累过程，不但要积累同一个作家的不同作品，还要积累其他作家的作品，分析比较后，才能产生出自己对于音乐的理解。

34个月的宝宝

1. 猜是谁的作品

可以选择巴赫的《小步舞曲》、贝多芬的《献给爱丽丝》和《G大调小步舞曲》播放给宝宝听。在播放的同时给宝宝看作者的肖像，反复多次后，宝宝听到乐曲便能够指认作者。

2. 家庭音乐会

可选择多种形式的音乐会，包括个人表演、团体表演或两者兼有。个人表演时可以唱歌、演奏乐器、播放录音等。或者爸爸妈妈两人可以合作表演，也可以同宝宝合作表演。团体表演可以有三人轮唱、合唱或用不同的乐器合奏。

宝宝在家庭中参加过表演，以后入幼儿园和上小学时都会成为团体中的活跃分子，积极组织和参加各种音乐活动，使团体拥有快乐。

35个月的宝宝

1. 欣赏音乐电影

《音乐之声》

播放影片后让宝宝跟着唱。宝宝学会之后，可以加入会唱这首歌的群体，让宝宝享受群体的快乐；还可以让宝宝教不会唱的小朋友，建立自信心。

2. 同爸爸跳华尔兹

爸爸同宝宝手牵手，数着节拍，踩着舞步，感受音乐之美并享受亲情之乐。

3. 好鼓手

爸爸可以给宝宝买一个小鼓，并给宝宝做打鼓的示范。先敲鼓中央，再敲鼓两边；然后让宝宝辨别这两种声音；最后让宝宝自己敲鼓。

36个月的宝宝

1. 区别和弦

给宝宝弹奏吉他，试着让他分辨和弦，这是乐感的基础。3岁前的宝宝是能听懂和弦和其他乐器的，如果条件不允许的话可以播放录音。

2. 随音乐自由活动

在节日或郊游时，放音乐让大家自由活动，爸爸妈妈和小孩都可以尽情地跳跃、摇摆身体、跺脚、转身，随意活动，把身体的力量和心中的情绪都释放出来。做这种无拘无束的活动，使人感觉轻松，动作就会自然合拍，如同音乐把人带着跳一样。

从2岁开始，宝宝开始拥有自我意识，进入了人生第一个叛逆期，表现为占有欲比较强、不愿意与玩伴分享玩具、情绪不稳定、不听话或不愿意别人干涉他的活动等。然而，这并不是坏事，家长可以利用宝宝这种自由探索的心理特征来给他安排一系列有益于知觉学习的游戏。

1. 藏宝竞猜

这个时期的宝宝可以自如地表达自己了，也能记住一些生活用品的名称，这个竞猜游戏可以巩固宝宝对物品的了解，可以锻炼他的专注力，同时能丰富他的触觉和感性认识。

事先准备一个不透明的袋子，放入一些宝宝熟知的物品（如他的玩具、生活用品等），然后家长与宝宝一起竞猜袋子里的东西。给宝宝说清楚游戏规则：拿到一件物品后用手感觉这个物品，不可以偷看，先描述一下它的特征（比如形状、用途），然后快速说出它的名称。

2. 百变橡皮泥

橡皮泥柔软的质感、丰富的色彩都能吸引宝宝，因而很多宝宝都非常爱玩橡皮泥。宝宝在压一压、拧一拧、卷一卷、搓一搓、剪一剪等变化下做出不少栩栩如生的东西，不光小手得到了锻炼，同时丰富了他的感知觉体验，也能锻炼他的想象力和动手能力。家长要注意的是，宝宝有可能把橡皮泥塞进嘴里，因而要陪着他一起玩，同时注意购买一些环保、无毒的橡皮泥。

3. 家务活小能手

接近3岁的宝宝大部分时间花费在玩上，但是他的玩是充满探索的玩。宝宝可能会把家里的扫把、板凳当马骑，也有可能爬到沙发背上高高地站起来。有时宝宝很乐意帮爸爸妈妈干家务活，家长要抓住这个锻炼他的好机会啦，洗菜、洗晒衣服、搓面粉团等活都可以让宝宝参与其中，这也是丰富他感知觉体验的好方法。

妈妈的照顾一直不变，总是那么贴心。不过，小枣更爱和爸爸玩，因为爸爸带来的惊喜层出不穷。

“明早早点起床，有个礼物给你。”爸爸神秘地说。

小枣很期待：会是什么礼物呢？

第二天天还没亮，爸爸就叫小枣起来了，“今天不带妈妈，就咱俩去。”

小区里面有座小山。爸爸迈着大长腿在前面领路，小枣迈着小短腿在后面跟着，两个人一会儿就爬到了山顶。

慢慢地，天亮了。小枣发现平日里熟悉的小树林，此刻多了一层雾纱笼罩。“用力闻！甜吗？是不是从来没有闻过这么甜的空气？是不是还想去舔一口呢？”爸爸怂恿他。

小枣真的伸出舌头舔了一口。

好像什么也没舔到，又好像真的舔到了什么；

好像爸爸在耍他，又好像爸爸没有骗人。

爸爸送的礼物，总是这么特别。

2～3岁的宝宝嗅觉和味觉的分辨能力已经发展到了相当的程度。这一阶段家长们如果能有意识地通过游戏去训练宝宝的嗅觉，不仅可以锻炼宝宝对气味的分辨能力，还可以在游戏中培养宝宝的语言能力甚至规则意识等。下面将介绍两个游戏，一个名为“猫咪嗅味”，可促进宝宝的嗅觉体验；另一个叫作“认识五味”，可以拓展宝宝的味觉认知。

猫咪嗅味

步骤1： 准备三种不同味道的天然香料各两份，分装在不同颜色的两种玻璃瓶子中（如彩色和白色），同种香料瓶底部标有相同的标记；再准备小猫（或者小狗）头饰两个。

步骤2： 妈妈和宝宝分别戴上小猫的头饰，妈妈扮演猫妈妈，宝宝扮演猫宝宝。

步骤3：妈妈取来香料瓶，将彩色的三个瓶子放在桌子上，白色的拿在自己手中。妈妈拿出一个彩色的瓶子请宝宝闻一闻，并要求宝宝记住自己闻到的味道。

步骤4：妈妈指着彩色瓶子说："闻闻看，帮妈妈找出和刚才味道一样的一瓶。"再让宝宝将味道相同的两瓶放在一起。

步骤5：同样，让宝宝将剩下的瓶子配对。

步骤6：游戏结束后，请宝宝协助整理收回用具。

认识五味

步骤1：准备十个杯子，分为两组，其中一组按顺序分别标号为1、2、3、4、5号（号码最好能覆盖住杯子，使之不透明）。用醋、白糖、苦瓜汁、辣椒面、酱油五种材料分别调兑好酸、甜、苦、辣、咸五种味道的液体。将液体倒入编好号的杯子，并且最好保证五个杯子不透明，液体的体积大致相同，在杯子底写上味道。剩下的五个杯子写上A、B、C、D、E，同样将五种液体倒入杯子中，并记录下每个杯子所盛装液体的味道。另准备五双筷子。

步骤2：妈妈拿出一根筷子，随机选出用英文字母标记的一个杯子（最好选用糖水，吸引宝宝注意），并品尝一下味道，示范给宝宝看，然后请宝宝也尝一下。

步骤3：等宝宝品尝之后，妈妈要问宝宝"这杯水是什么味道呀？"如果是甜的，要告诉宝宝是甜味。

步骤4：接下来告诉宝宝还有名叫1、2、3、4、5的五杯水，鼓励宝宝尝一尝那五杯水，寻找出跟刚才味道一样的水，并且将它们放在一起。每品尝一杯水都问一问宝宝那杯水是什么感觉，如果宝宝答不出，让宝宝记住那种味道，然后去寻找味道一样的杯子。等宝宝找到之后，就跟宝宝强调一下味道的名字。

步骤5：跟宝宝一起将筷子和杯子收好，记住小心让宝宝拿稳杯子，或者让他拿不易碎材料。

小枣早已经度过了歪歪扭扭的学步阶段。

说真的，他甚至开始怀念那段整天摔跤的岁月。毕竟，如今健步如飞的日子过于平淡无奇，他需要新的刺激。

最懂他的总是爸爸。最后又是靠爸爸的怪念头、怪招数、怪礼物，小枣才找回了这种刺激，找回了眩晕的感觉。

在郊外，一块绿草地上，爸爸突然问他想不想打个滚儿。

“想！想！”还没有开始打滚，小枣已经乐不可支。

爸爸把他抱在怀里，完整地、严密地包围起来。然后坐到地上，躺下，开始滚。

达达派早期作家菲列卜·苏伯所著的《夏洛外传》中，主人公和城市告别，感觉车轮的每一圈转动，都代表着更大的自由。如今爸爸带着小枣的每一圈滚动，则代表着更大的放纵、宣泄和重构。

当我们安静地枯坐，世界反而失衡；

当我们愉快地滚动，远方反而清晰。

平衡能力的培养是终身的事情，2～3岁是婴幼儿发育的关键时期。这个时候的宝宝已经能跑能跳，要多带宝宝进行户外活动，到适合宝宝的游乐场，滑滑梯、跳蹦床、骑三轮车……这些使大脑和平衡感都会得到锻炼，促进宝宝发育。

宝宝转圈圈

转圈圈可以让宝宝在旋转中突然停下来体会眩晕的感觉，可以刺激大脑中的前庭系统，增加对平衡感和重力的敏锐感觉。

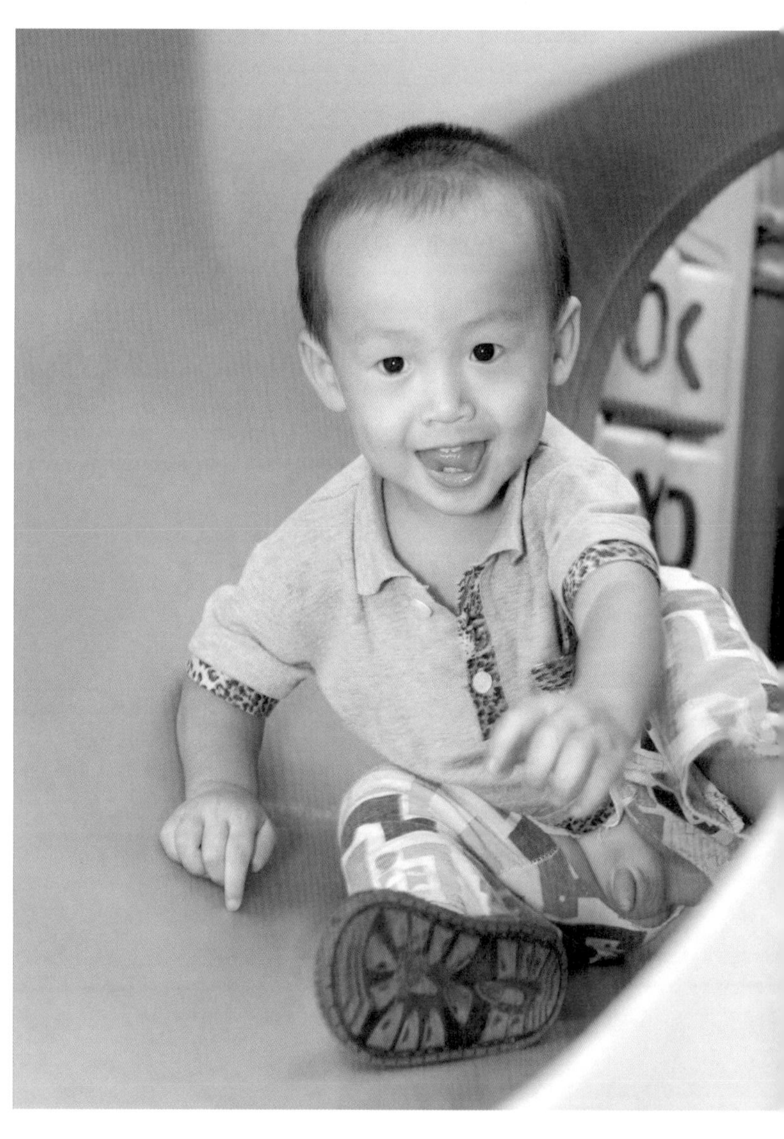

大脚丫和小脚丫

宝宝踩在妈妈的脚上，妈妈抓住宝宝的手，妈妈带着宝宝开始跳舞、旋转，宝宝可以感受妈妈的身体和舞动的节奏，会努力保持平衡。

双足交替下楼梯

让宝宝跟随大人一同下楼梯，开始时由于宝宝平衡能力不足，家长可以搀扶，双足在一级台阶立稳再往下迈步，随着身体平衡能力的进步，宝宝可以扶着栏杆双足交替下楼梯。家长一定要在旁边保护着，有些孩子刚学会下楼梯会很兴奋，家长要防止孩子自己跑去玩。

滑滑梯

滑滑梯可以使宝宝的大脑以及

平衡能力得到训练和发展。如果宝宝开始不敢玩滑梯，家长可以抱着宝宝一起玩，增加对宝宝前庭感的刺激，锻炼他的平衡能力。

荡秋千

可以将宝宝放在腿上玩玩荡秋千，随着高高低低的晃动，宝宝的平衡力会得到明显增强。但是要注意，晃动的幅度、速度要在宝宝的承受范围内。

跳跳床

跳跳床是可以增加宝宝全身的平衡能力和稳定感的运动。一开始宝宝可能不太容易在跳床上控制自己的身体，会坐在跳床上，但慢慢地会尝试站立，学会如何平衡自己的身体，逐步发展到稳定自己的运动。此外，像游乐园的旋转木马，缓慢的旋转加上高低的起伏，很好地锻炼了宝宝的平衡能力。还有一些设施都是锻炼宝宝平衡能力的好工具，家长可以结合宝宝的兴趣，采取多种游戏的方法，多增加宝宝活动的时间，避免宝宝一直处在静坐的状态，这对于宝宝的长足发展都是意义重大的。

第二节

运动能力的发展与促进

妈妈说，小枣以前不会跳。

“爸爸跳给你看，嘿哟一声，人就跳起来了；小枣跳给爸爸看，也嘿哟一声，两只脚还在地上。”

小枣不信。怎么可能呢？我曾经那么笨吗？他说妈妈你别急，我现在就跳给你看——我跳到床上，我跳到床下；我跳到门外，我跳到门里……小枣像小青蛙，双腿轻轻一蹬，身体就蹦出去很远。

跳完回头看妈妈，妈妈却眼睛红红的，表情怪怪的，像在笑，又像在哭。

“妈妈为什么哭？”

“因为你跳得太好了，妈妈高兴呀。”

“高兴也会哭吗？”

“会呀，因为妈妈实在是在太高兴了……”

宝宝在2～3岁年龄段，行走能力会进一步发育、成熟；并开始出现双脚跳跃的能力，至3岁时已经可以学会跑步。针对宝宝这一阶段的大运动发育特征，可以为宝宝设计相应的锻炼方法。

1. 跳高和跳远

此时宝宝已经具有在原地进行双脚跳跃的能力，可以进一步锻炼其跳高和跳远的技能。具体做法是：与宝宝面对面站立，相互平举手并拉着对方的双手，然后鼓励宝宝向前跳；待熟练后可以让宝宝试着独自跳远。或者在宝宝和家长之间设置一个小障碍物，拉着宝宝的手，鼓励其往高处和远处跳，越过障碍物。

2. 跑与停

虽然宝宝已经具有一定程度的跑步能力，但仍然无法自主地停下来。为了继续练习宝宝能跑能停的平衡能力，父母可以与他玩“跑与停”的游戏来进行锻炼。具体做法是：站在宝宝的前方（容易将宝宝扶停），然后对着宝宝喊“开始跑，一、二、三，停！”，鼓励宝宝按指令行动，并反复练习。

3. 走平衡木

让宝宝练习走平衡木不仅可以锻炼宝宝的高空平衡能力和身体协调性，而且可以锻炼宝宝的勇气。具体的步骤是：①准备20～25厘米宽的木板并垫高15厘米左右，保证平衡木的稳定；②刚开始练习的时候，要先站在宝宝身旁并拉着他的一只手走；③待熟练后，可逐渐放手让宝宝单独走；④之后可以让宝宝双手提东西或在头上放一本书，进一步锻炼宝宝的平衡能力。

4. 踢球

对于宝宝来说，踢球运动可以促进下肢动作的协调性和灵敏性，同时对发展宝宝的奔跑能力也有益处。锻炼宝宝踢球能力的小技巧有：

（1）踢球。刚开始学踢球时，可以将球装在网袋中，家长手拎着网袋，使球稍离地面，让宝宝在原地或助跑几步后踢球。

（2）运球。让宝宝沿着长方形、圆形或三角形的边线不断地边跑边用脚运球，可以一只脚连续或两脚交替运球。

（3）踢球进门。可以在墙上画上“球门”或用两个物体组成“球门”，将球放在距离球门3～8米的地方，鼓励宝宝用力将球踢向“球门”，以锻炼宝宝踢球的准确性。

5. 抛接球

通过抛接球运动可以锻炼宝宝抬高手臂和略弯腰的动作。具体做法是：让宝宝伸出双手准备接球，然后家长站在宝宝的对面，将球轻轻地抛向宝宝双手；随后鼓励宝宝举高双手将球抛回。反复练习后，可逐渐增加抛球的距离，锻炼宝宝的手臂力量。

温馨提示

避免突然大声的表扬或故意吓唬宝宝，不然会使宝宝产生恐惧心理并抗拒走平衡木。

小枣终于有自己的筷子了。

他已经为此抗争多时，比如把小碗扔到地上，或者把饭菜横扫一地，但是从1岁抗争到2岁，妈妈一直都不给，说是怕戳到眼睛。

今天，他终于如愿以偿。

看着筷子那胖胖的头，尖尖的嘴，小枣觉得好威风。

他先用尖嘴的那一端扎起了一块番茄。刚想送到嘴里，又觉得不对：筷子好像不是这样用的耶！于是，他试着努力让两根筷子碰头，可它们互相不喜欢；他越用力，筷子越动来动去地不听话……

有一刻，小枣几乎想放弃了。瞟了一眼用惯的勺子，他想："会不会还是用勺子比较好？"

好在他没有放弃。由于总是吃不到嘴里，实在急起来了，小枣只好丢下筷子，用食指和中指代替，"挟"起了那块番茄。

爸爸和妈妈报以热烈掌声——虽然工具不对，动作却很规范。算不算学会用筷子了？当然算，最起码也算学会了一半。

25～30个月

训练内容：训练宝宝手指的操纵能力和控制力。

训练方法：

（1）模仿画画：可教宝宝画一些简单的图形，比如模仿画垂直线、水平线、圆等。

注意：刚开始时宝宝画的图形不一定很规整，可反复多次地教宝宝画。

（2）手指的灵活操作：让宝宝将一些小豆豆装进小口径的瓶中，或者教宝宝学会用细绳穿进珠孔内。

（3）学会穿鞋：开始时家长可与宝宝一起努力将鞋穿好，然后鼓励宝宝自己去完成。

注意：主要让宝宝试着穿无鞋带的鞋。

（4）培养手指的控制能力：可给宝宝一双小巧的玩具筷子，教宝宝如何用筷子夹起盘中的枣子、花生、糖果等，以锻炼宝宝手指的操纵能力和控制力。

31～36个月

训练内容：进一步发展宝宝的手眼协调能力。

训练方法：

（1）学会扣纽扣：在给宝宝穿上衣服后教他扣纽扣，开始先学习扣按扣，让宝宝知道两个按扣正对后即可扣在一起，之后再教宝宝扣有扣眼的纽扣。

注意：家长不要怕麻烦，要给宝宝提供学习这一本领的机会。

（2）学会使用筷子：当宝宝熟练地使用勺子后，就可学用筷子。

注意：只要宝宝用筷子将食物送到嘴里即可。

第三节

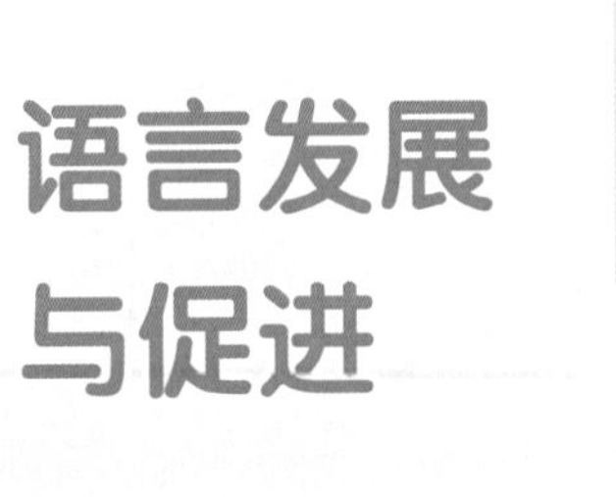

语言发展与促进

一 语言发育

如果小枣说，我昨天看见一只老虎，你猜大人们会怎么回应?

爸爸会说，老虎? 真的呀?

妈妈会说，没事，别怕。

外婆会说，不可能，快把你那口饭吃了。

你猜小枣最喜欢谁的答案呢? 猜不出来? 其实小枣自己也不大清楚。他只知道，爸爸的回应，会让他叽哩呱啦地讲一大堆话出来；可妈妈和外婆讲完，小枣就去吃饭了。

不是有一种“语言腹泻”的说法吗? 说大人讲很多的话，不停地讲，结果孩子被这种环境笼罩，反而失语；爸爸的做法则是反其道——会说的大人，只用一两句，就会打开孩子的话匣，这是真正的“一句顶一万句”。

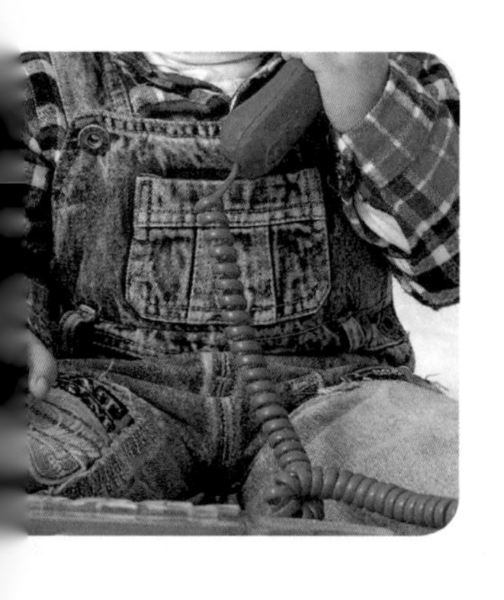

想让孩子多说几句? 想让话题再多飞一会儿? 教你一个简单的技巧：用好奇、疑问的语气重复他最后一句话就好了。

比如——老虎? 真的呀?

语言发育进程篇

2~3岁是婴幼儿口语发展的关键期，语言能力进步非常明显，他们喜欢跟大人说话，喜欢听故事、诗歌，并能记住一些内容，也就是说，这个时候的婴幼儿不仅能理解跟直接感知事物有关的语言内容，而且能够理解他所熟悉的、但不被直接感知的事物的叙述性语言。

在2~3岁时，语言的概括作用和对行为的调节作用都明显地发展起来，给宝宝学习社会经验、形成道德品质提供了可能性。为此，应该注意多给宝宝以语言交际的机会，如谈话、唱歌谣、讲故事等；要积极发展宝宝的语言，在已有的词汇和经验的基础上，不断扩大和丰富宝宝的语言；对于宝宝语言中的错误和缺点，不要加以讪笑，不要故意重复，而要给予正确的示范，要多多鼓励宝宝说话，积极而巧妙地回答宝宝的发问。

2~3岁宝宝语言发展目标

（1）发不出的语音渐渐减少。
（2）能听懂问话、要求，以及故事。
（3）能说明简单的事情。
（4）能用语言表达自己的要求。
（5）能提出简单的问题。
（6）喜欢模仿成人说话。
（7）能说、唱短儿歌。
（8）能说简单的英语单词。

语言促进与亲子游戏篇

宝宝的语言发展有着自己的轨道，家长可以在遵循宝宝语言发展规律的同时，通过一些游戏促进宝宝的语言发展。

游戏对宝宝语言的发展有什么作用呢?

不同的游戏对宝宝的语言发展的各方面有着不同的作用，家长应分别在宝宝各方面发展的最佳时期通过游戏对其进行相应的训练，比如，2～3岁是训练宝宝口头语言发育的最佳时期，这个时候宝宝学习说话相对容易；4～5岁是宝宝学习书面语言的最佳时期，这时候的宝宝对阅读、识字最敏感。下面介绍几个游戏，家长可以参考，并与宝宝一起游戏。

游戏1：你会怎么办？

材料准备：无。

游戏目的：发展宝宝的思维能力并增强宝宝对生活事件的认识和处理能力，另外还可以发展宝宝的语言表达能力。

游戏玩法：

家长向宝宝提出一些日常生活事件的问题，然后让宝宝思考：如果他遇到这些问题的时候，会怎么办？

——当你在路上捡到钱的时候，你会怎么办?

——当你遇到火灾的时候，你会怎么办?

——当陌生人叫你跟他走的时候，你会怎么办?

——当你看到别人的东西掉了的时候，你会怎么办?

——当你迷路的时候，你会怎么办?

家长先认真听宝宝的回答，如果宝宝答得好的话，应该及时给予鼓励和表扬；如果宝宝确实不知道该怎么办，家长就应该详细地向宝宝说明遇到上述问题的时候应该怎么办以及为什么要这么做。

小提示：家长可以事先想好一些日常生活中经常会遇到的问题，让宝宝既可以感受游戏的快乐又可以学到一些生活知识和技能。

游戏2：捉迷藏

材料准备：无

游戏目的：与宝宝练习形容词和方位词的运用。

游戏玩法：

从图书、画报上剪下一些小动物的图片（也可用玩具代替），先让宝宝一一叫出这些动物的名字，并在动物名字前尽量加上一个形容词，比如黑猫、黄狗、大公鸡、小灰兔、坏狐狸，等等。然后让宝宝闭上眼睛，妈妈用最快的速度把这些小动物藏在房间内的各个地方，接着喊："一、二、三，宝宝快去找"。宝宝便去找那些小动物，如果他在床上找到了猫，妈妈就得说："黑猫躲在床上。"在被子里找到了狐狸，可以说："坏狐狸藏在被子里。哈！抓住你了！"

游戏3：找出不合理

材料准备：卡片六张（卡片要经过处理的，例如没有尾巴的熊猫、三只眼睛的小兔等有一些不合理的成分。）

游戏目的：培养宝宝善于观察的好习惯；增加宝宝对各种熟悉的事物的认知；发展宝宝的判断力和推理能力以及语言能力。

游戏玩法：

（1）妈妈把事先准备的卡片摆出来，然后让宝宝找出不合理的地方："宝宝，你看这些图，每张图上都会有一些怪怪的地方，你能把它们找出来吗？"

（2）当宝宝找出卡片上的不合理的地方后，再叫宝宝指出各个不合理的地方是什么，应该如何改正。

（3）当宝宝说出改正的方式后，可以让宝宝用画笔将他觉得需要改止的地方进行修改。

（4）修改以后，妈妈可以让宝宝对图片上的内容进行编故事。故事的逻辑可以不作要求，只要宝宝把图上的内容讲清楚就可以了。

小提示：如果宝宝在找不合理的时候出现问题，妈妈可以适当地给予提示。另外，当宝宝找出不合理的地方的时候要及时鼓励和表扬。

游戏4：小动物爱吃什么

材料准备：有各种小动物形象的卡片。

游戏目的：加深宝宝对各种小动物的认识；拓宽宝宝的知识面；发展宝宝的语言表达能力。

游戏玩法：

妈妈先把有动物形象的卡片展示出来，然后问宝宝，“图上的动物是什么小动物，它的名字叫什么？”

当宝宝都知道图片上的小动物的名字后，妈妈再问：“宝宝知道图上的小动物都爱吃什么吗？”例如小兔子爱吃胡萝卜等。尽量让宝宝多说一些小动物爱吃的东西，把他所知道的都说出来。还可以让宝宝说说有哪些小动物们爱吃的东西是一样的。

小提示：当宝宝出现不知道小动物爱吃什么东西的时候，妈妈就可以把有关知识教给宝宝。而当宝宝说得好的时候，妈妈要及时给予表扬。

游戏5：看动作连词组

游戏准备：无。

游戏目的：让宝宝学习使用动词，培养发散思维。

游戏玩法：

妈妈做一个动作，宝宝说出相应的动词，并作连词应答。如妈妈做“抱”的动作，宝宝说：“抱，抱娃娃。”妈妈接着说：“抱，抱西瓜。”宝宝可说：“抱，抱被子”……爸爸也可以参与进来，能连出来的词组越多越好。

听宝宝讲故事

使用游戏的方法促进宝宝的语言能力以后，爸爸妈妈可能会关心如何培养宝宝讲故事的能力，下面具体了解一下如何培养宝宝讲故事的能力。

宝宝学会讲故事，不仅能够发展口语表达能力，还可提高智力，丰富知识，并能培养宝宝对文学作品的兴趣。要使宝宝把故事讲得更生动、更富感染力，爸爸妈妈需要讲究指导方法。那么，应当如何正确地指导宝宝讲故事呢？可以注意以下几个方面：

1. 多复述

爸爸妈妈在给宝宝讲故事的时候，可以多讲几遍，并简要给宝宝分析故事的情节和人物，教宝宝讲故事中的对话。在爸爸妈妈的不断帮助和启发下，宝宝最后可能自己就能复述整个故事内容了。

2. 轮流讲

如爸爸妈妈先讲一个故事，宝宝后讲一个故事，比比看谁讲得生动。记住：只要宝宝讲得不错，就应多给鼓励，这样可提高宝宝的自信心和表达能力。

3. 接着叙

爸爸妈妈先讲一段故事，让宝宝根据故事的发展接着讲下去，爸爸妈妈可以假设几种结局，以引导宝宝打开思路，发展想象的空间。

4. 作评论

当爸爸妈妈讲完一个故事后，可以让宝宝根据故事内容，对其中人物的行动、品质的好坏等作出评议，这样可培养宝宝的是非判断能力，达到自己教育自己的目的。

5. 多设问

在讲故事过程中，如遇到问题，可设一个特定的条件，让宝宝想办法解决：如上学时下雨了，没带雨伞怎么办；皮球掉进沟里如何捞起来；大人不在家突然起火该如何办，等等，这些有助于调动宝宝丰富的想象，锻炼其发散性思维。

6. 勤游戏

故事熟悉了，可引导宝宝将故事的形象、场面等动手画出来，或用纸板剪贴，或用橡皮泥捏出各种形象，在桌面做表演游戏。将听、看、想、说、做结合起来，既引起宝宝的兴趣，又对宝宝的智力发展大有益处。

7. 常表演

宝宝最具有表现欲，总希望自己的行为、话语受到大人的赞扬。大人要常引导宝宝一起通过对话、动作和表情来再现故事。鼓励宝宝常表演，让其在游戏中学习，宝宝开心，收效也大。

第四节 社会适应性发育与促进

自己穿鞋对于小枣来说，早已经是小菜一碟了。不过问题是，他虽能够熟练穿上，但经常会穿错左右。

小孩子的鞋子不像大人的，乍一看上去左右确实差不多，也难怪小枣会搞错。

“错鞋换鞋？错鞋换鞋？”每次穿错了，或者只是怀疑自己穿错了，小枣就会口中念叨这句话，同时目光望向妈妈，那意思是：这回穿对了吗？

妈妈不告诉他，而是问：“你自己觉得呢？舒服的话，就穿对了；感觉不舒服，就脱下来再穿。”

小枣点头。“错鞋换鞋！错鞋换鞋！”他继续念念有词，仿佛给自己打气。

如果赶着出门，这样可能会浪费点时间。不过为了保护小枣的热情，妈妈觉得，等一辈子也愿意。

和孩子一起的时间，本来就是拿来“浪费”的。

25～30月龄

从25个月（即2岁零1个月）开始是非常重要的成长阶段，此时适合利用拼插类玩具来培养宝宝的思维能力，增强他的动手和解决问题的能力。此时宝宝的自我意识较强，可以培养宝宝的独立性了。同时要建立宝宝的自信心，他自己的事情让他自己做，即使做得不好也可适当给予表扬。

1. 学走楼梯

宝宝2岁之后，模仿能力大大提高，动手的能力和身体其他的大动作也会继续发展，此时可训练宝宝双脚交替上楼、独立下楼梯、单脚站立。

其他活动如走平衡木、荡秋千、做旋转游戏、翻跟头等也可进行，这对于训练孩子的触觉和平衡感，锻炼他们的平衡能力和运动能力是非常有用的。

2. 模仿梳头、刷牙、洗衣等至少3件事情

此期宝宝自理能力越来越强，可以自己洗手洗脸了，虽然宝宝的动作不太熟练，洗得也不是很干净，但是要尽量给他自己做的机会。可以把一连串的动作拆解成几个步骤，让宝宝从最简单的动作做起。

3. 照料自己的东西

如果宝宝的玩具小汽车或布娃娃脏了，给他一小桶肥皂水、一块海绵，指导他清洁这些玩具。为安全起见，养育者要看着，洗完之后帮他把桶里的水倒掉。

4. 学习过马路并认识危险

带宝宝外出时让他拉着妈妈的手在马路边上自由行走，同时可训练他过马路。宝宝会向后退着走好几步，但后退时不像大人那样回头看，因为宝宝不知道这样会有危险，所以妈妈要让宝宝知道过马路须小心。

5. 熟练使用汤匙

2～3岁宝宝的大小肌肉已经发展到一

定程度，此时他能熟练使用汤匙进食。如果此时宝宝还是无法熟练使用汤匙，就要多创造机会让宝宝练习手腕动作，例如可跟宝宝玩“铲沙”游戏，看谁铲沙子铲得比较多，以此来锻炼他的手腕力。

31～36月龄

2岁半以后的宝宝扣纽扣还不熟练，鞋子和袜子已经基本会穿，但有时鞋子的左右还会颠倒。孩子对以下这些已基本形成一种条件反射：早上起床后和晚上睡觉前要刷牙，吃饭前、出去玩回家后要洗手。

1. 让宝宝帮忙做家务

此时宝宝比较喜欢模仿大人做家务，可以给他安排一些简单的小任务，如摘菜、洗菜等。同时可以让宝宝认识更多生活物品。

2. 学会穿没有鞋带的鞋子

准备一双较大、较宽松、容易穿脱的鞋子，一开始可以协助宝宝把脚伸进鞋子内，留下黏鞋贴的动作给宝宝做。然后让宝宝自己把脚伸进鞋内，让他体验不同动作的困难程度，再适时告诉他应该如何穿鞋。同时让宝宝学会分辨左右脚对应的鞋子。

3. 学会解开纽扣

如果宝宝此时还不会解开纽扣就要抓紧时间让他学习了，毕竟解纽扣也是重要的自理能力之一。先让宝宝练习解开布娃娃衣服上的扣子，然后从大一些的纽扣开始练习，家长可先把纽扣穿过纽扣洞的一半，接着让宝宝完成最后的解开动作，等熟练之后，再让宝宝独立解纽扣。为了提高宝宝的学习兴趣，家长还可以在宝宝练习的时候配上《扣纽扣歌》：一个眼，一个扣，我们帮它手拉手，结成一对好朋友；或《解纽扣歌》：放学咯，纽扣朋友要回家咯，解开纽扣说拜拜。

4. 明确表示要上厕所

家长要用心观察，尽量协助宝宝掌握好如厕的时间，逐渐让宝宝知道什么时候上厕所最合适。陪宝宝进行如厕训练时，家长一定要有足够的耐心，就算宝宝做得不够好，比如，刚表达完“要上厕所”的意思，裤子就已经湿了，或是还没有来得及走到厕所就已经尿出来了等，也不要指责孩子，以免给他造成心理压力。

5. 为上幼儿园做好准备

提前带宝宝到附近的幼儿园逛逛，让宝宝开始习惯幼儿园，知道幼儿园有很多朋友和好玩的东西。

二 社会交往能力

小枣觉得，妈妈变笨和变胆小了。

妈妈每次开车出去，总会让坐在后排的他来记路。

“不然妈妈会迷路哦！妈妈是路盲，所以你要负责记路。”

妈妈去市场买菜，还会让他来问价钱。“这个卖蒜苗的阿姨是讲普通话的哦！妈妈普通话讲得没有你好，你来。”

妈妈还变得胆小了。在小区里碰见另一个妈妈，她想问问那个妈妈在哪里买的宝宝背带，可是不敢开口。“妈妈会紧张，不敢跟陌生人讲话。你比妈妈勇敢，你替妈妈问可以吗？”

小枣想，没办法啦，既然妈妈变得这么笨、这么胆小，我和爸爸只能替她聪明和坚强。

培养宝宝交往能力的4个关键

1. 鼓励宝宝与他人交往

让宝宝感到与人交往是很有趣的，不论是什么人。特别要与同龄的儿童交往，因为一个人总是要在同龄人中才能找到自己的价值。

2. 学会分享

让自己的宝宝学会与别的小朋友分享，让他逐步理解体会一个玩具是可以大家一起玩的或者轮流着玩的。受欢迎的宝宝经常主动要求与别的宝宝交换玩具。

3. 学会主动

宝宝会因为不能加入别人的游戏而心里难过，如果父母教一些交往技巧给他会更好些。两三岁的宝宝更多是用动作而不是语言来进行沟通。如教一些接近的技巧：带着有趣的玩具（吸引别人的注意），走到其他小朋友的身边；主动说好话，叫对方的名字，展开自己的手臂，或者做与其他小朋友一样的动作等友好举动。

4. 尊重孩子的行动权，不要过于约束

宝宝到处爬或走，不断地探索周围世界，父母不应过分约束，特别是当宝宝与小朋友玩得正高兴时，不必过于管束，这不利于宝宝交往能力的发挥。让宝宝学会自己管理自己的交往。除

非他们受伤了，否则就让宝宝去处理自己的打架问题。

一些错误的做法

1. 凡遇到宝宝争抢玩具，都让自己宝宝退让

这种做法显然受到传统教育思想影响，这样容易令自己的宝宝伤心，他会认为父母并不站在自己一边，而自己的权力受到严重损害，自尊心、自信心也受到打击，这样会使宝宝长大后不知道自己拥有的权力，也不知道如何去主动争取。

2. 一味袒护自己的宝宝

儿童的交往冲突是十分自然的，他们通过争夺玩具、相互追跑、扭打来了解其他的宝宝，了解物我关系，这样能使宝宝客观、独立地看问题。袒护会引起不良的后果，使宝宝的自我中心意识膨胀，以为自己的什么行为都对，而别人的什么行为都错。这样反而从客观上降低了儿童的交往能力。

帮助宝宝和同伴交往的方法

1. 培养宝宝遵从社交规则的意识

被同伴拒绝的宝宝，很多是因为他们不懂得交往规则。比如在参与团体游戏时，他不懂得“轮流”规则，只想自己先玩个够了；小朋友们一起商量做哪项活动时，他也不知道“协商”、“少数服从多数”，一味地要求按自己的想法做。为此，父母在日常的生活中，不妨制订明确的交往规则，要求宝宝遵从。举个简单的例子，比如在餐桌上，不必每一次都把宝宝爱吃的东西全留给他，而是适当地分给其他家人，然后告诉他：“好东西人人都喜欢，所以大家要公平地、轮流地享用，不能够一个人独占。”久而久之，宝宝在与父母交往过程中习得的社交规则，能被他逐渐内化形成意识后，再运用到和同伴的交往中。

2. 教给宝宝具体的社交策略

父母可教宝宝学习一些具体有效的社交策略。例如，对于前文中提到的强制型和逃避型的宝宝，父母可以直接教他们社交策略。比如当宝宝想加入其他人的游戏时，可以教他友好地向人询问：“我可以参加你们的游戏吗？”“我想和你们一起玩，可以吗？”或者教宝宝注意观察其他小朋友。当别的小朋友在游戏过程中出现了麻烦，如搬不动东西时，可让宝宝主动上前提供帮助。如果其他小朋友表现得出色，可教宝宝赞美：“你做得真好！”如果宝宝害羞，父母可鼓励他先找和自己年龄、性格、爱好差不多的宝宝一起玩，和一个人多接触几次，再慢慢去

和其他宝宝接触。社交策略的学习，对鼓励羞怯型的宝宝勇于交友具有重要的作用。

3. 创造具体的情景锻炼其交往能力

父母可以做的是创造一些具体情景，吸引宝宝们走到一起共同活动。交往需要情景，对宝宝而言，交往的最好前提是共同做某项彼此都感兴趣的事情。比如，妈妈可以准备一些沙包，教宝宝们玩丢沙包的游戏，或者在家中举办小小晚会，邀请左邻右舍的小朋友一起参加。父母应观察宝宝与同伴交往的表现如何，再针对性地进行交往能力的培养。

4. 引导宝宝体察他人的情感变化

在同伴交往中，对他人情绪的正确感受和积极反应是交往的基础。教宝宝敏感地判别他人的情感变化，是父母应当重视的事情。在日常生活中，父母可以通过看电视、游戏等方式，教宝宝通过观察脸部表情以及肢体动作来判断人的各种情绪。还应注意引导宝宝学会思考自己的行为对他人会造成什么样的情感变化。可以多问问他：“如果你是别人，这时你会怎么想？是高兴还是生气呢？”

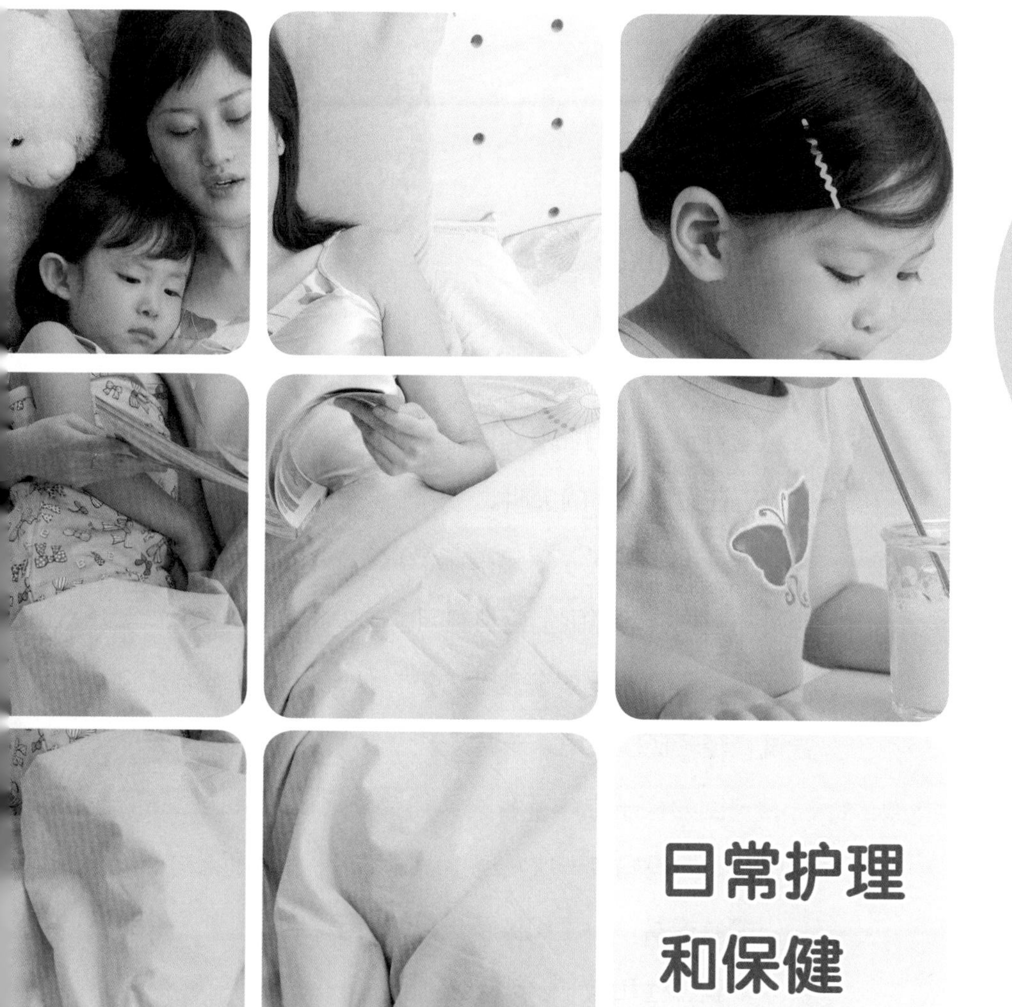

第五节

日常护理和保健

看着爸爸妈妈在身边熟睡，小枣似乎听见自己的喉咙深处，正在发出无声的尖叫。

他又“失眠”了。这种感觉真不好。不知为什么，随着年龄的增长，他睡眠上遇到的问题越来越多。

不过不怕，妈妈有教他办法。他开始按照妈妈教的那样尝试：轻轻抚摸被角，一遍又一遍。

“因为被子也睡不着啊。你要先把被子哄睡，然后你才会睡着。”妈妈有一次发现小枣睡不着，就帮他出主意。

摸着摸着，小枣和被子一起睡着了。

梦里，他和被子一起飞上了天空。

婴儿睡眠篇

婴幼儿睡眠规律

参考“1～2岁婴儿生长发育与促进”的“日常护理和保健”

怎样建立规律的睡眠时间

参考“0～1岁婴儿生长发育与促进”的“日常护理和保健”

宝宝睡眠指导手册

2岁

制定就寝时间的规矩和仪式，这是鼓励养成良好的睡眠习惯及让宝宝有安全感的最好办法。

· 晚饭后可以开始让节奏缓慢下来。做事情的节奏放慢，可以让宝宝比较容易地过渡到就寝时间。读书、唱歌、做一些安静的游戏，这些活动都比在家里到处跑要好。

· 让上床睡觉前的活动尽量简短甜蜜。洗澡、刷牙、去洗手间，这些活动不应该超过半小时。如果时间再长一点的话，小宝宝又会开始兴奋起来。

· 你的宝宝或许会拒绝上床睡觉，至少有的时候他会这样，家长一定要态度坚决，在就寝的规定上要坚持不让步。

· 这么小的宝宝还不需要有他们自己的房间。事实上，大部分这么小的宝宝同他人在同一个房间里会睡得更好，其中3～5岁大的孩子会是不错的室友。就算晚上有骚动，这么小的宝宝通常可以继续熟睡不醒。

3岁

3岁宝宝的生活十分忙碌，这得益于他日见长进的语言能力和活跃的想象力。到了晚上，这些就会以做梦的形式表达出来。家长不能也不应该阻止他做这些不着边际的梦；它们可以帮助他应付生活中的挑战。但家长还是可以用每天晚上简单平静的就寝前常规活动让他安静下来。

便后护理篇

参考“1～2岁婴儿生长发育与促进”的“日常护理和保健”

洗澡篇

参考“1～2岁婴儿生长发育与促进”的“日常护理和保健”

皮肤护理

参考“1～2岁婴儿生长发育与促进”的“日常护理和保健”

婴儿抚触篇

参考“0～1岁婴儿生长发育与促进”的“日常护理和保健”

纸尿裤选择篇

参考“1～2岁婴儿生长发育与促进”的“日常护理和保健”

地球人已经挡不住爸爸的怪招了。

这不，他又提出玩一个新游戏：比赛谁吃饭的声音比较大。

外婆说，不行不行，失礼死人啦！人家说我小枣没家教。

小枣却想玩，因为好玩；爸爸更想玩，因为有益。

小枣的乳牙都齐了，爸爸要教会他咀嚼。这个时候，终于不用再“喂”养了，现在要“喂”的，是好的饮食习惯。

没错，吃饭声音太大也许真是个陋习；

可是越大声，不是越说明饭菜香吗?

在他来说，一定要选的话，那么比起高贵矜持的餐桌礼仪，爸爸更愿意儿子有一个热情奔放的进食态度。

满2岁是婴幼儿成长过程中的一个新里程碑。体重缓慢增加，每年约增加2000克；骨骼和牙齿发育较快，到2岁半左右已经长齐20颗乳牙；咀嚼和消化功能增强，可以接受家常食物；活动增多，对各类营养素需求明显加大。饮食特点：乳类为主食过度到以谷类为主食，并开始习惯混合食物的饮食。

中国营养学会推荐2～3岁婴幼儿各类食物的每日摄入量：

谷物200克

蔬果类250克

肉类50克

蛋类1/2～1个

奶及奶制品350毫升

豆类25克

油类约半匙

均衡饮食

脂肪中不饱和脂肪酸对于幼儿神经组织，特别是大脑发育非常重要；碳水化合物对于提高免疫力、提供大脑能量有重要作用；维生素和矿物质是非常重要的营养素。

因此，2岁宝宝吃的菜要达到成人的2/3，还需吃鱼、蛋、肉、牛奶、豆制品，以便摄取大量的动物蛋白和植物蛋白，再配些米饭、面条、薯类等碳水化合物。

饮食要规律，点心要适量

定时定量，每日可进食5～6次，三餐外酌情加餐，加餐在两次正餐之间。时间可选择在上午10点、下午3点，加餐可调节和补充能量，但尽量不要给耐饥的食物，可给果汁、牛奶和水果等。

加強训练咀嚼

2岁半后已经长出20颗乳牙，这时需要制作能锻炼宝宝咀嚼能力的食物，如烤面包就是比较好的选择。

适当吃些粗粮

粗粮富含B族维生素、膳食纤维、多种氨基酸、铁、钙、镁等；可以帮助锻炼咀嚼力；帮助建立正常的排便规律。一般已经吃饭的宝宝可以适当吃些杂粮，如八宝粥。

补充维生素和钙

这个时期宝宝的骨骼和牙齿发育很快，对维生素和钙的需求极大，日常饮食一般不足以满足宝宝的生长需求。

多晒太阳、多运动，补充维生素D，促进钙吸收；补钙以牛奶为主；钙剂补充需在医生指导下服用。补充过多会增加肾结石形成的机会，引发肾功能不全等疾病。

预防缺锌

表现：缺锌的宝宝个子矮、体重低、胃口小，严重时会出现贫血、异食癖。

原因：断母乳、饮食偏素、爱出汗，辅食中经常添加味精。

何时补锌？

没有确认宝宝缺锌之前，不适合采用药物补锌，以免过量服用致害；食补同样有效、安全，禽蛋、鱼、肉、大豆都富含锌。

重视饮食卫生

（1）少吃生冷食物、不吃隔夜饭菜和不洁食物。

（2）不能吃成人咀嚼后的食物，成人口腔中的很多细菌容易造成宝宝腹泻。

（3）宝宝和抚养者饭前便后须洗手。

（4）进食时保持安静愉快，让宝宝注意力集中，并固定场所、桌椅、专用餐具，逐渐独立进食，让宝宝在饮食中满足需求，有利于培养独立的性格。

汗巾似乎是广东宝宝的必需品之一。

脖子后面塞一条小毛巾，宝宝跑起来，汗巾就像一条小尾巴在后面飘啊飘的。

北方人看到会觉得匪夷所思：南方已经那么热了，不给宝宝少穿点衣服，反而要加一条毛巾？广东人是怎么想的？

广东人是这么想的：天气热，就会出汗；汗水留在宝宝身上，始终是病害。且不说这样容易感冒，按中医的说法，一旦汗再被人体重新吸收，就有可能种下病根了。而毛巾，就是用来吸走这些汗液的。这样一来，湿的只是毛巾，身体依然干爽。

所以，汗巾的功效就是一句话：勤换祛汗，防病去害。

你会说，那多麻烦！得不停地换毛巾。

可是要想宝宝不生病、少生病，除了“敏锐的眼”加“勤快的手”，难道还有什么不麻烦、不费事的便宜招数？

充分的蛋白质

蛋白质是生命的物质基础，2～3岁是宝宝长身体的时候，所需蛋白质要比成人高，因此应增加蛋、鱼、肉类食物，防止偏食，更不能只吃蔬菜。

蛋白质分为动物蛋白和植物蛋白，由于动物蛋白更符合人体需要，因此被称为优质蛋白。宝宝每天摄取的优质蛋白应占蛋白质供给量的2/3。动物蛋白中，鸡蛋和鱼所含蛋白质最好，其次是鸡和鸭。而植物蛋白中，大豆蛋白也属于优质蛋白，豆制品更容易被宝宝消化吸收。

锌元素

锌通过对蛋白质的作用促进体格尤其是脑细胞的生长，从而增强记忆、促进思维活跃。缺锌的宝宝不仅体格发育迟缓，出现厌食和地图舌等典型症状，更表现为精神不振、学习困难。同时，锌也是免疫器官胸腺重要的必需微量元素之一，锌的缺乏导致宝宝免疫力低下。宝宝可多食用贝壳类海产品、乳类和动物肝脏。

碘元素

碘元素可帮助机体合成甲状腺素，促进蛋白质、脂肪和糖的分解，为生长发育提供能量。缺碘的宝宝会引起甲状腺功能低下和呆小病，表现为智力低下和体格发育迟缓。家长可在膳食中多添加蔬菜和海带类等食物。

适当添加衣服

有些父母过分担心宝宝，不适当地添加过多衣服，在宝宝玩耍后也没有及时替他换洗衣服。其实宝宝穿衣服应该适度，一般和成人一样即可，如果颈后有汗，则说明衣服穿太多，要适当脱去；如果手掌冰凉就要加衣。

良好的卫生习惯

2岁大的宝宝已经开始慢慢学会一些生活本领。所以要培养宝宝基本的卫生习惯：让宝宝懂得饭前便后洗手，让宝宝爱上洗澡，也让宝宝学会保护自己的牙齿。

良好的家庭环境

良好的情绪可激发免疫系统的活力，从而起到充分保护机体的作用。要是宝宝总处于一个忧伤、愤怒的不良情绪中，神经内分泌功能则可能发生紊乱。父母创建一个和睦的家庭氛围，让宝宝有一个愉快的身心，可以帮助宝宝的免疫力保持良好状态。

感冒，感冒，感冒，还是感冒。

这一段日子，天气反复无常，寒暑无定，汗巾再神武，爸妈再勤快，感冒还是一场接一场地“光顾”小枣。

虽然大家都知道，每场仗打下来，小枣都会进步；可这战火连天的，爸妈也想过几天安心日子啊。

小枣感冒，最让人头疼的是他的鼻涕。他依然像小时候一样，谁都不能碰他的鼻子，宁愿鼻涕淌到嘴唇上再伸手胡乱抹掉，或者任由它们干了以后变成鼻垢塞住鼻孔。

实在没办法，妈妈在网上买了一个吸鼻器。

那天晚上，小枣睡着以后，爸爸像得到了一个新玩具一样，整晚都在拿小枣的鼻子练手——每次“嗖”的一声吸出一坨来，他比打游戏过关还要开心。

手足口病

手足口病是一种由肠道病毒引起的传染性很高的“夏季感冒”，多发于夏秋之交，其中9月是发病高峰期。手足口病的特征性症状是在手、足、口形成水疱样皮疹，无疼痛、瘙痒感，伴有37～38℃的低热，大概1周左右可自然痊愈。

表现：手足口病潜伏期是3～5天，患儿有37～38℃的低热、全身不适或腹痛等前驱表现，随后在手心、足底、舌、牙龈等处内出现绿豆大小的周围红、中间白的水疱。水疱破溃易形成溃疡，因而患儿会有拒食、口痛、流口水等症状。

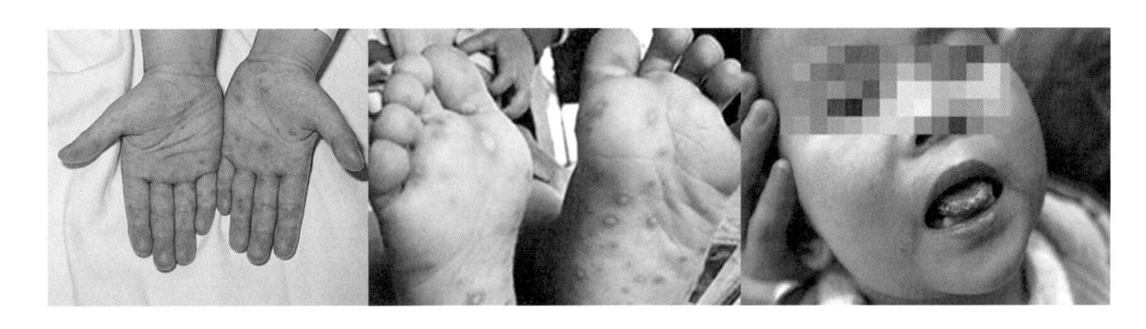

原因：手足口病多发于抵抗力较低的4岁以下的幼儿，由多种肠道病毒引起，因这些病毒种类多且传染性较强，因而复发概率不小。其传染途径包括：由咳嗽或呕吐所产生的飞沫传播、由粪便—手—口传播，所以家长在日常生活中要注意教育幼儿保持卫生，形成良好的生活习惯。

日常护理：

（1）注意生活卫生：首先，家长平日要注意保持卫生，给宝宝换完尿布后要及时用洗手液或肥皂把手洗干净再抱起宝宝，避免肠道病毒通过“粪便—手—口”途径传给宝宝。其次，要耐心培养宝宝良好的生活习惯，如督促宝宝饭前、便后洗手，不要随意用手抓食物或玩具放进嘴里。还要定期对宝宝的餐具、玩具等进行清洗、消毒。

（2）保持环境卫生清洁：在夏季期间尽量少带宝宝到人多的密闭空间，宝宝所处的环境要注意保持干净、卫生，保持室内通风。如果宝宝已经进入幼儿园，园区老师要注意留意幼儿的情况，及时发现手足口病患儿并对其进行隔离，以防传染给其他幼儿。

（3）注意饮食：患儿口腔水疱破溃后形成溃疡并有较明显的不适感，因而在患病期间要注意及时调整宝宝的饮食结构，饮食要以清淡口味为主，禁食刺激性强的食品。

（4）不宜泡澡：患儿在手足口病皮疹未完全消失之前最好不要泡澡，而要以淋浴的方式给患儿洗澡。

水痘

水痘是幼儿时期多发的一种轻症急性传染病，由水痘带状疱疹病毒引起。冬春多发，传染性极强，易形成集体感染流行。患儿的血液、唾液、说话或打喷嚏等喷出的飞沫都有可能带有病菌，使健康幼儿感染得病；此外，受病毒污染的餐具、玩具、衣物等都有可能成为传播途径，所以已经进入托儿所或幼儿园的儿童有可能集体感染。

表现：本病潜伏期为1～2周，但是在发病前多无前驱症状。患儿主要表现为身体上、口

腔、眼睛四周等成群出疹，长红色的小水疱，因非常痒，患儿可能会使劲抓出疹的地方。小水疱破溃后结痂，一般不留瘢痕。患儿会伴有轻度发热、咳嗽或腹泻等症状，重度者可高热达39～40℃。

日常护理：

（1）注意休息：患儿患病期间应卧床休息，保持卧室空气清新、湿润。不要到人多嘈杂的地方，一是避免引起患儿不适症状，二是防止患儿传染给其他人。

（2）注意生活用品卫生：患儿的衣物、餐具、床上用品等都要保持卫生，定时消毒。用温水（不是热水）洗澡，保持皮肤清洁，减少感染危险。

（3）避免抓破水疱：如果患儿因痕痒难耐而抓破水泡，会容易引起发炎，细菌也可能蔓延至其他皮肤破损的部位。为避免这种情况的发生，家长可为他套上棉手套，避免他用手揉眼，导致病毒感染眼睛，形成角膜炎而影响视力。

（4）及时就医：如果患儿症状较重，出疹多、有高热或并发症时要及时去医院诊治。

麻疹

麻疹，又称“出疹子”，是由麻疹病毒引起的急性呼吸道传染病。麻疹多发于冬末春初，传染性极强，患儿眼泪、鼻涕、唾液及大小便都有可能成为传播途径。人群对麻疹普遍易感，多发于1～6岁幼儿。家长要高度警惕这个病的发生，特别是当自己的孩子没有接种过麻疹疫苗的。还需特别注意肺炎、麻疹脑炎等并发症的发生。

表现：该病潜伏期一般为10～12天，典型表现分三个阶段：热三天，出三天，眠三天。热三天即初热期，患儿体温可到38～39℃，有类似感冒的症状，口腔内侧黏膜伴有针尖大小的小白点，即为“麻疹黏膜斑”。出三天即出疹期，患儿发热3～4天后开始从耳后、脖子、前额发际开始出疹，逐渐蔓延至整个面部。眠三天即退疹期，患儿发热3～4天后按出疹顺序逐渐退疹，体温下降，逐渐病愈。

日常护理：

（1）加强护理，防止脱水：患儿所处环境应该安静、清洁整齐、阳光充足，同时保持适宜的温度和湿度。因发热高烧，看护者注意给患儿补充足够的水分和易消化的营养食物，避免脱水危险的发生。

（2）重在预防：麻疹是一种传染力很强的传染性疾病，因此宝宝在1岁后必须接种疫苗。如果没有接种疫苗又与患有麻疹的患儿有接触，应在接触后72小时内带宝宝接种疫苗。

（3）及时就医，预防并发症：如果患儿出现高热39～40℃、咳嗽剧烈、呼吸费力而急促等情况应及时赶到医院就诊，预防肺炎等并发症的出现。

第六节

各系统发育与生理需求

一 神经系统

小枣没有看过电影《泰坦尼克号》。爸爸妈妈看过，并且一直都很喜欢片子里最经典的那一幕：露丝站在船头，张开双臂；杰克站在她背后，环拥而立。

如今这一幕，被妈妈开发成了训练神经系统的游戏。

每当主题音乐《我心永恒》响起，爸爸就会按照妈妈的吩咐跑到房子中间，半蹲着，手臂抬起，做成一个半圆状；小枣负责扮演的部分是站到爸爸的怀抱中，然后像露丝阿姨一样脚尖踮起，双手展开，跟着妈妈的歌声一起唱，歌声不停，爸爸和小枣就不能结束，哪怕已经肌肉发抖、哆哆嗦嗦。

音乐一停，一家人总是笑成一团，倒在地上。小枣玩得很开心，不过他不知道妈妈真实的用意：在那稀奇古怪的站姿中，瑟瑟发抖的是肌肉，强大均衡的是神经。

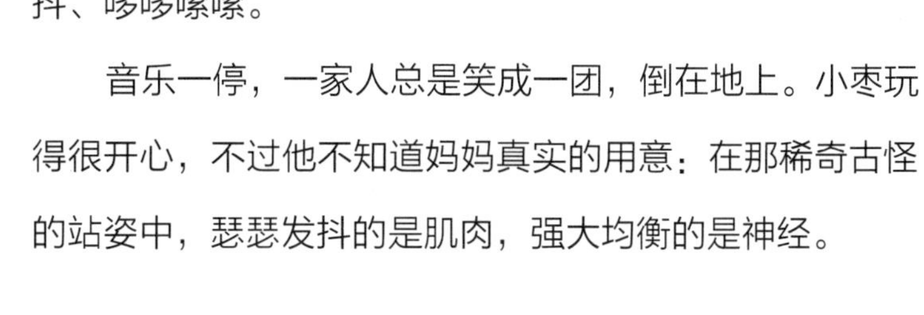

训练宝宝神经系统的发展

吹气球训练

选择五颜六色的气球，亲自吹一两次后，让宝宝学着吹气球。

益处：不仅训练宝宝的肺活量，增强呼吸系统的抵抗力，还是相当好的锻炼脸颊肌肉的运动。

提示：选择的气球必须是吹过的，也不必让宝宝完全将气球吹起来。气球太新、压力过大反而会对宝宝的呼吸系统不利。

独脚站立

开始时，宝宝可能要扶着人或物才能抬起一只脚，逐渐地训练宝宝不依靠人或物，能够自己单足稳定地站立几秒钟。

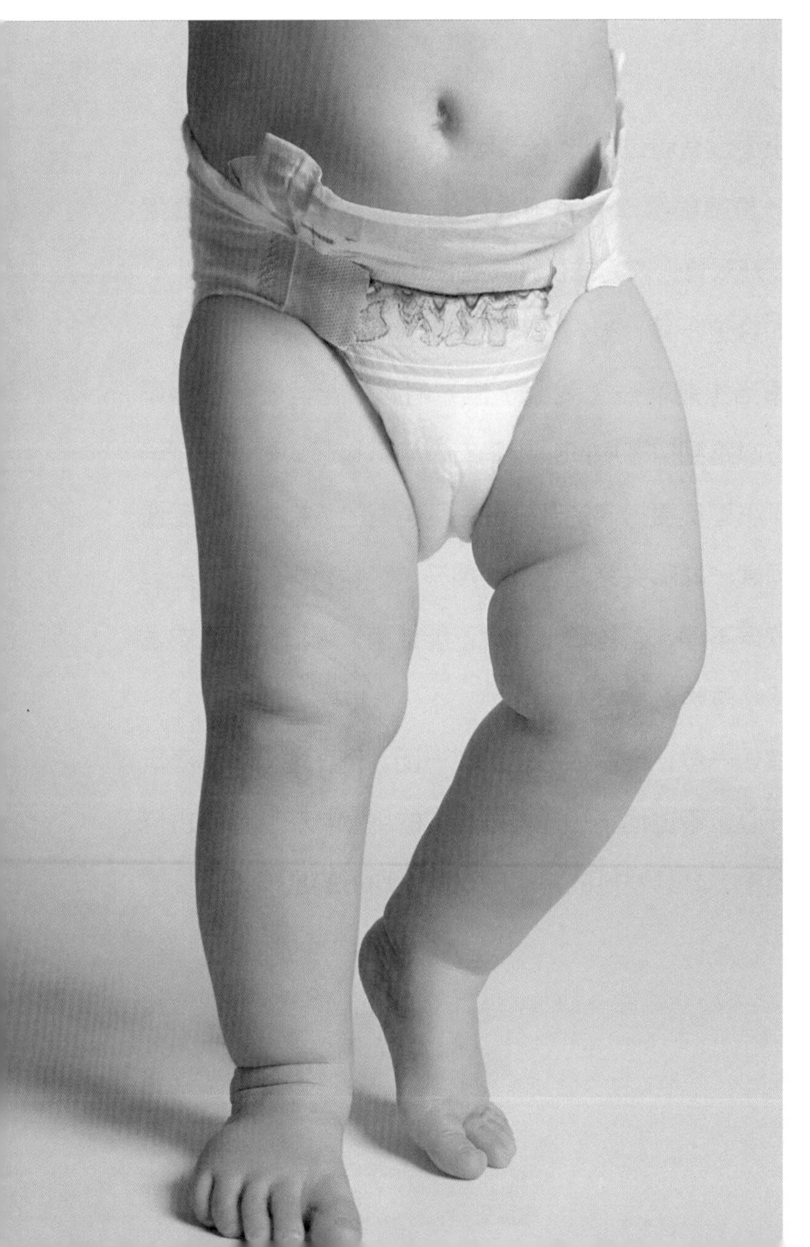

益处：可以发展宝宝的身体静态平衡力。

提示：训练过程中，妈妈要注意宝宝的安全。

用足尖走路

让宝宝一只脚提起，另一只脚用脚尖站立，然后让宝宝用一只脚尖走路。学会并熟练掌握以后，让宝宝另一只脚的脚尖着地。站平衡后，让宝宝开始完全用两只脚的脚尖走路。走路的时候，要使宝宝身体挺直，目视前方。刚开始时可以稍微扶一扶，等宝宝可以用脚尖能行走自如就放开手，让他自己走。

益处：训练宝宝各神经系统间的联系和协调动作。

提示：训练过程中，妈妈要注意宝宝的安全。

早期识别一些宝宝的神经系统疾病

1. 早期识别脑膜炎

脑膜炎是一种脑膜或脑脊膜(头骨与大脑之间的一层膜)被感染的疾病，冬春季节易发。急性脑膜炎若不及时治疗，可有致死亡的危险。患脑膜炎是通常伴有感冒。尤其要注意不能把感冒发烧与脑膜炎混淆。

急性脑膜炎如何早期发现?

典型症状是感冒之后出现发热、嗜睡、颈部强直、呕吐。成人可在24小时内陷入重危病态，儿童的病情进展则更短。因此，出现这类症状，爸爸妈妈要及早送宝宝去医院。

2. 早期识别脑瘫

脑瘫是指从出生后一个月内脑发育尚未成熟阶段，由于非进行性脑损伤所致的以姿势及各运动功能障碍为主的综合征，是小儿时期常见的中枢神经障碍综合征。病变部位在脑，累及四肢，常伴有智力缺陷、癫痫、行为异常、精神障碍及视觉、听觉、语言障碍等症状。 脑瘫有一些早期症状，早期识别脑瘫，尽早进行医治和康复训练，可能痊愈。

早期症状

（1）新生儿或3月龄宝宝易惊、啼哭不止、厌乳和睡眠困难。

（2）喂养困难：早期喂养、进食咀嚼、饮水、吞咽困难，以及有流涎、呼吸障碍。

（3）易惊哭闹：为对声音或体位改变易惊，拥抱反射增强伴哭闹。

（4）踏步反射：生后不久的正常婴儿，因踏步反射影响，当直立时可见两脚交互迈步动作。3月龄时虽然可一度消退，但到了3个月仍无站立表示或迈步者，即要怀疑患小儿脑瘫。

（5）抬头挺腰：过“百天”的宝宝尚不能抬头，4～5月挺腰时头仍摇摆不定。

（6）握拳：一般生后3个月内宝宝可握拳不张开，如4个月仍有拇指内收，若手不张开可怀疑患小儿脑瘫。

（7）伸手抓：正常宝宝应在3～5个月时看见物体会伸手抓，若5个月后还不能者疑为小儿脑瘫。

（8）笑：一般生后4～6周宝宝会笑，之后认人。若表情淡漠，常呈愁苦的样子，可怀疑得小儿脑瘫。

（9）翻身：肌肉松软不能翻身，动作徐缓。触摸宝宝的大腿内侧，或者让宝宝脚着床或上下跳动时，出现下肢伸展交叉。

（10）僵硬：尤其在穿衣时，上肢难穿进袖口；换尿布清洗时，大腿不易外展；擦手掌和洗澡时四肢僵硬；宝宝洗澡时哭闹不止。

（11）过早发育：小儿脑瘫患儿会出现过早翻身，那是一种突然的反射性翻身，全身翻身如滚木样，而不是有意识翻身。痉挛性双瘫的宝宝，坐稳前会出现双下肢僵硬，像芭蕾舞演员那样的足尖站立。

提示：发现早期症状后要尽早带宝宝去专科医生进行检查确诊。

小枣不相信自己居然曾经爱刷牙。

妈妈放视频给他看，里面的他确实拿着一支超级迷你的小牙刷在胡刷一通。尽管证据如山，小枣仍然不想刷，理由是：

第一，拿个牙刷蘸着牙膏往自己嘴里捅，多恐怖啊！

第二，一边刷一边满嘴都是泡泡，多傻啊！

爸爸走来了。手里的牙刷故意往脸上刷，几下就把自己刷成了白胡子老头；妈妈也来了，一边唱歌一边假装往头发上刷，看样子是白毛女的扮相。

孩子最喜欢看的就是大人出糗。所以爸爸妈妈的演出，小枣照单接受。可是笑饱了玩够了，要他自己来，他还是不干。

爸爸没办法，决定出大招："牙刷给你，爸爸张开嘴，来，你给爸爸刷，给爸爸好好'装修'一下……"

一切的一切都是为了让他对刷牙重新焕发兴趣。

这个年龄段，小牙齿坏了以后还会长新的，好习惯没了以后可就麻烦了。

宝宝刷牙篇

让宝宝学会独自刷牙，养成良好的口腔卫生习惯是家长们在宝宝成长路上的又一个考验。相信家长们也都踌躇满志，准备好了与宝宝一起迎接挑战；而在出发前，本书会为大家准备好“指南针宝典”，指引前进的方向。

何时开始？

本书在前面也提到，从宝宝出生后就应该开始进行口腔的护理，在宝宝长牙之前主要用纱布来清洁口腔，而在长出第一颗牙之后则要开始用专用牙刷为宝宝刷牙了。一般在2岁至2岁半之间，宝宝的第一套乳牙就长全，可以开始让宝宝学习独自刷牙。

“武器”的准备

牙刷：为宝宝准备儿童专用牙刷，选择软毛刷、刷头较小（相当于4颗门牙的宽度）、刷面平坦、刷柄较硬且长短适中的牙刷；保证能够容易接触到所有牙齿，不会刮伤牙龈，还能最大限度地锻炼手部肌肉运动技巧。

漱口杯：为宝宝准备一个大小适合、较轻的专属漱口杯，尤其注意杯口要圆滑，避免划伤宝宝的嘴唇；尽量不选用玻璃或陶瓷杯，因为这些杯不仅较重而且易摔碎。

温水：在训练宝宝独自刷牙的时候，要使用高温煮沸后的温水，因为宝宝自主性还较差，容易吞下漱口水。

耐心：宝宝可能会因为过于依赖父母而不愿意独自刷牙，或者之前未形

成良好的口腔清洁习惯，对刷牙比较抗拒。这都是难以避免的事情，所以，家长们要保持足够的耐心，积极引导宝宝学会刷牙，避免采用打骂恐吓的方式，也不要轻易放弃。

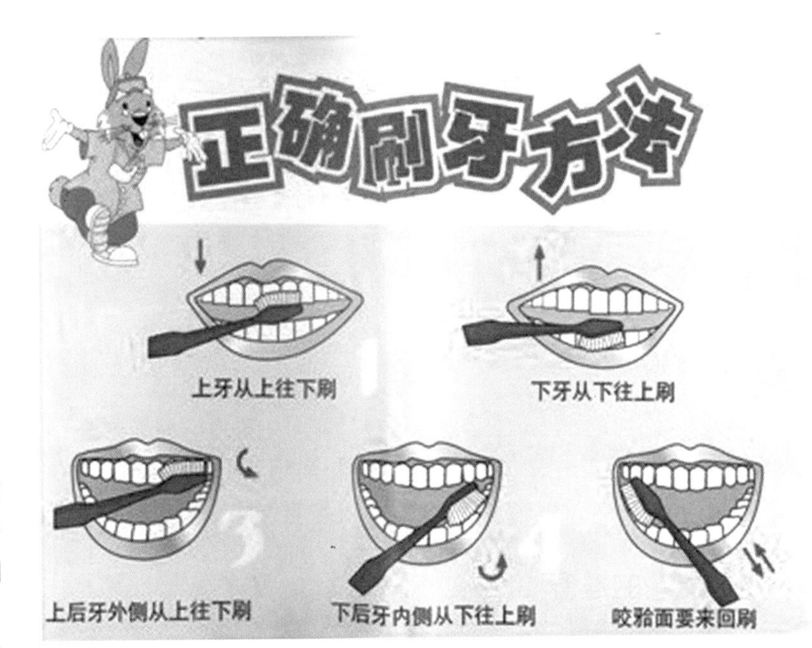

刷牙训练技巧

（1）让宝宝先含一口温水湿润口腔，并将水吐出；然后将牙刷蘸温水开始刷牙。

（2）刚开始练习的时候可以先握住宝宝的手来教他刷牙，让他熟悉刷牙的顺序和方法；进而可以让宝宝独立模仿家长的刷牙动作。

（3）刷牙顺序：将牙刷的刷毛放在靠近牙龈的部位跟牙面呈45度角倾斜；上牙往下刷，下牙往上刷，刷完外侧面后刷内侧面和后牙的咬面。每个部位刷15～20次，每次刷2～3分钟。

> **温馨提示**
>
> 1.3岁以下的儿童尽量避免使用牙膏，因为牙膏里有一定含量的氟；而较小年龄的宝宝自制力较差，容易将牙膏泡沫吞下。
>
> 2.请记住要定期为宝宝更换牙刷，如果牙刷的毛出现弯曲时要及时更换。一般建议6～8个星期更换一次。
>
> 3.为了激发宝宝学习刷牙的兴趣，尽量根据宝宝的喜好来准备卡通造型的牙刷和漱口杯。
>
> 4.学习刷牙之前可以让宝宝观看有趣的刷牙视频，不仅可以增加宝宝的兴趣，还可以让宝宝学习刷牙的方法。在宝宝刷牙的时候，还可以放一些刷牙儿歌，让宝宝享受到刷牙的乐趣。
>
> 5.为了保证宝宝的口腔、牙齿健康，除了要坚持每天清洁口腔外，还要定期带宝宝接受口腔检查；通常是半年一次。

（4）完成刷牙后还要教宝宝用流动水清洗牙刷，彻底清除黏附在牙刷上的食物残渣及细菌等，并将刷头向上竖放牙刷放在通风处，保持牙刷的清洁。

（5）一般要求宝宝坚持三餐后及睡前刷牙，吃零食后漱口；如不能，至少要保证早晨和睡前刷牙，进食后漱口。

不是说爸爸妈妈多么爱演，但是用来教育小枣的小戏剧随时在家上映。让小枣去尿尿他总说没尿，结果一回头就尿到床上了。怎么帮他感觉尿意、主动排便？爸爸妈妈又策划了一场好戏。

爸爸站起来准备去厨房洗碗，突然站住不动了。妈妈马上跑过来，问他干什么。他说感觉小肚子里怪怪的。“哦！我知道了，我要嘘嘘……”爸爸恍然大悟地喊，然后冲进洗手间，蹲在马桶上。

轮到妈妈了。她也像爸爸一样突然停下来不动，也像爸爸一样恍然大悟，也像爸爸一样冲进厕所，蹲在马桶上。

小枣笑得喘不过气，也学着他们那样停下来不动，恍然大悟，冲进厕所，蹲上马桶——不同的是，爸妈蹲上马桶，马上就下来了；他蹲上马桶，真的尿了出来。

爸爸心里笑：阿旺不肯尿，最后也被我搞定了，小男孩算什么？

需水篇

这个年龄段的宝宝的泌尿系统仍未发育完善，需要的水量仍比成人高，但是，并不是饮水越多越好，所以，家长应该掌握宝宝的饮水量，以满足其生长的需要。

2～3岁宝宝怎样喝水？

跟1～2岁宝宝一样，要随时地给宝宝喝水，喝水应该少量多次：每日喝白开水4～5次，每次150～200毫升。

注意：当宝宝活动过多时要多喝水。不可一次性大量饮水，这样会加重胃肠负担，使胃液稀释，既降低了胃酸的杀菌作用，又影响食物的消化吸收。

2～3岁宝宝该喝什么样的水？

饮用水包括煮沸的开水、矿泉水、水煮的水果水、蔬菜水、鲜榨果汁和较大儿童饮用的清淡绿茶水等。对2～3岁宝宝来说，各种饮料中应首选白开水。不同年龄段宝宝对水的需求量，1岁以上的宝宝，由于每天都会从饮食中摄取一定量的水分，如水果、米饭、汤等，所以这个年龄段的宝宝每天的额外补水量应控制在1200毫升左右。

注意：给宝宝喂水时，还要灵活掌握饮水量，当气候炎热、吃热奶、哭闹、玩耍、生病发热及出汗较多时，更应注意及时喂水。

排尿篇

排尿次数及排尿量

1～3岁宝宝排尿次数（日）为6～7次，尿量为500～600毫升/日。

排尿训练

宝宝到2岁的时候一天排尿6～7次，差不多已经有了稳定排尿的规律，到了3岁左右的宝宝就能控制排尿。

（1）训练内容：白天能及时上厕所。

训练方法：

①让宝宝穿着有松紧带的裤子。

②逐渐让宝宝自己一个人去上厕所，在痰盂或马桶旁边放一个小矮凳，让他自己坐到上面去。

③当宝宝在外面玩耍时，随时注意他是否要上厕所，并在特定时间里问他是否要如厕。

④当宝宝说要上厕所时，需赞扬他。

注意：

当宝宝尿到裤子里时，不要呵斥宝宝，更不要告诉宝宝要憋尿。只要让宝宝看到并感觉到弄湿的裤子，让他自己去清洁自己的裤子，并引导他重复体验整个如厕过程。

（2）训练内容：午睡不尿床。

训练方法：

①睡前先让宝宝上厕所。

②睡前不喝水。

③宝宝没尿床时，要赞扬他；如果尿床了，不要责骂他，与他一起换床单。

④宝宝若睡时没尿床，起床后要带他去小便。

3岁之前，小枣一直没有回过爸爸在北方的老家。这次过年，是他第一次回去。

小枣不愿多穿衣服。他不喜欢笨手笨脚的感觉。可是如果穿得不够，有时还真的有点冷，他就想：我能不能跟冬天比赛呢?

爸爸不是说我跑得像小兔子一样快吗？冬天这家伙，肯定跑不过兔子。那么我俩比赛，冬天一定会被我甩在后面的，那样我就不会冷啦。

跟爷爷奶奶去散步，他总是不好好跟着他们，而是一会儿跑到前面几十米，一会儿又跑回来，还不停回头看后面——

冬天恐怕真的被甩得连影子都没啦！因为小枣觉得手啊，脚啊，脸蛋啊，都在冒着热气。

泡脚篇

相对于成人，宝宝的血液循环功能没有那么强，一年四季中尤其是冬季，宝宝的手常常比较冰。尽管家长已经给他穿了比较厚实的衣服了，可手还是冰凉冰凉的。一些家长会再多给宝宝穿些衣服，直至宝宝手变暖。但是2～3岁的宝宝已经有了一定的行走、跑跳能力，宝宝一运动就会出很多的汗水，这很可能会导致感冒。家长要注意啦，宝宝因为运动量大，不能穿太多的衣服，这样他们会热得难受的。他们手脚冰凉也只是血液循环功能不强所致，家长们若能天天给宝宝泡泡脚，将会取得很好的效果。

宝宝泡脚的好处

（1）清洗污物，保持卫生。

（2）促进血液循环。

泡脚的具体步骤

（1）准备温水：装一小盆温水，试试水温，不能太烫。可以选择在温水中添加温和的沐浴露，也可不加。

（2）把脚放进去：让宝宝坐下来，把脚放进盆里。尽量跟宝宝沟通，避免玩水，保证宝宝静静地将脚泡在水里。

（3）小毛巾擦拭：选择一块柔软舒适的小毛巾，放到水里。浸湿后，拧干，用以擦拭宝宝的小脚。洗脚用小块毛巾，轻轻地擦拭孩子的脚掌。包括脚趾之间、指甲底下藏污纳垢的地方等脚丫子的每一个角落。

（4）擦干脚：洗干净之后，取用大块的干毛巾，把整个脚擦干净，保证没有一点点水残留。

（5）倒脏水：将脏水倒掉，注意不要弄湿地板或者被人踩到。

血液循环促进篇

1. 选择促进血液循环的食物

黑米、黑枣、黑芝麻、黑荞麦、黑紫菜、黑木耳等黑色食物有助于促进血液循环。黑色食物中富含微量元素如硒、铁等，维生素如维生素A、β-胡萝卜素等。黑色食物中的黑色素学名为“花色苷”，具有较强的抗氧化作用，并有平衡内分泌、补肾暖身等作用。

2. 勤加锻炼，促进血液循环

宝宝在这个阶段已经能跑跳，适当的运动有助于宝宝的血液循环。可引导宝宝爬楼梯、慢跑等。但要注意，不能过量运动，以免出汗过多，过度疲劳。运动后切勿立即大量饮水，以免增加心脏负担。

3. 预防心血管疾病

心血管疾病又称循环系统疾病，是一系列涉及循环系统的疾病，循环系统是指人体内运送血液的器官和组织，包括心脏、血管（动脉、静脉、微血管），可细分为急性和慢性。家长们应从婴幼儿期开始关注宝宝的饮食，培养良好的饮食习惯，避免宝宝肥胖，为避免宝宝将来罹患慢性心血管疾病打下基础。另外，宝宝在婴幼儿时期，心血管的发育与成人有所不同，他们的免疫功能不强，容易罹患急性心血管疾病，绝不可大意。

（1）合理膳食，避免肥胖。宝宝的饮食切勿过咸，少食油炸、烧、烤、煎等食品。至少每隔一年为宝宝测量血压，避免高血压的发生。（选择儿童专用血压计）

（2）预防感冒，避免病毒性心肌炎等严重急性心血管疾病的发生。

（3）病毒性心肌炎的症状有咳嗽、咽痛、发热、流涕，心慌心跳、头晕乏力、胸闷胸痛等，另有叹气样呼吸。

（4）检查可见心率增快、心律失常、严重者可闻及心脏杂音。

（5）预防措施：视气温，随时给幼儿增减衣物、加强体格锻炼；注意控制幼儿的活动量，避免过度疲劳；少食烧、烤、煎、炸类食物，多食蔬菜、水果。

爸爸的老家真好玩，可是回广州的时候还是到了。

因为怕小枣冻病，奶奶一直严防死守，留意他一举一动。

快要上飞机了，奶奶把怀里的小枣依依不舍地交给妈妈，不放心地说："小枣妈，你看孩子喘得！北方还是太干燥啊，不适合孩子。"

小枣听懂奶奶的意思，不乐意了："北方好玩，明年还来！还来！"

爸爸看着这另一个自己，有些感慨。

儿子大概是因为气管没有大人宽，肺泡含量也比大人少，所以需要不停地喘着，才能更多地获得氧气。而且，每多用力吸一次，除了将更多的氧气送达肺泡，同时将更多的老家的味道吸入了心底。

明年当然还来。明年小枣就4岁了，再来北方，肺部会更强大，呼吸会更平稳，今天种下的对老家的迷恋，也会在他小小的心田生下根去，开出花来。

婴幼儿呼吸系统结构及发育特点

气管和支气管

保育方法

· 要注意避免接触感染源。

室内要注意清洁卫生，要经常开窗换气，保持室内空气新鲜。

· 要注意加强身体抵抗力。

一是通过被动免疫，即通过接种来提高抵抗力。

二是要提高主动免疫能力，如注意营养、增强体质、进行日光浴、空气浴等。

· 要注意对引起疾病的诱因进行控制，根据天气变化适当穿衣。

肺

保育方法

· 净化空气：要注意室内通风，尽量少带孩子去人多、通风不好的公共场所。

· 接种疫苗：接种疫苗可以起到很好的预防作用。

· 预防感冒：在感冒的流行季节，体质较弱的宝宝要尽早预防。

· 饮食调理：秋冬季干燥，要给宝宝多补充水分和润肺的食物，如：百合、梨、白萝卜、银耳、无花果、橄榄、枇杷、罗汉果等。

宝宝得了肺炎后怎么办?

宝宝对大风和冷空气敏感，最怕得肺炎（细菌感染、支原体感染、病毒感染），宝宝得肺炎后要注意保暖，但不要穿得太多，要天天洗澡，加强营养增强免疫力，呼吸环境要好，最重要的是要加强体育锻炼。

“二手烟”的8大危害

增加宝宝下呼吸道感染的机会

父母吸烟，宝宝容易患支气管炎、细支气管炎或肺炎，发生率与爸爸的吸烟程度成正比。儿童支气管发育相对比较直，烟雾里的毒素很容易直接进入肺泡并积蓄在肺泡内。如果每天长时间处于香烟烟雾中，儿童成年后患肺癌的危险是没有被动吸烟儿童的3倍。

易发哮喘

吸烟虽然不是导致宝宝哮喘的直接原因，却能增加哮喘的发作次数和回复发作。在有吸烟习惯的家庭中，幼儿发生哮喘性支气管炎的机会比没有吸烟习惯家庭的幼儿高3～5倍，每天吸10

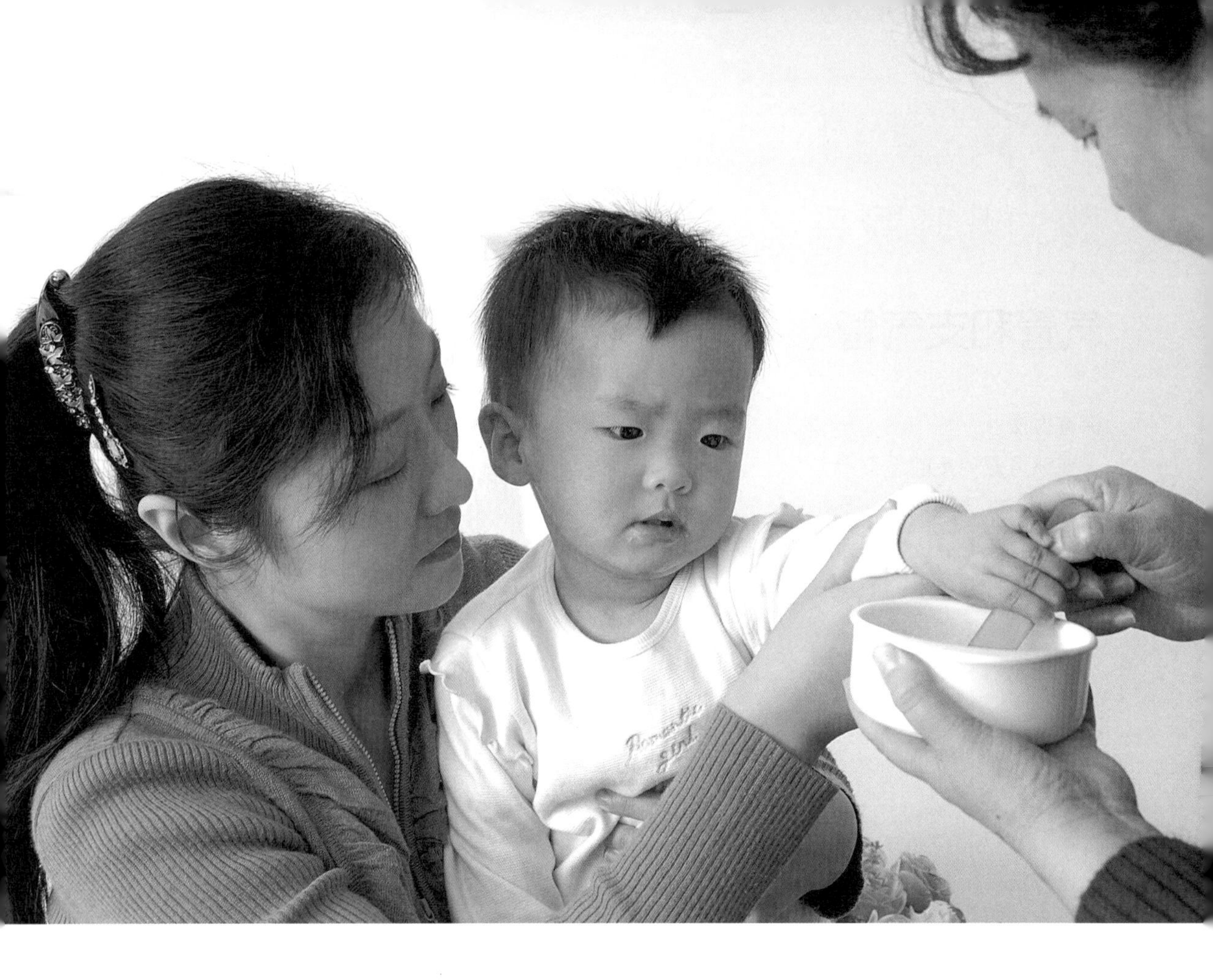

支以下家庭的幼儿，发病率为10.4%，每天吸20支以上的家庭的幼儿，发病率高达15.6%。

诱发厌食

宝宝被动吸烟后很难将吸入体内的有害物质排出。如果爸爸在宝宝进餐时吸烟，很容易影响宝宝的食欲，当宝宝将吃饭与吸烟联系起来，就可能出现厌食。

可致耳聋

长期生活的家庭环境中，如果充满烟雾会加大宝宝患急性或慢性中耳炎的可能性。它可使中耳内分泌的黏液增多、变稠，耳咽鼓管不通畅，从而造成中耳内积液，诱发中耳炎。时间一长，鼓膜穿孔、增厚、钙化粘连、内陷使听力下降最后造成传导性耳聋。

孩子变"笨"

研究显示，父母长期吸烟可能对婴幼儿智力发育存在影响。

睡觉打鼾

研究显示，成人长期在房间里吸烟，可能导致宝宝睡觉时打鼾。相关研究称，可能是因为吸烟增加了空气中烟尘和传染物质的含量，导致宝宝扁桃体出现息肉，从而让呼吸道变得狭窄，最终引起打鼾。

注意：打鼾并不是无害的，打鼾的宝宝在呼吸时比较费力，这会严重影响宝宝的睡眠质量，导致宝宝白天无法集中精神，甚至出现敏感、好动、容易生病等一系列问题。

损害宝宝的血管

香烟烟雾中的尼古丁和一氧化碳是公认的引起动脉粥样硬化的主要有害因素。尼古丁和一氧化碳可损伤血管内皮细胞血黏滞度增高、血液凝固性增加和生命器官缺氧等许多有害作用。

父母抽烟越多，宝宝处于被动吸烟的环境越恶劣，尼古丁等的含量就越高，对宝宝的血管伤害也越严重。

龋齿

研究表明，与吸烟的家长住在一起的儿童更容易长虫牙，而且牙龈发黑的概率比较高。幼儿被动吸入二手烟会增加他们血液中可铁宁的含量。这使幼儿的乳牙或恒牙上出现更多的孔洞。

“三手烟”对宝宝的危害，你知道吗？

“三手烟”是指烟民“吞云吐雾”后残留在衣服、墙壁、地毯、家具甚至头发和皮肤等表面的烟草残留物。这些残留物可存在几天、几周甚至数月。“三手烟”中包含重金属、致癌物甚至辐射物质。

· 抽烟父母的头发、胡子、毛衣、皮肤等都有烟草残留物，加上儿童好动等多种因素，导致儿童更易受“三手烟”危害。

· 环境中的烟草残留物，也可对儿童的神经系统、呼吸系统、循环系统等造成不小的危害。这些“三手烟”不少是来自抽烟者本身，像“烟爸”抽烟亲吻孩子，他的胡子上就有烟草残留物，还有父亲抱孩子时，孩子也会受到危害。

小贴士

茶叶残渣能减轻“三手烟”危害。茶叶有吸附作用，能有效吸收烟味，将喝剩的茶渣晒干，放置烟灰缸内，可将香烟里的有害气味和颗粒除去。另外将橘子皮直接放在烟灰缸里也能消除室内的烟味。

参考文献

[1] 周玉成. 可帮助保护视力的食物[J]. 心血管病防治知识（科普版），2013，09:44-45.

[2] 徐芳. 有益视力保护的6类食物[J]. 家庭教育（中小学生家长），2009，09:38-39.

[3] 徐瑞雪. 有益宝宝视力的食物[J]. 启蒙（0-3岁），2012，08:28.

[4] 郭振东. 婴幼儿视力异常早察知[J]. 健康人生，2008，(5):13.

[5] 王洪峰，王恩荣. 婴幼儿视力保护5问[J]. 中国眼镜科技杂志，2014，(1): 125-127.

[6] 姚敏. 20个发展宝宝感知觉的方法(上)[J]. 启蒙（0～3岁）， 2009， 9: 26-27.

[7] 林艳. 抚触中外环境因素对安抚新生儿情绪的作用[J]. 中外健康文摘， 2013.

[8] 胡家宝. 婴幼儿视觉的发育[J]. 中国眼镜科技杂志， 2010，9: 136.

[9] 孙翠芹. 试论婴儿爬行与智力发展的关系[J]. 教育教学论坛，2013， (38): 175-176.

[10] 廖根娣，罗金玉，林阿珠. 家庭抚触对婴幼儿的作用[J]. 全科护理，2009，1: 1029.

[11] 杨晓岚，孙爱平. 在亲子游戏活动中培养婴幼儿的语言交流能力[J]. 教育导刊（下半月），2014，02: 73-75.

[12] 朱博，徐雁冬，杨波. 被动吸烟对婴幼儿呼吸系统疾病的影响[J]. 内蒙古中医药，2010，（20）: 127.

[13] 杨丽华. 早期音乐启蒙与0～3岁婴幼儿的发展[J]. 昆明学院学报，2009，（04）: 126.

[14] 潘丽芬. 走近孩子的心灵[D]. 广西师范大学，2007.

[15] 李文藻， 赵聪敏. 婴幼儿睡眠与睡眠问题[J]. 重庆医学， 2009， 38(21).

[16] 李秀丽. 浅谈新生儿抚触[J]. 中国社区医师：综合版， 2005， (9): 99-100.

[17] 杨洋. 新生儿的脐带护理[J]. 家庭科技， 2010， (2): 27.

[18] 孔庆坤， 孙婉婷， 冯怀敏. 如何做好新生儿皮肤护理[J]. 医学信息旬刊， 2011，24（9）: 5761-5762.

[19] 封维恭. 新生儿护理中的洗澡问题[J]. 中国民康医学， 2007， 19: 146.

[20] 李文藻， 赵聪敏. 婴幼儿睡眠与睡眠问题[J]. 重庆医学， 2009， 38（21）.

[21] 段梦娟， 何国平. 新生儿尿布皮炎防治与护理进展[J]. 护理学杂志：综合版，2010， 25（5）: 95-97.

[22] 胡家宝. 婴幼儿视觉的发育[J]. 中国眼镜科技杂志，2010，（9）: 136.

[23] 刘随成，李玲. 游泳与抚触对婴儿神经系统发育影响的研究[J]. 中国实用神经疾病杂志，2008，06: 60-62.

[24] 陈静，杨丽娟. 抚触对新生儿神经系统发育的影响[J]. 中国实用神经疾病杂志，2006，01: 98-99.

[25] 宝宝的头部活动锻炼[J]. 婴幼儿营养与保健，2012，10: 36.

[26] 梁金晶. 解析0～3岁婴幼儿分离焦虑及家长对策[J]. 福建教育，2013，15: 29-31.

[27] 张琳. 益生菌与婴幼儿健康[J]. 临床儿科杂志，2008，9（26）: 819-822.

[28] 殷大鹏，梁晓峰. 中国儿童免疫规划疫苗接种程序和相关过程[J]. 中国实用儿科杂志，2010，3（25）: 163-165.

[29] 杨成彬，赵梅珍，杨平常，等. 肠道菌群与婴幼儿食物过敏的研究进展[J]. 实用临床医学，2014，15（8）: 117-124.

[30] 刘萍，张蕴敏. 硒在婴幼儿期的重要地位[J]. 右江民族医学院学报，2011，3: 73-75.

[31] 付军芹，姜培兰. 婴幼儿抗生素的合理应用[J]. 中国现代药物应用，2011，（3）: 143-144.

[32] 朱红英. 0～3岁婴幼儿精细动作发展的促进策略研究[D]. 东北师范大学，2011.

[33] 张乃艳. 小班亲子游戏——精细动作训练系列[J]. 山东教育，2010（30）: 33-34.

[34] 杨元. 0～1岁婴儿动作发展研究[D]. 山西大学，2012.

[35] 区慕洁. 0～1岁宝宝各阶段游戏[J]. 时尚育儿，2008（04）: 43-49.

[36] 黄小莲. 婴幼儿如厕训练的合理性思考[J]. 学前教育研究，2012（06）: 53-56.

[37] 贾艳. 1～3岁婴儿动作发展研究[D]. 山西大学，2013.

[38] 夏晴，打开孩子的感觉通道[J]. 父母必读，2013（02）: 100-103.

[39] 中国居民膳食指南（2007）（节录）[J]. 营养学报，2008（01）: 2-18.

[40] 聂含竹，李文平，田利平. 早期母乳喂养护理研究进展[J]. 护士进修杂志，2011（24）: 2251-2254.

[41] 王小咪. 12个母乳喂养误区[J]. 母婴世界，2006（07）: 56-57.

[42] 高海霞，陈京立，高洪莲. 早产儿母乳喂养的研究进展. 护理研究，2007（15）: 1317-1319.

[43] 周敏. 1～3岁宝宝营养计划[J]. 父母必读，2010（07）: 68-70.

[44] 李楠，赖建强，荫士安. 婴幼儿喂养指南研究进展[J]. 国外医学(卫生学分册)，2007（04）: 256-259.

[45] 陈冠仪，敖黎明. 配方奶喂养对婴儿生长发育的研究[J]. 实用儿科临床杂志，2003（11）: 912-913.

[46] 姜静璐. 宝宝感觉统合全了解[J]. 时尚育儿，2011（09）: 48-51.

[47] 罗兴华. 基于听觉和触觉体验的0～6岁儿童书籍设计研究[D].四川师范大学. 2014: 59.

[48] 金蒙，孙海英. 31个感官游戏—开启智力雷达. 父母必读，2008（01）: 198–102.

[49] 郭玲. 蒙台梭利关于幼儿的感官教育理论及方法[J]. 山东教育学院学报， 2006（02）: 4–6.

[50] 刘世琳，姜苏敏，张莉，等. 儿童语言发育迟缓相关因素分析[J]. 听力学及言语疾病杂志，2006，14（3）: 179–181.

[51] 占六娇. 儿童语言发育迟缓的相关病因分析[J]. 医学信息，2013，26（2）: 340–341.

[52] 孔亚楠，孙淑英，刘微，等. 抚育环境对2～3岁儿童语言发育的影响[J]. 北京医学，2009，31（8）: 471–473.

[53] 戴宏伟，刘微. 婴幼儿神经系统发育的影响因素分析[J]. 中国保健营养（中旬刊），2013，（9）: 600–601.

[54] 石淑华. 妇幼心理学[M]. 北京：人民卫生出版社，2008.

[55] 王卫平. 儿科学[M]. 北京：人民卫生出版社，2013.

[56] 石淑华. 儿童保健学[M]. 北京:人民卫生出版社，2005.

[57] 李淑娟. 0～3岁婴幼儿喂养百科[M]. 北京：中国纺织出版社，2011.

[58] 陈宝英. 优孕、胎教、育婴[M]. 北京：中国人口出版社，2012.

[59] 贾建平. 神经病学[M]. 北京:人民卫生出版社，2013.

相关网站：

[1] http://home.babytree.com/u886153066/journal/show/12104686

[2] http://www.zaojiao.com/

身为母亲，我深知养育一个健康孩子之不易。尽管我曾经是儿科医生，也免不了在如何喂养和培育孩子的诸多方面不断学习和不断尝试，以寻求最适合孩子天性和生理特点的养育方法。每个孩子，都有其与生俱来的特质，也可能有与众不同的生理特点，这是养育孩子首先要了解并时刻牢记的。其次，身为父母，需要不断学习，掌握儿童基本的生理和心理需求，学会科学的育儿方法。没有哪个父母天生就是合格的，也很少有那种从不犯错或不走弯路的父母。孩子健康成长的背后必定是无数次的试错和不间断的总结。

因此，养育一个健康的儿童并无通用的金科玉律，只有适合孩子天性特质的方法才会奏效。这正是我们编写这本书最难的地方。再加上当前所能获取的本土的儿童养育方面的研究成果还十分有限，实难囊括所有问题。所幸的是，前辈们已经总结出儿童生长发育的一般规律，也汇集了大量的养育常识。以此为契机，我带领几位硕士研究生，历时一年有余，编写了这本《你好，我的宝贝》上册——《这样保育，宝贝更健康》，侧重婴幼儿生理功能特点和相应的养育方法，希望对准父母和已经成为父母的家长们提供最科学的育儿指导。

在本书编写即将完成之时，我由衷地感谢广东省早期教育行业协会的积极推动和大力支持，使本书得以完成。同时也要感谢研究生赵雅芬、张玲、关菡、吴桂花、肖雨、邵紫贤、许才娟、潘宁和何瑞雪，她们在本书编写过程中倾注心血，参考了大量文献，反复多次精选图片，以使本书图文并茂并保证质量。

尽管如此，实恐有编撰不周全的地方，希望使用者善加选择，如能及时反馈具体的不足之处，必将有益于本书的再版修订和科学指导家长，我们将不胜感激。

金宇

2015年7月